全国高校安全工程专业本科规划教材

防火防爆技术

高等学校安全工程学科教学指导委员会组织编写

主　编　杨泗霖
主　审　孙金华

中国劳动社会保障出版社

图书在版编目(CIP)数据

防火防爆技术/杨泗霖主编. —北京：中国劳动社会保障出版社，2007
全国高校安全工程专业本科规划教材
ISBN 978-7-5045-6819-9

Ⅰ. 防… Ⅱ. 杨… Ⅲ. ①防火-高等学校-教材②防爆-高等学校-教材
Ⅳ. X932

中国版本图书馆 CIP 数据核字(2007)第 182419 号

中国劳动社会保障出版社出版发行
(北京市惠新东街1号　邮政编码：100029)
出版人：张梦欣

*

北京市艺辉印刷有限公司印刷装订　新华书店经销
787毫米×960毫米　16开本　15.25印张　265千字
2008年1月第1版　2021年7月第17次印刷
定价：30.00元

读者服务部电话：(010) 64929211/84209101/64921644
营销中心电话：(010) 64962347
出版社网址：http://www.class.com.cn

版权专有　　侵权必究

如有印装差错，请与本社联系调换：(010) 81211666
我社将与版权执法机关配合，大力打击盗印、销售和使用盗版图书活动，敬请广大读者协助举报，经查实将给予举报者奖励。
举报电话：(010) 64954652

高等学校安全工程学科教学指导委员会

主 任 委 员	孙华山
副主任委员	黄玉治　范维澄　周世宁　宋振琪　谢和平
	沈忠厚　冯长根　王继仁　宋守信
委　　　员	张平远　王　生　钮英建　张来斌　林柏泉
	刘泽功　蔡嗣经　傅　贵　吴　超　吴　穹
	杨庚宇　许开立　程卫民　张殿业　景国勋
	蒋军成　赵云胜　姜德义　黄卫星　刘玉存
	李树刚　吴宗之　伊　烈　崔慕晶　李永红
	李生盛　杨书宏
秘　　　书	杨书宏（兼）

内 容 简 介

本书着重论述燃烧的学说和理论，研究燃烧和爆炸的机理，防火防爆技术的基本理论和基本技术措施，可燃易爆危险化学品的燃爆特性及其安全措施，危险源安全和工业建筑安全。书中较系统地研究了采取防火防爆技术措施和制定防火防爆工作条例与应急预案的理论依据。

本书是全国高等院校安全工程专业的本科规划教材，也可作为消防人员、企事业单位安技人员、保卫干部和其他生产管理人员的培训教材。

序　言

党的十六届五中全会确立了"安全发展"的指导原则,极大地促进了我国安全科学事业的发展,同时为安全工程学科提供了良好的发展机遇。据初步统计,到目前为止,全国开设安全工程专业的高校已达百余所,安全工程专业已成为我国高等教育中重要的新兴专业之一。

加强教材建设,是促进我国安全工程专业健康发展的重要基础工作。本届(2004—2008年)高等学校安全工程学科教学指导委员会在充分吸收现有教材成果和借鉴上届教指委安全工程专业教材成功编写经验的基础上,于2006年启动了"全国高校安全工程专业本科规划教材"的组织编写和出版工作。第一批安全工程专业本科规划教材包括《安全学原理》《安全管理学》《安全人机工程学》《安全系统工程》《职业卫生概论》《工业通风与除尘》《化工安全》《工业防毒技术》《机械安全工程》《电气安全工程》《防火防爆技术》《锅炉压力容器安全》《安全经济学》《安全心理学》《风险管理与保险》15种。

本套规划教材的编写力求满足安全工程专业课程体系和课程教学的新发展,立足现实,反映前沿,力求创新,既包括已经成熟并被公认的理论与学术思想,又反映安全工程学科领域具有前瞻性与代表性的最新理论、技术和方法,并借鉴吸收世界上发达国家的先进理论、理念与方法。

在本套教材开发过程中,全国30余所高等学校、科研院所的近百名专家和学者积极参与了教材的编写和审订工作,教指委秘书外、教材开发分委会和中国劳动社会保障出版社做了大量的组织工作，在此向他们表示衷心的感谢！

　　本套教材的编写和出版，是我国安全工程学科在教材建设方面又迈出的重要一步。虽然我们尽了最大努力，但仍有不足，恳请安全工程领域的专家学者和广大师生提出宝贵意见。

高等学校安全工程学科教学指导委员会

2007 年 8 月

前　　言

火和爆炸对于人类社会一直是具有巨大创造性和破坏性的力量，在生产和生活中，一旦失去控制，就会酿成灾害，而且火灾和爆炸事故往往能造成惨重的人身伤亡和巨大的财产损失。随着现代化建设的飞速发展，可燃易爆物品广泛应用于各行各业，尤其是石油、化工、矿山、火工等行业，危险性更大。现在，火灾和爆炸事故的预防仍然是世界各国重点研究的安全防范课题。

燃烧和爆炸及其防范理论是安全工程学科的基本理论之一。本课程着重研究燃烧的学说和理论、燃烧和爆炸机理、防火防爆的基本理论及其基本的安全防范技术措施等，是学习石化安全、矿山安全、火工安全、锅炉压力容器安全和电气安全等的专业基础课。该教材曾获教育部2002年全国高校优秀教材二等奖，此次在高等院校安全工程学科教学指导委员会的指导下，经过总结充实和提高而重新编写的。

本书共六章，第一、二、三章由首都经贸大学安全与环境工程学院杨泗霖编写；第四章由中北大学化工与环境学院安全工程系张树海编写；第五章由昆明理工大学国土资源工程学院王国华编写；第六章由首都经贸大学安全与环境工程学院吕肃然编写。杨泗霖任主编，吕淑然任副主编，由中国科学技术大学孙金华教授审稿。本书在编写过程中，得到不少兄弟院校老师的帮助。同时也参考了诸多科技文献，在此表示衷心的感谢。

编　者

2007年10月

目 录

绪论 …………………………………………………………………… (1)
 一、课程性质和研究对象 …………………………………………… (1)
 二、防火与防爆技术的发展 ………………………………………… (1)
 三、火灾爆炸事故的特点和一般原因 …………………………… (2)
 四、课程学习意义和要求 …………………………………………… (4)

第一章　燃烧与防火基本原理 …………………………………… (5)
 第一节　燃烧的学说和理论 ……………………………………… (5)
  一、燃烧素学说 ……………………………………………………… (6)
  二、燃烧的氧学说 …………………………………………………… (7)
  三、燃烧的分子碰撞理论 …………………………………………… (7)
  四、活化能理论 ……………………………………………………… (8)
  五、过氧化物理论 …………………………………………………… (8)
  六、链式反应理论 …………………………………………………… (9)
 第二节　燃烧的类型与特征 ……………………………………… (11)
  一、氧化与燃烧 ……………………………………………………… (11)
  二、闪燃与闪点 ……………………………………………………… (12)
  三、自燃与自燃点 …………………………………………………… (17)
  四、着火与着火点 …………………………………………………… (24)
  五、物质的燃烧历程 ………………………………………………… (25)
  六、燃烧速度 ………………………………………………………… (26)
  七、燃烧产物 ………………………………………………………… (28)

第三节　热值与燃烧温度 ……………………………………………（30）
  一、热值 ………………………………………………………（30）
  二、燃烧温度 …………………………………………………（32）
第四节　防火技术基本理论 ……………………………………（34）
  一、燃烧的条件 ………………………………………………（34）
  二、火灾及其分类 ……………………………………………（36）
  三、防火技术的基本理论和应用 ……………………………（39）
第五节　防火基本技术措施 ……………………………………（40）
  一、火灾发展过程与预防基本原则 …………………………（40）
  二、消除着火源 ………………………………………………（41）
  三、控制可燃物 ………………………………………………（52）
  四、隔绝空气 …………………………………………………（52）
  五、防止形成新的燃烧条件，阻止火灾范围扩大 …………（52）
  六、火灾报警器 ………………………………………………（52）
第六节　灭火技术基本理论和灭火器材 ………………………（55）
  一、灭火的基本方法 …………………………………………（55）
  二、灭火剂 ……………………………………………………（56）
  三、灭火器材 …………………………………………………（60）
本章小结 ……………………………………………………………（68）
复习思考题 …………………………………………………………（68）

第二章　爆炸与防爆基本原理 ……………………………………（69）
第一节　爆炸机理 ………………………………………………（69）
  一、爆炸及其分类 ……………………………………………（69）
  二、爆炸的破坏作用 …………………………………………（73）
  三、分解爆炸 …………………………………………………（74）
  四、可燃性混合物爆炸 ………………………………………（76）
  五、爆炸反应历程 ……………………………………………（77）
第二节　爆炸极限计算 …………………………………………（80）
  一、爆炸反应当量浓度计算 …………………………………（80）

二、爆炸下限和爆炸上限计算 ……………………………………………… (84)
三、多种可燃气体组成混合物的爆炸极限计算 …………………………… (86)
四、含有惰性气体的多种可燃气混合物爆炸极限计算 …………………… (87)
五、爆炸极限的应用 ………………………………………………………… (91)

第三节 爆炸温度和爆炸压力 …………………………………………………… (91)
一、爆炸温度计算 …………………………………………………………… (91)
二、爆炸压力计算 …………………………………………………………… (95)

第四节 防爆技术基本理论 ………………………………………………………… (96)
一、可燃物质化学性爆炸的条件 …………………………………………… (96)
二、燃烧和化学性爆炸的关系 ……………………………………………… (96)
三、燃烧和化学性爆炸的感应期 …………………………………………… (97)
四、防爆技术基本理论及应用 ……………………………………………… (98)

第五节 防爆基本技术措施 ………………………………………………………… (98)
一、爆炸发展过程与预防基本原则 ………………………………………… (98)
二、预防形成爆炸性混合物 ………………………………………………… (99)
三、消除着火源 ……………………………………………………………… (105)
四、测爆仪 …………………………………………………………………… (105)
五、防爆安全装置 …………………………………………………………… (107)

本章小结 ……………………………………………………………………………… (115)
复习思考题 …………………………………………………………………………… (115)

第三章 可燃易爆危险化学品燃爆特性 …………………………………………… (116)

第一节 可燃气体 …………………………………………………………………… (116)
一、气体燃烧形式和分类 …………………………………………………… (116)
二、影响气体爆炸极限的因素 ……………………………………………… (117)
三、评价可燃气体燃爆危险性的主要技术参数 …………………………… (122)

第二节 可燃液体 …………………………………………………………………… (128)
一、燃烧形式和液体火灾 …………………………………………………… (128)
二、可燃液体的分类 ………………………………………………………… (130)
三、可燃液体的爆炸极限 …………………………………………………… (131)

四、评价可燃液体燃爆危险性的主要技术参数 …………………… (132)

第三节　可燃固体 ……………………………………………………………… (140)
　　一、固体燃烧过程和分类 ………………………………………………… (141)
　　二、评价固体火灾危险性的主要技术参数 ……………………………… (141)
　　三、粉尘爆炸 ……………………………………………………………… (143)

第四节　其他危险物品 ………………………………………………………… (146)
　　一、遇水燃烧物质 ………………………………………………………… (146)
　　二、自燃性物质 …………………………………………………………… (149)
　　三、氧化剂 ………………………………………………………………… (151)
　　四、爆炸性物质 …………………………………………………………… (153)

本章小结 ………………………………………………………………………… (156)
复习思考题 ……………………………………………………………………… (156)

第四章　危险化学品安全 ……………………………………………………… (157)

第一节　概述 …………………………………………………………………… (157)
　　一、危险化学品的概念及分类 …………………………………………… (157)
　　二、危险化学品危害特点 ………………………………………………… (160)

第二节　危险化学品生产单位安全 …………………………………………… (161)
　　一、危险化学品生产单位的特点及其生产安全职责 …………………… (161)
　　二、危险化学品生产单位的防火防爆技术 ……………………………… (163)
　　三、危险化学品生产单位安全组织管理保障 …………………………… (165)

第三节　危险化学品包装、储存、运输安全 ………………………………… (167)
　　一、危险化学品包装安全要求 …………………………………………… (167)
　　二、危险化学品运输安全要求 …………………………………………… (169)
　　三、危险化学品储存安全要求 …………………………………………… (171)

第四节　民用爆破器材与烟花爆竹安全 ……………………………………… (173)
　　一、民用爆破器材与烟花爆竹分类 ……………………………………… (173)
　　二、民用爆破器材与烟花爆竹的主要危险性 …………………………… (174)
　　三、民用爆破器材与烟花爆竹事故的一般原因 ………………………… (175)
　　四、民用爆破器材安全措施 ……………………………………………… (177)

五、烟花爆竹安全措施 …………………………………………………… (177)
　本章小结 ………………………………………………………………………… (178)
　复习思考题 ……………………………………………………………………… (178)

第五章　危险源安全 ……………………………………………………………… (179)
　第一节　危险、危害因素分类 ………………………………………………… (179)
　　一、危险、危害因素 ……………………………………………………… (179)
　　二、危险、危害因素分类 ………………………………………………… (179)
　第二节　重大危险源辨识与控制 ……………………………………………… (181)
　　一、重大危险源概念 ……………………………………………………… (181)
　　二、重大危险源辨识 ……………………………………………………… (182)
　　三、重大危险源控制系统 ………………………………………………… (183)
　第三节　安全评价方法 ………………………………………………………… (184)
　　一、安全评价方法及其分类 ……………………………………………… (184)
　　二、常用安全评价方法简介 ……………………………………………… (185)
　第四节　事故应急救援预案 …………………………………………………… (188)
　　一、事故应急救援的意义 ………………………………………………… (188)
　　二、编制事故应急救援预案的方法和步骤 ……………………………… (188)
　　三、现场（内部）事故应急救援预案 …………………………………… (188)
　　四、场外（外部）事故应急救援预案 …………………………………… (189)
　本章小结 ………………………………………………………………………… (190)
　复习思考题 ……………………………………………………………………… (190)

第六章　工业建筑消防安全 ……………………………………………………… (192)
　第一节　工业建筑火灾危险性分类 …………………………………………… (192)
　　一、意义 …………………………………………………………………… (192)
　　二、工业建筑火灾危险性分类 …………………………………………… (193)
　第二节　建筑物构件的燃烧性能和耐火极限 ………………………………… (196)
　　一、建筑材料的燃烧性能及分级 ………………………………………… (196)
　　二、建筑构件的燃烧性能 ………………………………………………… (196)

三、建筑构件的耐火极限 ………………………………………………………(197)
第三节　工业建筑物的耐火等级 ……………………………………………………(198)
　　一、建筑物的耐火等级 …………………………………………………………(198)
　　二、工业建筑物的耐火等级、层数和占地面积 ………………………………(200)
第四节　防火分隔 ……………………………………………………………………(202)
　　一、防火分区 ……………………………………………………………………(202)
　　二、防火分隔物 …………………………………………………………………(203)
第五节　防火间距 ……………………………………………………………………(204)
　　一、影响防火间距的因素 ………………………………………………………(205)
　　二、确定防火间距的基本原则 …………………………………………………(206)
　　三、库房的防火间距 ……………………………………………………………(206)
　　四、厂房的防火间距 ……………………………………………………………(206)
第六节　厂房防爆泄压 ………………………………………………………………(210)
　　一、厂房防爆泄压原理 …………………………………………………………(210)
　　二、对泄压构件和泄压面积及其设置的要求 …………………………………(210)
第七节　防烟技术 ……………………………………………………………………(211)
　　一、防烟分区 ……………………………………………………………………(211)
　　二、防烟方式 ……………………………………………………………………(212)
　　三、排烟方式 ……………………………………………………………………(214)
　　四、隔烟设施 ……………………………………………………………………(215)
第八节　安全疏散与火场逃生 ………………………………………………………(215)
　　一、安全疏散 ……………………………………………………………………(215)
　　二、火场逃生 ……………………………………………………………………(216)
本章小结 ………………………………………………………………………………(219)
复习思考题 ……………………………………………………………………………(219)

附录1　危险化学品安全管理的法律法规及标准 …………………………………(221)

附录2　108种物质的防火防爆安全参数 …………………………………………(224)

主要参考文献 …………………………………………………………………………(228)

绪 论

一、课程性质和研究对象

燃烧和爆炸及其预防理论是安全工程学科的基本理论之一。该学科的专业课程如锅炉安全、压力容器安全、电气安全、焊接安全、石油化工安全、矿山安全、火工安全等，都需要在防火与防爆基本理论的指导下，根据其工艺过程、原材料和设备等的燃爆危险特性，研究采取有效的防护技术措施，防止火灾和爆炸事故的发生。学习燃烧、爆炸及其预防理论，是学习掌握有关专业课的基础，因此，本课程是安全工程的专业基础课。

本课程主要研究燃烧的基本原理、燃烧的类型及其特征，在此基础上研究火灾发生的一般规律、防火技术的基本理论、防火与灭火的基本技术措施以及灭火器材的使用；同时，研究爆炸机理及其分类，爆炸极限及其计算，爆炸温度和压力的计算，在此基础上研究发生爆炸事故的一般规律，防爆技术的基本理论，防爆的基本技术措施。然后综合燃烧和爆炸的基本理论和知识，研究可燃易爆物品的燃烧和爆炸特征，讨论危险化学品、危险源和工业建筑等一般安全防护要点。

二、防火与防爆技术的发展

在人类出现之前，火就已经存在于自然界。根据北京周口店"北京猿人"遗址发现的灰烬、烧骨等用火遗迹，证明在69万年前人类已经学会用火；而在云南省元谋县发现"元谋人"的用火证据，更将人类用火追溯到170万年以前。据有关资料表明，大约在1.7万年以前，人类就已经学会了人工取火。火的利用使人类摆脱了"茹毛饮血"的野蛮时代，而自从学会"钻木取火"等摩擦生火的人工取火方法以后，大大促进了生产力的发展，诸如制陶、冶铜、炼铁……西安的半坡遗址发掘的文物证明，早在5千年前我们的祖先就能利用火来炼铁。然而，失去控制的燃烧（即火灾），以及工业生产中的爆炸事故则严重威胁着人们生命和财产的安全。因此，随着生产技术的发展，人们越来越重视防火与防爆技术的研究。

据有关资料记载，我国很早以前就设置火官，如周朝的"司爟""司烜"。历代封建王朝，大都制定了有关防火的法律，重视以法治火。宋朝时建立的以士兵组成的"潜火队"，是世界上较早建立的官办专职消防队。当时还组织了民间消防队伍，如南宋的"水铺""冷铺"，也是世界上较早出现的民间消防组织。

解放前，在旧中国半殖民地半封建的历史条件下，消防事业得不到应有的重视和加强，同世界上经济发达国家相比，处于落后的状态。虽然从国外引进了消防警察的体制和少量近代消防技术设备，但是普及推广十分缓慢。

新中国成立后，党和政府非常重视防火与防爆工作，消防事业走上了振兴的道路。防火与防爆技术进步很快，取得了显著的成绩，形成了由公安部消防部队、企业专职消防队和群众义务消防队等多种形式消防队伍组成的消防力量体系。消防站遍及全国各大、中、小城市和县城，消防装备和器材逐步现代化。北京、沈阳和天津等不少城市成立了消防研究所，北京劳动保护科学研究所等研究单位设置了防爆研究室，不少高等院校设置了相关专业，开设了防火与防爆课程，使我国的防火与防爆科学技术水平和管理水平迅速提高。党和政府非常重视防火与防爆工作的法制建设，1957年颁布实施《消防监督条例》，1998年4月29日颁布实施《中华人民共和国消防法》，形成了较完整的消防法规体系。在防火与防爆工作中，专门机构与广大人民群众相结合，认真贯彻"以防为主，防消结合"的消防工作方针。多年来成功地预防了大量火灾和爆炸事故的发生，并且有效地扑救了许多火灾，使我国的火灾和爆炸事故保持在较低水平，这些都说明新中国成立以来，在防火与防爆工作中取得的难能可贵的成就。

三、火灾爆炸事故的特点和一般原因

1. 火灾爆炸事故的特点

（1）严重性。火灾和爆炸事故所造成的后果，往往是比较严重的，它容易造成重大伤亡事故。例如某市亚麻厂的粉尘爆炸事故，死亡57人，伤178人，13 000 m² 的建筑物被炸毁，3个车间成了废墟；1977年英国发生因雷击引起一个火药库的大爆炸，连同附近居民死亡约3 000人；2002年1月27日，尼日利亚发生一起军火库爆炸，当场连同附近居民炸死850多人，周围的广大居民在万分惊恐、仓皇逃生、慌不择路的状态下，纷纷掉进附近的一条运河，第二天从运河里捞出2 000多具尸体，并有1 100多人失踪。尼日利亚总统宣布，1月27日为国难日。我国某市的仓库发生火灾爆炸，损失达2亿元人民币。总之，火灾和爆炸事故不仅能造成重大人身伤亡，还会使国家财产遭受巨大损失，甚至迫使工矿企业停产，通常需要较长时间才能恢复。

（2）复杂性。发生火灾和爆炸事故的原因往往比较复杂。例如发生火灾和爆炸事故的条件之一——着火源，就有明火、化学反应热、物质的分解自燃、热辐射、高温表面、撞击或摩擦、绝热压缩、电气火花、静电放电、雷电和日光照射等多种；至于另一个条件——可燃物，就更是种类繁多，包括各种可燃气体、可燃液体和可燃固体，特别是化工企业的原材料、化学反应的中间产物和化工产品，大多属于可燃物质。加上发生火灾爆炸事故后由于房屋倒塌、设备炸毁、人员伤亡等，也给事故原因的调查分析带来不少困难。

（3）突发性。火灾和爆炸事故往往是在人们意想不到的时候突然发生的。虽然存在着事故征兆，但一方面是由于目前对火灾和爆炸事故的监测、报警等手段的可靠性、实用性和广泛性等尚不理想；另一方面，则是因为至今还有相当多的人员（包括操作者和生产管理人员）对火灾和爆炸事故的规律及其征兆了解和掌握得很不够，使火灾和爆炸的发生没有及时发现。例如某化工厂车间实验室的煤气管道因年久失修而漏气，操作工人竟然划火柴去查找漏气的部位，结果引起爆炸，炸毁房屋26间和不少精密仪器，死伤11人，损失惨重。又如某厂职工宿舍，夏天屋里有不少苍蝇，职工竟然用液化石油气去喷射苍蝇，致使房间里扩散较高浓度的气态液化石油气，当划火柴点炉子时，引起一场大火。

2. 火灾爆炸事故的一般原因

如前所述，火灾和爆炸事故的原因具有复杂性。不过生产过程中发生的事故主要是由于操作失误、设备的缺陷、环境和物料的不安全状态、管理不善等引起的。因此，火灾和爆炸事故的主要原因基本上可以从人、设备、环境、物料和管理等方面加以分析。

（1）人的因素。通过对大量火灾与爆炸事故的调查和分析表明，有不少事故是由于操作者缺乏有关的科学知识，在火灾与爆炸险情面前思想麻痹、存在侥幸心理、不负责任、违章作业等引起的。

（2）设备的原因。如设计错误且不符合防火与防爆的要求，选材不当或设备上缺乏必要的安全防护装置，密闭不良，制造工艺的缺陷等。

（3）物料的原因。如可燃物质的自燃，各种危险物品的相互作用，在运输装卸时受剧烈震动撞击等。

（4）环境的原因。如潮湿、高温、通风不良、雷击等。

（5）管理的原因。规章制度不健全，没有合理的安全操作规程，没有设备的计划检修制度；生产用窑、炉、干燥器以及通风、采暖、照明设备等失修；生产管理人员不重视安全，不重视宣传教育和安全培训等。

在火灾统计中，将火灾原因分为以下七类：①放火；②生活用火不慎；③玩火；④违反安全操作规程；⑤违反电器安装使用安全规定；⑥设备不良；⑦自燃。

四、课程学习意义和要求

火灾和爆炸事故具有很大的破坏性，工业企业发生火灾和爆炸事故，会造成严重的后果。所以认真研究火灾和爆炸的基本知识，掌握发生这类事故的一般规律，采取有效的防火与防爆措施，对发展国民经济具有非常重要的意义。首先是保护劳动者和广大人民群众的人身安全。发生火灾或爆炸事故不仅会造成操作者伤亡，而且还会危及在场的其他生产人员，甚至会使周围的居民遭受灾难。其次是工厂企业做好防火防爆工作，对保护生产力，促进生产发展的意义是显而易见的。再次是保护国家财产。火灾爆炸事故后往往是设备毁坏，建筑物倒塌，大量物质化为乌有，使国家财产蒙受巨大损失，所以防火防爆是实现工矿企业安全生产的重要条件。发生火灾和爆炸往往会打乱工矿企业的正常生产秩序，严重时甚至迫使生产停顿。同时学好本课程将会给学习其他的诸多专业课打下良好的基础。

学习本门课程要求熟悉理解燃烧与爆炸的基本理论和实质，分析企业生产过程中发生火灾和爆炸事故的一般原因，理解采取防火与防爆技术措施以及制定防火与防爆工作条例的理论依据，掌握防火与防爆技术的基本理论等。

第一章 燃烧与防火基本原理

本章学习目标

1. 理解燃烧的链式反应理论及其应用。
2. 了解燃烧的类型及其特征。
3. 掌握采取防火技术措施的理论依据。
4. 熟悉防火与灭火的基本技术措施。

人类学会用火，是跨入文明的一个重要标志。然而，人们在长期生产和生活实践中的经验表明，火既能造福于民亦能产生巨大的破坏力量，一旦对燃烧失去控制，就会酿成灾害。因此，在用火的同时必须研究燃烧现象的实质以及防止燃烧失控的理论和措施，以便在生产和生活中有效地防止火灾的发生。

第一节 燃烧的学说和理论

时至今日，燃烧在生产、军事和生活领域是被应用得最为广泛的一种氧化反应。然而，人们对燃烧现象的实质，在漫长的时期里缺乏正确的认识和解释，虽然在学术界曾有过许多有关燃烧的学说和理论，但却没有一种能对燃烧的实质给予科学合理的解释。直到20世纪初，才由苏联科学家谢苗诺夫（H. H. Ceмëhob）创建了燃烧的链式反应理论，并且得到了世界各国化学界的公认，是现代用来解释燃烧实质的基本理论。

众所周知，火和电的发明是促进人类物质文明飞速发展的两座里程碑，而火比电的发明和利用要早得多，可是比较起来，电的科学早已发展到了相当的高度，但在关于火的科学方面却不然，人们经常在最简单的现象面前束手无策。对于内燃机以及锅炉的设计，往往较之最复杂的电动机或无线电设备的设计更感到困难，这说明对燃燃科学的研究是何等薄弱。长期以来，在不少有关火的问题上，人们往往缺乏可加以利用的合理的科学知识。由于目前世界各国经常发生严重的火灾和爆炸事故，因此，有关燃烧和爆炸的科学研究受到普遍的重视。

一、燃烧素学说

18世纪以前，欧洲盛行燃烧素学说（亦称燃素学说），对当时化学界的影响很大。燃烧素学说认为，某种物体之所以能燃烧是因为其中含有一种燃烧素，燃烧时，燃烧素就从物体内逸出。例如，蜡烛的燃烧，当燃烧素都跑出来以后，蜡烛也就熄灭了。燃烧素学说在解释什么是燃烧素时，认为火是由无数细小活跃的微粒构成的物质实体，由这种火微粒构成的火的元素就是燃烧素，物质如果不含有燃烧素则不能燃烧。

燃烧素学说始终没有说明燃烧素是由什么成分组成的物质。显然，这种学说的建立不是以科学根据为基础，而是凭空臆造出一个"燃烧素"来。所以，燃烧素学说实际上是唯心主义的，不科学的。

由于燃烧素学说在当时的化学界非常盛行，许多著名的化学家都是燃烧素学说的崇拜者和忠实信徒，这就大大地阻碍了人们对燃烧实质的研究。例如，英国化学家普里斯特利（J. Priestley，1733—1804）虽然在实验室里得到了氧，但因他是燃烧素学说的忠实信徒，所以没有认识到这一发现对研究燃烧的重要性。当时有的科学家早已认识到燃烧和空气是分不开的，认为"火焰发生时，必引起空气之流动，此种空气是以维持或滋长火焰，而火焰则时时将四周空气消耗。如无新空气流入，则燃烧处必成为真空。更进而言之，世间如无空气，不仅火不能发生，即使万物亦无生长之可能"。

在燃烧素学说之后，还有不少关于燃烧的学说和理论。例如，四元素学说认为，燃烧是"火、水、空气、土"这四种元素的作用。四元素学说解释木材的燃烧现象时认为，木材燃烧时所产生的明显火焰为"火素"，蒸发散发的潮气（湿气）为"水素"，上升的烟为"空气素"，剩余的灰为"土素"。

汞硫盐学说认为，火焰的发生是因为物体中含有硫质，气体的逸出为汞素，剩余之灰为所含的盐质等。

二、燃烧的氧学说

法国化学家拉瓦锡（A. L. Lavoisiser，1743—1794）在普里斯特利发现氧气的基础上，进行研究和做了大量实验，于 1777 年提出了燃烧的氧学说，认为燃烧是可燃物与氧的化合反应，同时放出光和热。拉瓦锡指出，物质里根本不存在一种所谓燃烧素的成分。

燃烧的氧学说的建立是对燃烧科学的一大贡献，它宣告了燃烧素学说的破灭。

三、燃烧的分子碰撞理论

根据化学上的定义，强烈的氧化反应并有热和光同时发生者称为燃烧。热和光只是说明燃烧过程中发生的物理现象，那么燃烧的这种氧化反应是怎样发生的呢？亦即燃烧的实质是什么呢？

近代用链式反应理论来解释燃烧的实质，而在这个理论之前，曾有燃烧的分子碰撞理论、活化能理论和过氧化物理论等。

燃烧的分子碰撞理论认为，燃烧的氧化反应是由于可燃物和助燃物两种气体分子的互相碰撞而引起的。众所周知，气体的分子都是处于急速运动的状态中，并且不断地彼此互相碰撞，当两个分子发生碰撞时，则有可能发生化学反应。但是，用这种理论解释燃烧的氧化反应时，其可能性却非常微小。例如，氢与氯的混合物在常温下避光储存于容器中，它们的分子每秒钟彼此碰撞达 10 亿次之多，但觉察不到有任何反应。可是，若把这种混合物置于日光照射下，虽不改变其温度和压力，氢与氯两者却可以极快的速度进行反应，生成氯化氢，并呈现出光和热的燃烧现象，甚至能引起爆炸。由此可见，气态下物质的反应速度，并不能仅以分子碰撞次数的多少来加以解释。这是因为在互相碰撞的分子间会产生一般的排斥力，只有在它们的动能极高时，才能在分子的组成部分产生显著的振动，引起键能减弱，使分子各部位的重排有可能，亦即有可能引向化学反应。这种动能，按其大小而言，接近于键的破坏能，因而至少是 2.1～41.8 kJ/mol。这就意味着一切反应必须在极高温度下才能发生，因为 41.8 kJ/mol 的活化能相当于 1 200～1 400℃ 的反应温度。假如同意这种观点，那么燃烧与氧化反应应该是特别困难的，因为双键 O＝O 的破坏能是 49 kJ/mol，而 C—H 键的破坏能为 33.5～41.8 kJ/mol。但是，实验证明，最简单的碳氢化合物的燃烧、氧化反应在 300℃ 左右就可以进行了。上面的推证排斥了下面这样一种见解，即可燃物质的燃烧是它们的分子与氧分子直接起作用而生成最终的氧化产物。

四、活化能理论

为了使可燃物和助燃物两种气体分子间产生氧化反应，仅仅依靠两种分子发生碰撞还不够，正如前面所说的，在互相碰撞的分子间会产生一般的排斥力。在通常的条件下，这些分子没有足够的能量来发生氧化反应，只有当一定数量的分子获得足够的能量以后，才能在碰撞时引起分子的组成部分产生显著的振动，使分子中的原子或原子群之间的结合减弱，分子各部分的重排才有可能，亦即有可能引向化学反应。这些具有足够能量的、在互相碰撞时会发生化学反应的分子，称为活性分子。活性分子所具有的能量要比普通分子平均能量高出一定值。使普通分子变为活性分子所必需的能量，称为活化能。

图 1—1 中的纵坐标表示所研究系统的分子能量，横坐标表示反应过程，A 点表示系统开始时的动力状态。当这个系统接受转入活性状态 B 所必需的能量 E_1 后，将引起反应，并且这个系统将在减弱能量 E_2 的情况下进入结束状态 C。能量差

$$E_1 - E_2 = -Q \;(E_2 \text{ 大于 } E_1)$$

为反应的热效应。

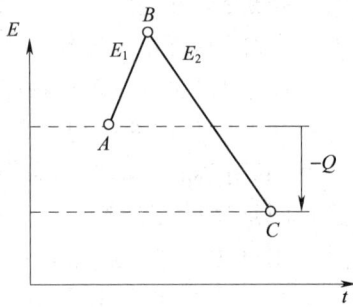

图 1—1　反应中的分子活化能

活化能理论指出了可燃物和助燃物两种气体分子发生氧化反应的可能性及其条件。

五、过氧化物理论

过氧化物理论认为，分子在各种能量（热能、辐射能、电能、化学反应能等）的作用下可以被活化。比如在燃烧反应中，首先是氧分子（O=O）在热作用下活化，被活化的氧分子的双键之一断开，形成过氧基—O—O—，这种基能结合于被氧化物质的分子上面而形成过氧化物：

$$A + O_2 = AO_2$$

在过氧化物的成分中有过氧基—O—O—，这种基中的氧原子较之游离氧分子中的氧原子更不稳定。因此，过氧化物是强烈的氧化剂，不仅能氧化形成过氧化物的物质 A，而且也能氧化分子氧很难氧化的其他物质 B：

$$AO_2 + A = 2AO$$

$$AO_2 + B \rightleftharpoons AO + BO$$

例如，氢与氧的燃烧反应，通常直接表达为：
$$2H_2 + O_2 \rightleftharpoons 2H_2O$$

按照过氧化物理论则认为先是氢和氧生成过氧化氢，而后才是过氧化氢再与氢反应生成 H_2O。其反应式如下：
$$H_2 + O_2 \rightleftharpoons H_2O_2$$
$$H_2O_2 + H_2 \rightleftharpoons 2H_2O$$

有机过氧化物通常可看做过氧化氢 H—O—O—H 的衍生物，其中，有一个或两个氢原子被烃基所取代而成为 H—O—O—R 或 R—O—O—R。所以，过氧化物是可燃物质被氧化时的最初产物，它们是不稳定的化合物，能够在受热、撞击、摩擦等情况下分解而产生自由基和原子，从而又促使新的可燃物质的氧化。

过氧化物理论在一定程度上解释了为何物质在气态下有被氧化的可能性。它假定氧分子只进行单键的破坏，这比双键的破坏要容易一些。因为破坏 1 mol 氧的单键只需要 29.3～33 kJ 的能量。但是若考虑到 C—H 键也必须破坏，氧分子也必须与碳氢化合物反应而形成过氧化物，则氧化过程还是很困难的。因此，巴赫又提出了另一种说法，即易氧化的可燃物质具有足以破坏氧中单键所需的"自由能"，所以不是可燃物质本身而是它的自由基被氧化。这种观点就是近代关于氧化作用的链式反应理论的基础。

六、链式反应理论

链式反应理论是由苏联科学家谢苗诺夫提出的。他认为物质的燃烧经历以下过程：可燃物质或助燃物质先吸收能量而离解为游离基，与其他分子相互作用发生一系列连锁反应，将燃烧热释放出来。这可以列举氯和氢的作用来说明。氯在光的作用下被活化成活性分子，于是构成一连串的反应：

$$Cl_2 + h_v \text{（光量子）} \rightleftharpoons Cl\cdot + Cl\cdot \quad \text{链的引发}$$
$$Cl\cdot + H_2 \rightleftharpoons HCl + H\cdot$$
$$H\cdot + Cl_2 \rightleftharpoons HCl + Cl\cdot \quad \text{链的传递}$$
$$Cl\cdot + H_2 \rightleftharpoons HCl + H\cdot$$
$$H\cdot + Cl_2 \rightleftharpoons HCl + Cl\cdot$$

依此类推
$$Cl\cdot + Cl\cdot \rightleftharpoons Cl_2 \quad \text{链的中断}$$
$$H\cdot + H\cdot \rightleftharpoons H_2$$

上列反应式表明，最初的游离基（或称活性中心、作用中心等）是在某种能源的作用下生成的，产生游离基的能源可以是受热分解或光照、氧化、还原、催化和射线照射等。游离基由于具有比普通分子平均动能更多的活化能，所以其活动能力非常强，在一般条件下是不稳定的，容易与其他物质分子进行反应而生成新的游离基，或者自行结合成稳定的分子。因此，利用某种能源设法使反应物产生少量的活性中心——游离基时，这些最初的游离基即可引起连锁反应，因而使燃烧得以持续进行，直至反应物全部反应完毕。在连锁反应中，如果作用中心消失，就会使连锁反应中断，而使反应减弱直至燃烧停止。

总的来说，连锁反应机理大致可分为三段：①链引发，即游离基生成，使链式反应开始；②链传递，游离基作用于其他参与反应的化合物，产生新的游离基；③链终止，即游离基的消耗，使连锁反应终止。造成游离基消耗的原因是多方面的，如游离基相互碰撞生成分子，与掺入混合物中的杂质起副反应，与非活性的同类分子或惰性分子互相碰撞而将能量分散，撞击器壁而被吸附等。

综上所述，燃烧是一种复杂的物理、化学反应。光和热是燃烧过程中发生的物理现象，游离基的连锁反应则说明了燃烧反应的化学实质。按照链式反应理论，燃烧不是两个气态分子之间直接起作用，而是它们离解形成的游离基这种中间产物进行的链式反应。

在链式反应中，存在着链的增长速度和链的中断速度。当链的增长速度等于或大于链的中断速度时，燃烧才能产生和持续；当链的中断速度大于链的增长速度时，燃烧则不会发生或正在进行的燃烧会停止。

链式反应有分支连锁反应和不分支连锁反应两种。上述氯和氢的反应是不分支连锁反应的典型，即活化一个氯分子可出现两个氯的游离基，也就是两个连锁反应的活性中心，每一个氯的游离基都进行自己的连锁反应，而且每次反应只引出一个新的游离基。

氢和氧的反应则属于分支连锁反应：

$\quad$ Ⅰ $\quad H_2+O_2 = 2OH\cdot$
$\quad$ Ⅱ $\quad OH\cdot +H_2 = H_2O+H\cdot$
$\quad$ Ⅲ $\quad H\cdot +O_2 = OH\cdot +O\cdot$
$\quad$ Ⅳ $\quad O\cdot +H_2 = OH\cdot +H\cdot$

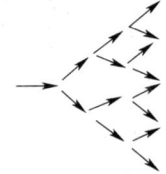

图 1—2 分支连锁反应

由于反应式Ⅲ和Ⅳ各生成两个活化中心，因此，如图 1—2 所示，这些反应中连锁会分支。

第二节　燃烧的类型与特征

燃烧是同时放热发光的氧化反应，它可分为闪燃、着火和自燃等类型。每一种类型的燃烧都有其各自的特征。研究防火技术，就必须具体地分析每一类型燃烧发生的特殊原因及其特点，才能有针对性地采取行之有效的防火措施。

一、氧化与燃烧

1. 物质的氧化与燃烧现象

物质的氧化反应现象是普遍存在的，由于反应的速度不同，可以体现为一般的氧化现象和燃烧现象。当氧化反应速度比较慢时，例如油脂或煤堆在空气中缓慢与氧的化合，铁的氧化生锈等，虽然在氧化反应时也是放热的，但因其反应缓慢，同时又很快散失掉，因而没有发光现象。如果是剧烈的氧化反应，放出光和热，即是燃烧。例如由于散热不良，热量积聚，不断加快煤堆的氧化速度，使温度升高至自燃点而导致煤堆的燃烧；铁在通常情况下被认为是不可燃物质，然而赤热的铁块在纯氧中却会剧烈氧化燃烧等，这就是说，氧化和燃烧都是同一种化学反应，只是反应的速度和发生的物理现象（热和光）不同。在生产和日常生活中发生的燃烧现象，大都是可燃物质与空气（氧）的化合反应，也有的是分解反应。

简单的可燃物质燃烧时，只是该物质与氧的化合，例如碳和硫的燃烧反应。其反应式为：

$$C + O_2 \longrightarrow CO_2 + Q$$
$$S + O_2 \longrightarrow SO_2 + Q$$

复杂物质的燃烧，先是物质受热分解，然后发生化合反应。例如，丙烷和乙炔的燃烧反应：

$$C_3H_8 + 5O_2 =\!=\!= 3CO_2 + 4H_2O + Q$$
$$2C_2H_2 + 5O_2 =\!=\!= 4CO_2 + 2H_2O + Q$$

而含氧的炸药燃烧时，则是一个复杂的分解反应。例如，硝化甘油的燃烧反应：

$$4C_3H_5(ONO_2)_3 =\!=\!= 12CO_2 + 10H_2O + O_2 + 6N_2$$

2. 燃烧的氧化反应

现已知道，燃烧是一种放热发光的氧化反应。

最初，氧化被认为仅是氧气与物质的化合，但现在则被理解为：凡是物质的元素失去电子的反应就是氧化反应。反应中，失掉电子的物质被氧化，而获得电子的

物质被还原。以氯和氢的化合为例,其反应式如下:

$$H_2 + Cl_2 \xrightarrow{燃烧} 2HCl + Q$$

氯从氢中取得一个电子,因此,氯在此反应中即为氧化剂。这就是说,氢被氯所氧化并放出热量和呈现出火焰,此时虽然没有氧气参与反应,但发生了燃烧。又如铁能在硫中燃烧,铜能在氯中燃烧,虽然铁和铜没有和氧化合,但所发生的反应是剧烈的氧化反应,并伴有热和光发生。

放热、发光和氧化反应是燃烧现象的三个特征,据此可区别燃烧现象与其他的氧化现象。例如,灯泡中的灯丝当电流通过时,虽然同时放热发光,但没有氧化反应,而是仅发生了由电能转化为电阻热能的能量转换,属物理现象。还有前述铁的缓慢氧化反应,没有同时出现放热发光现象,都不属于燃烧。

二、闪燃与闪点

可燃液体的温度越高,蒸发出的蒸气亦越多。当温度不高时,液面上少量的可燃蒸气与空气混合后,遇着火源而发生一闪即灭(延续时间少于 5 s)的燃烧现象,称闪燃。

可燃液体蒸发出的可燃蒸气足以与空气构成一种混合物,并在与火源接触时发生闪燃的最低温度,称为该液体的闪点。闪点越低,则火灾危险性越大。如乙醚的闪点为-45℃,煤油为 28~45℃,说明乙醚不仅比煤油的火灾危险性大,而且还表明乙醚具有低温火灾危险性。

应当指出,可燃液体之所以会发生一闪即灭的闪燃现象,是因为它在闪点的温度下蒸发速度较慢,所蒸发出来的蒸气仅能维持短时间的燃烧,而来不及提供足够的蒸气补充维持稳定的燃烧。也就是说,在闪点温度时,燃烧的仅仅是可燃液体所蒸发的那些蒸气,而不是液体自身在燃烧,即还没有达到使液体能燃烧的温度,所以燃烧表现为一闪即灭的现象。

闪燃是可燃液体发生着火的前奏,从消防的观点来说,闪燃就是危险的警告,闪点是衡量可燃液体火灾危险性的重要依据。因此,研究可燃液体火灾危险性时,闪燃现象是必须掌握的一种燃烧类型。常见可燃液体的闪点见表1—1。

可燃液体的闪点可采用仪器测定,测定器有开口式和闭口式两种。图 1—3 所示为开口杯闪点测定器,主要由内坩埚 4、外坩埚 5、温度计 3 和点火器 8 等组成。加热可采用煤气灯、酒精灯或电炉。被测试样在规定升温速度等条件下加热到它的蒸气与点火器火焰接触发生闪燃时,温度计上所标示的最低温度,即为被测定可燃液体的闪点,并标注为"开杯闪点"。对闪点较高的可燃液体,经常用开杯仪器测定。当测定闪点高于200℃时,需用电炉加热。

表1—1　　　　　　　常见可燃液体的闪点　　　　　　　℃

名　称	闪点	名　称	闪点	名　称	闪点	名　称	闪点
乙醚	−45	二氯乙烷	21	丁二烯	41	丙酸乙酯	12
乙烯醚	−30	二甲苯	25	十氢化萘	57	丙醛	15
乙胺	−18	二甲基吡啶	29	三甲基氯化硅	−18	丙烯酸乙酯	16
乙烯基氯	−17.8	二异丁胺	29.4	三氟甲基苯	−12	丙胺	<20
乙醛	−17	二甲氨基乙醇	31	三乙胺	4	丙烯醇	21
乙烯正丁醚	−10	二乙基乙二酸酯	44	三聚乙醛	26	丙醇	23
乙烯异丁醚	−10	二乙基乙烯二胺	46	三甘醇	166	丙苯	30
乙硫醇	<0	二聚戊烯	46	三乙醇胺	179.4	丙酸丁酯	32
乙基正丁醚	1.1	二丙酮	49	飞机汽油	−44	丙酸正丙酯	40
乙腈	5.5	二氯乙醚	55	己烷	−23	丙酸异戊酯	40.5
乙醇	14	二甲基苯胺	62.8	己胺	26.3	丙酸戊酯	41
乙苯	15	二氯异丙醚	85	己醛	32	丙烯酸丁酯	48.5
乙基吗啡林	32	二乙二醇乙醚	94	己酮	35	丙烯氯乙醇	52
乙二胺	33.9	二苯醚	115	己酸	102	丙酐	73
乙酰乙酸乙酯	35	丁烯	−80	天然汽油	−50	丙二醇	98.9
醋酸	38	丁酮	−14	反二氯乙烯	6	石油醚	−50
乙酰丙酮	40	丁胺	−12	六氢吡啶	16	原油	−35
乙基丁醇	58	丁烷	−10	六氢苯酸	68	石脑油	25.6
乙二醇丁醚	73	丁基氯	−6.6	火棉胶	17.7	甲乙醚	−37
二氯乙烯	14	丁醇醛	82.7	丙酸甲酯	−3	乙醇胺	85
二氯丙烯	15	丁二酸酐	88	丙烯酸甲酯	−2.7	乙二醇	100

续表

名　称	闪点	名　称	闪点	名　称	闪点	名　称	闪点
二硫化碳	−45	丁烯醛	13	水杨酸甲酯	101	甲酸乙酯	−20
二乙烯醚	−30	丁酸甲酯	14	水杨酸乙酯	107	甲硫醇	−17.7
二乙胺	−26	丁烯酸甲酯	<20	巴豆醛	12.8	甲基丙烯醛	−15
二甲醇缩甲醛	−18	丁酸乙酯	25	壬烷	31	甲乙酮	−14
二氯甲烷	−14	丁烯醇	34	壬醇	83.5	甲基环己烷	−4
二甲二氯硅烷	−9	丁醇	35	丙醚	−26	甲酸正丙酯	−3
二异丙胺	−6.6	丁醚	38	丙基氯	−17.8	甲酸异丙酯	−1
二甲胺	−6.2	丁苯	52	丙烯醛	−17.8	甲苯	4
二甲基呋喃	7	丁酸异戊酯	62	丙酮	−10	甲基乙烯甲酮	6.6
二丙胺	7.2	丁酸	77	丙烯醚	−7	甲醇	7
甲基戊酮醇	8.8	冰醋酸	40	丙烯腈	−5	甲酸异丁酯	8
甲酸丁酯	17	吡啶	20	酚	79	醋酸甲酯	−13
甲酸戊酯	22	间二甲苯	25	硝酸甲酯	−13	醋酸乙烯酯	−7
甲基异戊酮	23	间甲酚	36	硝酸乙酯	1	醋酸乙酯	−4
甲酸	69	辛烷	16	硝基丙烷	31	醋酸醚	−3
甲基丙烯酸	76.7	环氧丙烷	−37	硝基甲烷	35	醋酸丙酯	20
戊烷	−42	环己烷	6.3	硝基乙烷	41	醋酸丁酯	22.2
戊烯	−17.8	环己胺	32	硝基苯	90	醋酸酐	40
戊酮	15.5	环氧氯丙烷	32	氯乙烷	−43	樟脑油	47
戊醇	49	环己酮	40	氯丙烯	−32	噻吩	−1
丁醛	−16	煤油	28	甲酸甲酯	−32	对二甲苯	25
丁烯酸乙酯	2.2	水杨醛	90	甲基戊二烯	−27	正丁烷	−60

续表

名称	闪点	名称	闪点	名称	闪点	名称	闪点
正丙醇	22	松节油	32	氯丙烷	−17.7	溴苯	65
四氢呋喃	−15	松香水	62	氯丁烷	−9	碳酸乙酯	25
四氢化萘	77	苯	−14	氯苯	27	糠醛	66
甘油	160	苯乙烯	38	氯乙醇	55	糠醇	76
异戊二烯	−42	苯甲醛	62	硫酸二甲酯	83	缩醛	−2.8
异丙苯	34	苯胺	71	氰氢酸	−17.5	绿油	65
异戊醛	39	苯甲醇	96	溴乙烷	−25		
邻甲苯胺	85	氧化丙烯	−37	溴丙烯	−1.5		

为取得试样的燃点,应继续进行加热,并定时断续点火。当试样的蒸气接触点火器火焰时立即着火,并能持续燃烧不少于 5 s,此时的温度为试样的燃点。

图 1—4 所示为闭口杯闪点测定器,主要由点火器 2、油杯 5、搅拌浆 7、电炉盘 9、电动机 10 和温度计 14 等组成。油杯在规定的温升速度等条件下加热,并定期进行搅拌(在点火时停止搅拌)。点火时打开孔盖 1 s 后,出现闪火时的温度则为该试样的闪点,并标注"闭杯闪点"。闭杯测定器通常用于测定常温下能闪燃的液体。同一种物质的开杯闪点要高于闭杯闪点。

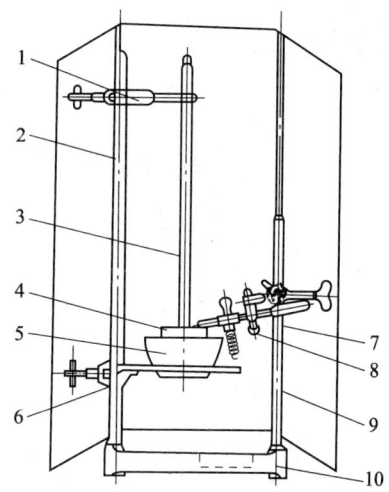

图 1—3 开口杯闪点测定器
1—温度计夹 2—支柱 3—温度计 4—内坩埚
5—外坩埚 6—坩埚托 7—点火器支柱
8—点火器 9—屏风 10—底座

可燃液体水溶液的闪点会随水溶液浓度的降低而升高,如表1—2列出醇水溶液的闪点随醇含量的减少而升高。从表中所列数值可以看出,当乙醇含量为100%时,11℃即发生闪燃,而含量降至3%时则没有闪燃现象。利用此特点,对水溶性液体的火灾,用大量水扑救,降低可燃液体的浓度可减弱燃烧强度,使火熄灭。

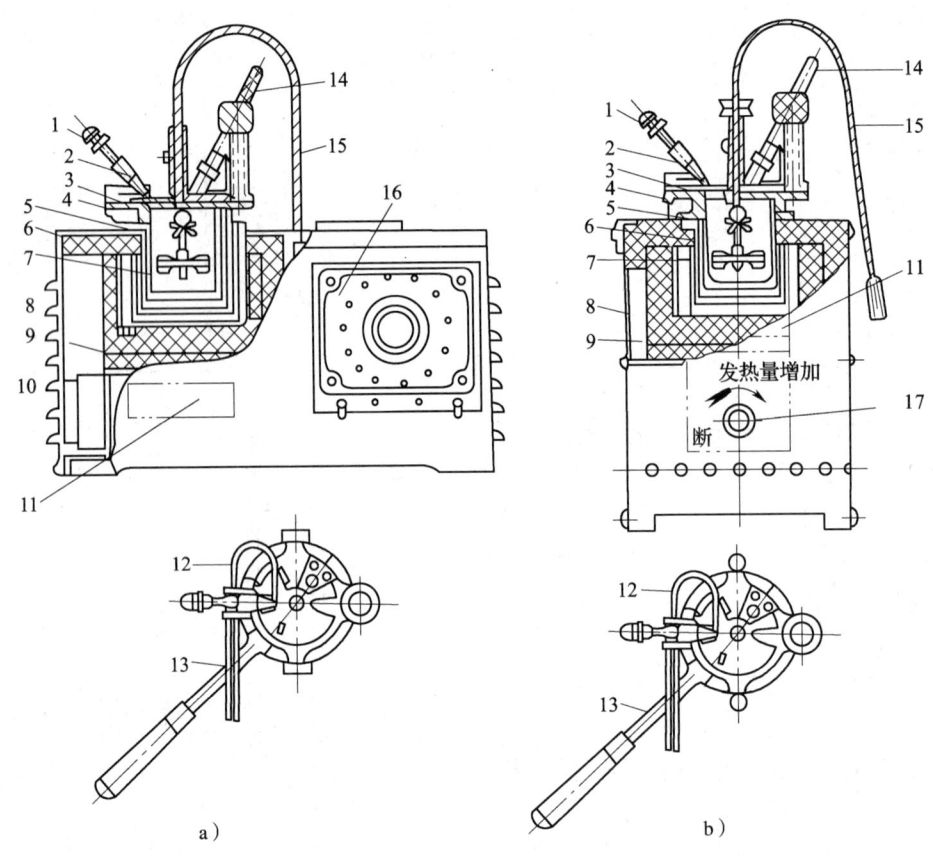

图1—4 闭口杯闪点测定器
a) 电动搅拌 b) 手动搅拌
1—点火器调节螺丝 2—点火器 3—滑板 4—油杯盖 5—油杯
6—浴套 7—搅拌浆 8—壳体 9—电炉盘 10—电动机
11—铭牌 12—点火管 13—油杯手柄 14—温度计
15—传动软轴 16—开关箱 17—旋钮

表 1—2　　　　　　　　　　　　醇水溶液的闪点

溶液中醇的含量（%）	闪点（℃）		溶液中醇的含量（%）	闪点（℃）	
	甲醇	乙醇		甲醇	乙醇
100	7	11	10	60	50
75	18	22	5	无	60
55	22	23	3	无	无
40	30	25			

除了可燃液体以外，某些能蒸发出蒸气的固体，如石蜡、樟脑、萘等，其表面上所产生的蒸气可以达到一定的浓度，与空气混合而成为可燃的气体混合物，若与明火接触，也能出现闪燃现象。例如，木材的闪点为260℃左右，部分塑料的闪点见表1—3。

表 1—3　　　　　　　　　　　　部分塑料的闪点

材料名称	闪点（℃）	材料名称	闪点（℃）
聚苯乙烯	370	聚氯乙烯	530
聚乙烯	340	苯乙烯、异丁烯酸甲酯共聚物	338
乙烯纤维	290	聚胺基甲酸乙酯泡沫	310
聚酰胺	420	聚酯+玻璃钢纤维	298
苯乙烯丙烯腈共聚树脂	366	密胺树脂+玻璃纤维	475

通过对闪燃特征的研究，可以了解到可燃液体的燃烧不是液体本身而是它的蒸气，也就是说是蒸气在着火爆炸。在生产中，由于人们未能认识到可燃液体的这个特点，常因此而造成火灾爆炸事故。例如，某厂的变压器油箱因腐蚀产生裂纹而漏油，为了不影响生产和省事，未经置换处理就冒险直接进行补焊。由于该裂纹离液面较远，所以幸免发生事故。于是有不少企业派人到该厂参观学习，为给大家演示，找来一个报废的油箱，将油灌入，使液面略高于裂纹，来访者四周围观。由于此次裂纹距液面甚浅，刚开始补焊，高温便引燃液面上的蒸气，发生爆炸，飞溅出的无数油滴都带着火苗，造成多人受伤事故。

三、自燃与自燃点

可燃物质受热升温而不需明火作用就能自行燃烧的现象称为自燃。通常是由于物质的缓慢氧化作用放出热量，或靠近热源等原因使物质的温度升高；同时，由于散热受到阻碍，造成热量积蓄，当达到一定温度时而引起的燃烧，这是物质自发的着火燃烧。由于自燃是物质在没有明火作用下的自行燃烧，所以引起火灾的危险性很大。

引起物质发生自燃的最低温度称为自燃点。例如，黄磷的自燃点为30℃，煤的自燃点为320℃。自燃点越低，火灾危险性越大。某些气体及液体的自燃点见表1—4。

表1—4　　　　　　　　　某些气体及液体的自燃点

化合物	分子式	自燃点（℃）		化合物	分子式	自燃点（℃）	
		空气中	氧气中			空气中	氧气中
氢	H_2	572	560	丁烯	C_4H_8	443	—
一氧化碳	CO	609	588	戊烯	C_5H_{10}	273	—
氨	NH_3	651	—	乙炔	C_2H_2	305	296
二硫化碳	CS_2	120	107	苯	C_6H_6	580	566
硫化氢	H_2S	292	220	环丙烷	C_3H_6	498	454
氢氰酸	HCN	538	—	环己烷	C_6H_{12}	—	296
甲烷	CH_4	632	556	甲醇	CH_4O	470	461
乙烷	C_2H_6	472	—	乙醇	C_2H_6O	392	—
丙烷	C_3H_8	493	468	乙醛	C_2H_4O	275	159
丁烷	C_4H_{10}	408	283	乙醚	$C_4H_{10}O$	193	182
戊烷	C_5H_{12}	290	258	丙酮	C_3H_6O	561	485
己烷	C_6H_{14}	248	—	醋酸	$C_2H_4O_2$	550	490
庚烷	C_7H_{16}	230	214	二甲醚	C_2H_6O	350	352
辛烷	C_8H_{18}	218	208	二乙醇胺	$C_4H_{11}NO_2$	662	—
壬烷	C_9H_{20}	285	—	甘油	$C_3H_8O_3$	—	320
癸烷（正）	$C_{10}H_{22}$	250	—	石脑油	—	277	
乙烯	C_2H_4	490	485				
丙烯	C_3H_6	458					

1. 物质自燃过程

可燃物质与空气接触，并在热源作用下温度升高，为什么会自行燃烧呢？可燃物质在空气中被加热时，先是开始缓慢氧化并放出热量，该热量将提高可燃物质的温度，促使氧化反应速度加快。但与此同时也存在着向周围的散热损失，亦即同时存在着产热和散热两种情况。当可燃物质氧化产生的热量小于散失的热量时,比如物质受热而达到的温度不高,氧化反应速度小,产生的热量不多,而且周围的散热条件又较好的情况下,可燃物质的温度不能自行上升达到自燃点,可燃物便不能自行燃烧;如果可燃物被加热至较高温度,反应速度较快,或由于散热条件不良,氧化产生的热量不断聚积,温度升高而加快氧化速度,在此情况下,当热的产生量超过散失量时,反应速度的不断加快使温度不断升高,直至达到可燃物的自燃点而发生自燃现象。

可燃物质受热升温发生自燃及其燃烧过程的温度变化情况见图1—5。图中的曲线表明,可燃物在开始加热时,即温度为 T_N 的一段时间里,由于许多热量消耗于熔化、蒸发或发生分解,因此可燃物的缓慢氧化析出的热量很少并很快散失,可燃物质的温度只是略高于周围的介质。当温度上升达到 T_O 时,可燃物质氧化反应速度较快,但由于此时的温度不高,氧

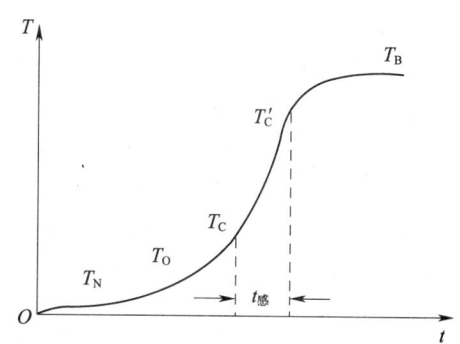

图1—5 物质自燃过程的温度变化

化反应析出的热量尚不足以超过向周围的散热量。如不继续加热,温度不再升高,可燃物的氧化过程是不会转为燃烧的;若继续加热升高温度时,由于氧化反应速度加快,除热源作用外,反应析出热量亦较多,可燃物的温度即迅速升高而达到自燃点 T_C,此时氧化反应产生的热量与散失的热量相等。当温度再稍为升高超过这种平衡状态时,即使停止加热,温度亦能自行快速升高,但此时火焰暂时还未出现,一直达到较高的温度 T'_C 时,才出现火焰并燃烧起来。

2. 自燃的分类

根据促使可燃物质升温的热量来源不同,自燃可分为受热自燃和自热自燃两种。

(1) 受热自燃。可燃物质由于外界加热,温度升高至自燃点而发生自行燃烧的现象称为受热自燃。例如,火焰隔锅加热引起锅里油的自燃。

受热自燃是引起火灾事故的重要原因之一,在火灾案例中,有不少是因受热自燃引起的。生产过程中发生受热自燃的原因主要有以下几种。

①可燃物质靠近或接触热量大和温度高的物体时,通过热传导、对流和辐射作用,有可能将可燃物质加热升温到自燃点而引起自燃。例如,可燃物质靠近或接触

②在熬炼（如熬油、熬沥青等）或热处理过程中，温度过高达到可燃物质的自燃点而引起着火。

③由于机器的轴承或加工可燃物质的机器设备相对运动部件缺乏润滑、冷却或缠绕纤维物质，增大摩擦力，产生大量热量，造成局部过热，引起可燃物质受热自燃。在纺织工业、棉花加工厂等由此原因引起的火灾较多。

④放热的化学反应会释放出大量的热量，有可能引起周围的可燃物质受热自燃。例如，在建筑工地上由于生石灰遇水放热，引起可燃材料的着火事故等。

⑤气体在很高压力下突然压缩时，释放出的热量来不及导出，温度会骤然增高，能使可燃物质受热自燃。可燃气体与空气的混合气体受绝热压缩时，高温会引起混合气体的自燃和爆炸。

此外，高温的可燃物质（温度已超过自燃点）一旦与空气接触也能引起着火。

（2）自热自燃。可燃物质由于本身的化学反应、物理或生物作用等所产生的热量，使温度升高至自燃点而发生自行燃烧的现象，称为自热自燃。自热自燃与受热自燃的区别在于热的来源不同：受热自燃的热来自外部加热；而自热自燃的热是来自可燃物质本身化学或物理的热效应，所以称自热自燃。在一般情况下，自热自燃的起火特点是从可燃物质的内部向外炭化、延烧；而受热自燃往往是从外部向内延烧。

由于可燃物质的自热自燃不需要外部热源，所以在常温下甚至在低温下也能发生自燃。因此，能够发生自热自燃的可燃物质比其他可燃物质的火灾危险性更大。

热源来自化学反应的自热自燃，如油脂在空气（或氧气）中的自燃。油脂是由于本身的氧化和聚合作用而产生热量，在散热不良造成热量积聚的情况下，使得温度升高达到自燃点而发生燃烧的。因此，油脂中含有能够在常温或低温下氧化的物质越多，其自燃能力就越大；反之，自燃能力就越小。油类可分为动物油、植物油和矿物油三种，其中自燃能力最大的是植物油，其次是动物油，而矿物油如果不是废油或者没有掺入植物油是不能自燃的。有些浸渍矿物质润滑油的纱布或油棉丝堆积起来亦能自燃，这是因为在矿物油中混杂有植物油的缘故。

植物油和动物油是由各种脂肪酸甘油酯组成的，它们的氧化能力主要取决于不饱和脂肪酸甘油酯含量的多少。不饱和脂肪酸有油酸、亚油酸、亚麻酸、桐油酸等，它们分子中的碳原子存在一个或几个双键。例如，桐油酸（$C_{17}H_{29}COOH$）：

$$CH_3(CH_2)_3CH=CH-CH=CH-CH=CH(CH_2)_7-COOH$$

分子结构中有三个双键。

由于双键的存在，不饱和脂肪酸具有较多的自由能，于室温下便能在空气中氧化，同时放出热量：

$$R-CH=CH-R + O_2 \rightarrow R-CH-CH-R$$
$$\underset{O-O}{|\quad\ |}$$

生成的过氧化物易释放出活性氧原子，使油脂中常温下难于氧化的饱和酸发生氧化：

$$R-\underset{O\ -\ O}{\underset{|\quad\ |}{CH-CH}}-R \rightarrow R-\underset{O}{\underset{|}{CH}}-\underset{}{\underset{}{CH}}-R + [O]$$

在不饱和脂肪酸发生氧化的同时，它们又按下式进行聚合反应：

$$R-CH=CH-R + R-\underset{O-O}{\underset{|\quad\ |}{CH-CH}}-R = \begin{array}{c} R-CH-CH-R \\ |\quad\quad\ | \\ O\quad\ O \\ |\quad\quad\ | \\ R-CH-CH \end{array}$$

不饱和脂肪酸的聚合过程也能在常温下进行，同时析出热量。

综上所述，由于双键具有较高的键能，即不饱和脂肪酸具有较多的自由能，于室温下便能在空气中氧化，并析出热量；而且在不饱和脂肪酸发生氧化的同时，还进行聚合反应，聚合反应过程也能在常温下进行，并析出热量。这种过程如果循环持续地进行下去，在避风散热不良的条件下，由于积热升温，就能使浸渍不饱和油脂的物品自燃。

油脂的自燃还与油和浸油物质的比例、蓄热条件及空气中的氧含量等因素有关。

浸渍油脂的物质如棉纱、碎布等纤维材料发生自燃，既需要有一定数量的油脂，又需要形成较大的氧化表面积。如果浸油量过多，会阻塞纤维材料的大部分小孔，减少其氧化表面，因而产生热量少，温度也就不容易达到自燃点；如果浸油量过少，氧化发生的热量亦少，小于内外散失的热量，也不会发生自燃。因此，油和浸油物质需要有适当的比例，一般为1:2和1:3才会发生自燃。

油脂在空气中的自燃，需要在氧化表面积大而散热面积小的情况下才能发生，亦即在蓄热条件好的情况下才能自燃。如果把油浸渍到棉纱、棉布、棉絮、锯屑、铁屑等物质上，就会大大增加油的表面积，氧化时放出的热量也就相应地增加。如果把上述浸渍油脂的物质散开摊成薄薄一层，虽然氧化产生的热量多，但散热面积大，热量损失也多，还是不会发生自燃；如果把上述浸油物质堆积在一起，虽然氧化的表面积不变，但散热的表面积却大大减小，使得氧化时产生的热量超过散失的热量，造成热量积聚和升温，促使氧化反应过程加速，就会发生自燃。

根据有关实验，把破布和旧棉絮用一定数量的植物油浸透，将油布、油棉裹成一团，再用破布包好，把温度计插入其中，使室内保持一定温度，经过一定时间就逐渐呈现出以下自燃特征：

(1) 开始无烟无味，当温度升高时，有青烟、微味，而后逐渐变浓；
(2) 火由内向外延烧；
(3) 燃烧后形成硬质焦化瘤。

有关实验条件和所得的数据见表1—5。

表1—5　　　　棉织纤维自燃的实验条件和数据

序号	纤维 (kg)	油脂 (kg)	纤维与油脂比例	环境温度 (℃)	发生自燃时间 (h)	自燃点 (℃)
1	破布2.5 旧棉0.5	亚麻油1	3:1	30	39	270
2	破布2.5 旧棉0.5	葵花子油1	3:1	20～30	52	210
3	破布3.5 旧棉0.5	桐油1	4:1	26～33	22.5	264
4	破布5 旧棉1	亚麻仁油0.7 豆油0.3 油漆1.5 清油0.5	2:1	30	14	264
5	破布5 旧棉1	亚麻仁油0.7 豆油0.3 油漆1.5 清油0.5	2:1	7～33	36	322

此外，空气中含氧量对自热自燃有重要影响，含氧量越多，越易发生自燃。有关实验表明，将油脂在瓷盘上涂上薄薄一层，于空气中放置时不会自燃；如果用氧气瓶的压缩纯氧喷吹与之接触，先是瓷盘发热，逐渐变为烫手，继而冒烟，然后出现火苗。这是油脂氧化发热引起自热自燃所致。

防止油脂自燃的主要方法是将涂油物品（如油布、油棉纱等）散开存放，尽量扩大散热面积，而不应堆放或折叠起来；室内应有良好的通风；凡是装盛氧气的容器、设备、气瓶和管道等，均不得沾附油脂。

煤发生自燃的热量来自物理作用和化学反应，是由于它本身的吸附作用和氧化反应并积聚热量而引起。煤可分为泥煤、褐煤、烟煤和无烟煤四类，除无烟煤之外，都有自燃能力。一般含氢、一氧化碳、甲烷等挥发物质较多，以及含有一些易氧化的不饱和化合物和硫化物的煤，自燃的危险性比较大。无烟煤和焦炭之所以没有自燃能力，就是因为它们所含的挥发物量太少。

煤在低温时氧化速度不大，主要是表面吸附作用。它能吸附蒸气和氧等气体，进行缓慢氧化并使蒸气在煤的表面浓缩而变成液体，放出热量使温度升高，然后煤的氧化速度不断加快，如果散热条件不良，就会积聚热量，使温度继续升高，直到发生自燃。泥煤中含有大量微生物，它的自燃是由于生物作用和化学作用放出热量而引起。

煤的挥发物含量、粉碎程度、湿度和单位体积的散热量等因素对煤的自燃均有很大的影响。煤中挥发物（甲烷、氢、一氧化碳）含量越高，则氧化能力越强且越容易自燃；煤的颗粒越细，进行吸附作用与氧化的表面积越大，吸附能力强，氧化反应速度快，因此放出的热量也越多，所以越易自燃。湿度对煤的自燃过程有很大影响。煤里一般含有铁的硫化物，硫化铁在低温下能发生氧化，煤中水分多，可促使硫化铁加速氧化生成体积较大的硫酸盐，使煤块松散碎裂，暴露出更多的表面，加速煤的氧化，同时硫化铁氧化时还放出热量，从而促进了煤的自燃过程。由此可知，有一定湿度的煤，其自燃能力要大于干燥的煤，这就是雨季里煤炭较易发生自燃的缘故。此外，煤的散热条件越差就越易自燃，若煤堆的高度过大且内部较疏松，即密实程度小、空隙率大，容易吸附大量空气，结果是有利于氧化和吸附作用，而热量又不易导出，所以就越易自燃。

防止煤自燃的主要措施是限制煤堆的高度并将煤堆压实。如果发现煤堆由于最初的吸附作用和缓慢氧化，温度较高（超过60℃）时，应及时挖出热煤，用新煤填平；如发现已有局部着火，应将着火的煤挖出，用水冷却，不要立即用水扑救；若发现着火面积较大，可用大量水浇灭。

植物的自燃主要是生物作用引起的，同时在这过程中也有化学反应和物理作用。许多植物如稻草、树叶、棉籽及粮食等，一般都附着大量微生物，而且能自燃的植物都含有一定的水分，当大量堆积时，就可能因发热而导致自燃。微生物在一定的温度下生存和繁殖，在其呼吸繁殖过程中会不断产生热量。由于植物产品的导热性很差，热量不易散失而逐渐积聚，致使堆垛内温度不断升高，达到70℃以后细菌死亡，但这时植物产品中的有机化合物即可开始分解而产生多孔的炭，能吸附大量蒸气和氧气。吸附过程是一种放热过程，从而使温度继续升高，达到100℃，接着又引起新的化合物分解炭化,促使温度不断升高,可达 150~200℃,这时植物中的纤维开始分解,迅速氧化而析出更多的热量。由于反应速度加快,在积热不散的条件下,就会达到自燃点而自行着火。总体来说,影响植物自燃的因素主要是必须具有微生物生存的湿度,其次是散热条件。因此,预防植物自燃的基本措施是使植物处于干燥状态并存放在干燥的地方;堆垛不宜过高过大,注意通风;加强检测控制温度,防雨防潮等。

四、着火与着火点

可燃物质在某一点被着火源引燃后,若该点上燃烧所放出的热量足以把邻近的可燃物层提高到燃烧所必须的温度,火焰就会蔓延开来。因此,所谓着火就是可燃物质与火源接触而燃烧,并且在火源移去后仍能保持继续燃烧的现象。

可燃物质发生着火的最低温度称为着火点或燃点。例如,木材的着火点为295℃,纸张的着火点为130℃。所有固态、液态和气态可燃物质,都有其着火点。常见可燃物质的着火点见表1—6。

表1—6　　　　　　　　　几种可燃物质的着火点

物 质 名 称	着火点（℃）	物 质 名 称	着火点（℃）
黄磷	30	麦草	200
松节油	53	布匹	200
樟脑	70	硫	207
灯油	86	棉花	210
赛璐珞	100	豆油	220
橡胶	120	烟叶	222
纸张	130	松木	250
麻绒	150	醋酸纤维	320
漆布	165	胶布	325
蜡烛	190	涤纶纤维	390

可燃液体的闪点与着火点的区别是:在着火点时燃烧的不只是蒸气,而且还有液体(即液体已达到燃烧温度,可提供保持稳定燃烧的蒸气)。另外,在闪点时移去火源后闪燃即熄灭;而在着火点时液体则能继续燃烧。液体的着火点可采用测定闪点的开杯法进行测定。

可燃液体的着火点都高于闪点,而且闪点越低的可燃液体,其着火点与闪点的差数越小。例如,汽油、二硫化碳等的着火点与闪点仅相差1℃。因此,着火点对评价可燃固体和闪点较高的可燃液体(闪点在100℃以上)的火灾危险性具有实际意义,控制这类可燃物质的温度在着火点以下是预防发生火实的有效措施之一。

在火场上,如果有两种燃点不同的物质处在相同的条件下,受到火源作用时,燃点低的物质首先着火,所以,存放燃点低的物质的地方通常是火势蔓延的主要方向。用冷却法灭火,其原理就是将燃烧物质的温度降低到燃点以下,使燃烧停止。

五、物质的燃烧历程

可燃物质在燃烧时,由于状态的不同,会发生不同的变化。比如,可燃液体的燃烧并不是液相与空气直接反应而燃烧,它一般是先受热蒸发为蒸气,然后再与空气混合而燃烧。某些可燃性固体(如硫、磷、石蜡)的燃烧是先受热熔融,再气化为蒸气,而后与空气混合发生燃烧。另一些可燃性固体(如木材、沥青、煤)的燃烧,则是先受热分解,析出可燃气体和蒸气,然后与空气混合而燃烧,并留下若干固体残渣。由此可见,绝大多数液态和固态可燃物质是在受热后气化或分解成为气态,它们的燃烧是在气态下进行的,并产生火焰。有的可燃固体(如焦炭等)不能挥发出气态的物质,在燃烧时则呈炽热状态,而不呈现出火焰。

由于绝大多数可燃物质的燃烧都是在气态下进行的,故研究燃烧过程应从气体氧化反应的历程着手。物质的燃烧过程如图1—6所示。

综上所述,根据可燃物质燃烧时的状态不同,燃烧有气相和固相燃烧两种情况。气相燃烧是指在进行燃烧反应过程中,可燃物和助燃物均为气体,这种燃烧的特点总是有火焰产生。气相燃烧是一种最基本的燃烧形式,因为绝大多数可燃物质(包括气态、液体和固态可燃物质)的燃烧都是在气态下进行的。

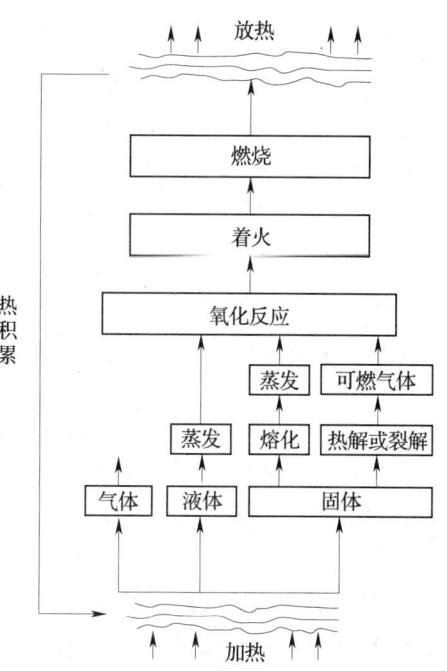

图1—6 物质燃烧的过程

固相燃烧是指在燃烧反应过程中，可燃物质为固态，这种燃烧也称表面燃烧。其特征是燃烧时没有火焰产生，只呈现光和热，例如上述焦炭的燃烧。金属燃烧也属于表面燃烧，无气化过程，燃烧温度较高。

有的可燃物质（如天然纤维物）受热时不熔融，而是首先分解出可燃气体进行气相燃烧，最后剩下的炭不能再分解了，则发生固相燃烧。所以这类可燃物质在燃烧反应过程中，同时存在着气相燃烧和固相燃烧。

六、燃烧速度

1. 气体燃烧速度

在通常情况下，单一化学组分的气体（如氢气）比复杂气体（如甲烷）的燃烧速度快，因为后者需要经过受热、分解、氧化过程才能开始燃烧；动力燃烧速度高于扩散燃烧速度。

气体的燃烧速度常以火焰传播速度来衡量。某些气体与空气混合物在25.4 mm直径的管道中，火焰传播速度的试验数据见表1—7。

表1—7　　　　　可燃气体的火焰传播速度

气体	火焰最高传播速度（m·s^{-1}）	可燃气体在混合物中的浓度（%）	气体	火焰最高传播速度（m·s^{-1}）	可燃气体在混合物中的浓度（%）
氢	4.83	38.5	丙烷	0.32	4.6
一氧化碳	1.25	45	丁烷	0.82	3.6
甲烷	0.67	9.8	乙烯	1.42	7.1
乙烷	0.85	6.5	炉煤气	1.70	17
水煤气	3.1	43	焦炉发生煤气	0.73	48.5

可燃气体混合物的火焰传播速度受多种因素的影响。

首先是与可燃气体的浓度有关。从理论上研究，可燃气体在完全反应浓度时的燃烧速度是火焰传播速度的最大值，但实际测定发现，是在稍高于完全反应浓度的时候。其次，混合物中的惰性气体浓度增加，由于消耗热能而使火焰传播速度降低。再次，混合物的初始温度越高，火焰传播速度越快。最后，火焰传播速度在不同直径的管道中测试结果表明，一般随着管道直径的增加，火焰传播速度增大，但有个极限值，管道直径超过这个极限值，火焰传播速度不再增大；反之，当管道直径减小，火焰传播速度减慢，当管道直径小于某一直径时，火焰就不能传播。

2. 液体燃烧速度

液体燃烧速度取决于液体的蒸发。液体在其自由表面上进行燃烧时，燃烧速度有两种表示方法：一种是液体的燃烧直线速度，即单位时间被燃烧消耗的液层厚度，单位为 mm/min 或 cm/h；另一种是液体的燃烧质量速度，即单位时间内每单位面积上被燃烧消耗的液体质量，单位为 g/（cm^2·min）或 kg/（m^2·h）。几种液体的燃烧速度见表1—8。

表1—8　　　　　　　　几种液体的燃烧速度

液体名称	直线速度 （mm·min^{-1}）	质量速度 [kg·$(m^2·h)^{-1}$]
甲醇	1.2	57.6
丙酮	1.4	66.36
乙醚	2.93	125.84
苯	3.15	165.37
甲苯	16.08	138.29
航空汽油	12.6	91.98
车用汽油	10.5	80.85
二硫化碳	10.47	132.97
煤油	6.6	55.11

为加快液体的燃烧速度和提高燃烧效率，可采用喷雾燃烧，即通过喷嘴将液体喷成雾滴，从而扩大液体蒸发的表面积，促使提高燃烧速度和燃烧效率。若在油中掺水，即为乳化燃烧。

提高液体的初始温度，会加快燃烧速度。例如，苯在初温为16℃时，燃烧速度为 3.15 mm/min，70℃时则为 4.07 mm/min；甲苯在初温为17℃时，燃烧速度为 2.68 mm/min，60℃时则为 4.01 mm/min。液体在储罐内液面的高低不同，燃烧速度亦不同，储罐中低液位燃烧比高液位燃烧的速度快。含有水分比不含水分的石油产品燃烧速度慢。风速对火焰蔓延速度也有很大影响，风速大时，火焰温度高，液面的热量多，燃烧速度增快。液体燃烧速度还与储罐直径有关。

3. 固体燃烧速度

固体物质的燃烧速度比较复杂，一般小于可燃气体和液体，特别是有些固体的燃烧过程需先受热熔化，经蒸发、气化、分解再氧化燃烧，所以速度慢，然而含氧的火（炸）药，则燃烧速度很快。

固体物质的燃烧速度与比表面积（即固体物质的表面积与其体积的比值）有关，比表面积越大，燃烧时固体单位体积所接受的热量越大，因此燃烧速度越快。比表面积的大小与固体的粒度、几何形状等有关。此外，可燃固体的密度越大，燃烧速度越慢；固体的含水量越多，燃烧速度亦越慢。表1—9列出某些固体物质的燃烧速度。

表1—9　　　　　　　某些固体物质的燃烧速度

物质名称	燃烧的平均速度 $[kg \cdot (m^2 \cdot h)^{-1}]$	物质名称	燃烧的平均速度 $[kg \cdot (m^2 \cdot h)^{-1}]$
木材（水分14%）	50	棉花（水分6%~8%）	8.5
天然橡胶	30	聚苯乙烯树脂	30
人造橡胶	24	纸张	24
布质电胶木	32	有机玻璃	41.5
酚醛塑料	10	人造短纤维（水分6%）	21.6

七、燃烧产物

发生火灾时，人们会看到熊熊烈火吞噬着大量财产，同时无情地烧伤烧死未来得及逃生的在场人员。然而，在火场上威胁人们生命安全的不仅是火焰，还有燃烧产物。

1. 燃烧产物的组成

燃烧产物包括不能再燃烧的生成物，如二氧化碳、二氧化硫、水蒸气、五氧化二磷、二氧化氮等；以及还能继续燃烧的生成物，如一氧化碳、未燃尽的炭和醇类、酮类、醛类等。例如，木材完全燃烧时生成二氧化碳、水蒸气和灰分；而在不完全燃烧时，除上列生成物外，还有一氧化碳、甲醇、丙酮、乙醛以及其他干馏产物，这些生成物除了仍具有燃烧性外，有的与空气混合还有爆炸的危险性，如一氧化碳与空气混合能形成爆炸性混合物。

燃烧产物的组成比较复杂，与可燃物质的成分和燃烧条件有关。例如，塑料、橡胶、纤维等各种高分子合成材料,在燃烧时,除生成二氧化碳、一氧化碳和水蒸气外,还有可能生成氯化氢、氨、氰化氢、硫化氢和一氧化氮等有毒或有刺激性的气体。

燃烧产物中还有眼睛看得见的烟雾。烟雾是由悬浮于空气中的未燃尽的炭粒、灰分以及微小液滴(水滴、酮类和醛类液滴)等组成的气溶胶。

2. 燃烧产物对人体和火势发展过程的影响

燃烧产物对人体和火势发展过程的影响主要有以下几方面。

(1) 燃烧产物除水蒸气外,其他产物大都对人体有害。一氧化碳是窒息性有毒气体,当火场上的一氧化碳浓度达到0.1%,会使人感到头晕、头痛、作呕;达0.5%时,经过20~30 min有死亡危险;达1%时,吸气数次后失去知觉,经1~2 min可中毒死亡。二氧化硫(主要是煤、石油和其他含硫有机物燃烧的生成物)是一种刺激性有毒气体,会刺激眼睛和呼吸道,引起咳嗽,浓度达到0.05%时有生命危险。五氧化二磷有一定毒性,会刺激呼吸器官,引起咳嗽和呕吐。氯化氢是一种刺激性有毒气体,吸收空气中的水分而形成酸雾,会强烈刺激人们的眼睛和呼吸系统。一氧化氮和二氧化氮是刺激性有毒气体,人体吸入后,在肺部遇水分形成硝酸或亚硝酸(如 $3NO_2 + H_2O \longrightarrow 2HNO_3 + NO$),对呼吸系统有强烈的刺激和腐蚀作用。火场上的二氧化碳浓度过高时,会使人窒息。

(2) 燃烧产物中的烟雾会影响人们的视力,较高浓度的烟雾会大大降低火场的能见度,使人们迷失方向,找不到逃脱火场的出路,给人员的疏散造成困难。火场上弥漫的烟雾,使灭火人员不易辨别火势发展的方向,不易找到起火的地点,妨碍灭火的行动,不便于抢救受困人员和重要物资。

(3) 高温的燃烧产物在强烈热对流和热辐射过程中,可能引起其他可燃物的燃烧,有造成新的火源和促使火势发展的危险。不完全燃烧的产物都能继续燃烧,有的还能与空气混合发生爆炸。

(4) 燃烧产物中的完全燃烧产物有阻燃作用。如果火灾发生在一个密闭的空间内,或将着火的房间所有孔洞封闭,随着火势的发展,空气中的氧气逐渐减少,完全燃烧的产物浓度逐渐增高,当达到一定浓度(如空气中的二氧化碳浓度达到30%)时,燃烧则停止。

物质的化学成分和燃烧条件不同,燃烧生成的烟雾颜色和气味也不同,可据此大致确定是什么物质在燃烧。例如,橡胶燃烧时生成棕黑色烟雾,并带有硫化物的特殊臭味。某些可燃物质燃烧生成烟雾的特征如表1-10所示。燃烧产物的这个特点及其阻燃作用对灭火工作有利。

表 1—10　　　　　　　几种可燃物燃烧时烟雾的特征

可燃物质	烟的特征		
	颜色	嗅	味
木材	灰黑色	树脂臭	稍有酸味
石油产品	黑色	石油臭	稍有酸味
磷	白色	大蒜臭	—
镁	白色	—	金属味
硝基化合物	棕黄色	刺激臭	酸味
硫磺	—	硫臭	酸味
橡胶	棕黑色	硫臭	酸味
钾	浓白色	—	碱味
棉和麻	黑褐色	烧纸臭	稍有酸味
丝	—	烧毛皮臭	碱味
黏胶纤维	黑褐色	烧纸臭	稍有酸味
聚氯乙烯纤维	黑色	盐酸臭	稍有酸味
聚乙烯	—	石蜡臭	稍有酸味
聚丙烯	—	石油臭	稍有酸味
聚苯乙烯	浓黑烟	煤气臭	稍有酸味
锦纶	白烟	酰胺类臭	—
有机玻璃	—	芳香	稍有酸味
酚醛塑料（以木粉为填料）	黑烟	木头、甲醛臭	稍有酸味
脲醛塑料	—	甲醛臭	—
璃酸纤维	黑烟	醋臭	酸味

第三节　热值与燃烧温度

一、热值

我们知道，1 mol 的物质与氧气进行完全燃烧反应时所放出的热量，叫做该物质的燃烧热。例如，1 mol 乙炔完全燃烧时，放出 130.6×10^4 J 的热量，这些热量就是乙炔的燃烧热，其反应式为：
$$C_2H_2+2.5O_2 =\!=\!= 2CO_2+H_2O+130.6×10^4 \text{ J}$$

不同物质燃烧时放出的热量亦不相同。所谓热值，是指单位质量或单位体积的可燃物质完全燃烧时所放出的热量，可燃性固体或可燃性液体的热值以"J/kg"表示；可燃气体的热值以"J/m³"表示。可燃物质燃烧爆炸时所能达到的最高温度、最高压力及爆炸力等与物质的热值有关。某些物质的燃烧热、热值和燃烧温度见表1—11。

可燃物质的热值是用量热法测定出来的，或者根据物质的元素组成用经验公式计算。

1. 气态可燃物热值的计算

可燃物质如果是气态的单质和化合物，其热值可按下式计算：

$$Q=\frac{1\,000×Q_r}{22.4} \tag{1—1}$$

式中：Q——可燃气体的热值，J/m³；

Q_r——可燃气体的燃烧热，J/mol。

[例1] 试求乙炔的热值。

[解] 从表1—11中查得乙炔的燃烧热为 $130.6×10^4$ J/mol，代入式（1—1）：

$$Q=\frac{1\,000×130.6×10^4}{22.4}=5.83×10^7 \text{ J/m}^3$$

答：乙炔的热值为 $5.83×10^7$ J/m³。

2. 液态或固态可燃物热值的计算

可燃物质如果是液态或固态的单质或化合物，其热值可按下式计算：

$$Q=\frac{1\,000×Q_r}{M} \tag{1—2}$$

式中：M——可燃液体或固体的摩尔质量。

[例2] 试求苯的热值（苯的摩尔质量为78）。

[解] 从表1—11查得苯的燃烧热为 $328×10^4$ J/mol，代入式（1—2）：

$$Q=\frac{1\,000×328×10^4}{78}=4.21×10^7 \text{ J/kg}$$

答：苯的热值为 $4.21×10^7$ J/kg。

3. 组成复杂的可燃物热值的计算

对于组成比较复杂的可燃物，如石油、煤炭、木材等，可采用门捷列夫经验公式计算其高热值和低热值。高热值是指单位质量的燃料完全燃烧，生成的水蒸气也全部冷凝成水时所放出的热量;低热值是指单位质量的燃料完全燃烧,生成的水蒸气不冷凝成水时所放出的热量。门捷列也夫经验公式如下:

$$Q_h = 81\omega_c + 300\omega_{H_2} - 26(\omega_{O_2} - \omega_S) \tag{1-3}$$

$$Q_l = 81\omega_c + 300\omega_{H_2} - 26(\omega_{O_2} - \omega_S) - 6(9\omega_{H_2} + \omega_{H_2O}) \tag{1-4}$$

式中:Q_h、Q_l——可燃物质的高热值和低热值,kcal/kg;
ω_c——可燃物质中碳的质量分数,%;
ω_{H_2}——可燃物质中氢的质量分数,%;
ω_{O_2}——可燃物质中氧的质量分数,%;
ω_S——可燃物质中硫的质量分数,%;
ω_{H_2O}——可燃物质中水分的质量分数,%。

[例3] 试求 5 kg 木材的低热值。木材的成分:ω_c 为 43%,ω_{H_2} 为 7%,ω_{O_2} 为 41%,ω_S 为 2%,ω_{H_2O} 为 7%。

[解] 将已知物质的质量分数代入式(1—4),得:
$$Q = [81 \times 43 + 300 \times 7 - 26(41-2) - 6(9 \times 7 + 7)] \times 4.184 \times 10^3$$
$$= 1.74 \times 10^7 \text{ J/kg}$$

则 5 kg 木材的低热值为:
$$5 \times 1.74 \times 10^7 = 8.68 \times 10^7 \text{ J}$$

答:5 kg 木材的低热值为 8.68×10^7 J。

二、燃烧温度

可燃物质燃烧时所放出的热量,一部分被火焰辐射散失,而大部分则消耗在加热燃烧产物上。由于可燃物质燃烧所产生的热量是在火焰燃烧区域内析出的,因而火焰温度也就是燃烧温度。某些可燃物质的燃烧温度见表 1—11。

表 1—11　　　某些物质的燃烧热、热值和燃烧温度

物质的名称	燃烧热 (J/mol)	热值		燃烧温度 (℃)
		(J/kg)	(J/m³)	
碳氢化合物:				
甲烷	882 577	—	39 400 719	1 800
乙烷	1 542 417	—	69 333 408	1 895
苯	3 279 939	420 500 000	—	—

续表

物质的名称	燃烧热 (J/mol)	热 值		燃烧温度 (℃)
		(J/kg)	(J/m³)	
乙炔	1 306 282	—	58 320 000	2 127
醇类：				
甲醇	715 524	23 864 760	—	1 100
乙醇	1 373 270	30 900 694	—	1 180
酮、醚类：				
丙酮	1 787 764	30 915 331	—	1 000
乙醚	2 728 538	36 873 148	—	2 861
石油及其产品：				
原油	—	43 961 400	—	1 100
汽油	—	46 892 160	—	1 200
煤油	—	41 449 320～46 054 800	—	700～1 030
煤和其他物品：				
无烟煤	241 997	31 401 000	—	2 130
氢气	—	—	10 805 293	1 600
煤气	—	32 657 040	—	1 850
木材	—	7 117 560～14 653 800	—	1 000～1 177
镁	61 435	25 120 300	—	3 000
一氧化碳	285 624	—	—	1 680
硫	334 107	10 437 692	—	1 820
二硫化碳	1 032 465	14 036 666	12 748 806	2 195
硫化氢	543 028	—	—	2 110
液化气	—	—	10 467 000～113 800 000	2 020
天然气	—	—	35 462 196～39 523 392	2 120
石油气	—	—	38 434 824～42 161 076	
磷	—	24 970 075	—	
棉花	—	17 584 560	—	

第四节　防火技术基本理论

一、燃烧的条件

1. 燃烧的必要条件

燃烧是有条件的，它必须是可燃物质、氧化剂和火源这三个基本条件同时存在并且相互作用才能发生。也就是说，发生燃烧的条件必须是可燃物质和氧化剂共同存在，并构成一个燃烧系统；同时，要有导致着火的火源。

（1）可燃物。物质被分成可燃物质、难燃物质和不可燃物质三类。可燃物质是指在火源作用下能被点燃，并且当火源移去后能继续燃烧，直到燃尽的物质，如汽油、木材、纸张等。难燃物质是在火源作用下能被点燃并阴燃，当火源移去后不能继续燃烧的物质，如聚氯乙烯、酚醛塑料等。不可燃物质是在正常情况下不会被点燃的物质，如钢筋、水泥、砖、瓦、灰、砂、石等。可燃物质是防爆与防火的主要研究对象。

凡是能与空气、氧气和其他氧化剂发生剧烈氧化反应的物质，都称为可燃物质。可燃物种类繁多，按其状态不同可分为气态、液态和固态三类，一般是气体较易燃烧，其次是液体，再次是固体；按其组成不同可分为无机可燃物质和有机可燃物质两类。可燃物较多为有机物，少数为无机物。

无机可燃物质主要包括某些金属单质，如生产中常见的铝、镁、钠、钾、钙，以及某些非金属单质，如磷、硫、碳；此外，还有一氧化碳、氢气等。有机可燃物质种类繁多，大部分都含有碳、氢、氧元素，有些还含有少量的氮、硫、磷等。其中，碳是主要成分，其次是氢，它们在燃烧时放出大量热量。硫和磷的燃烧产物会污染环境，对人体有害。

（2）氧化剂。凡具有较强的氧化性能，能与可燃物发生氧化反应的物质称为氧化剂。

氧气是最常见的一种氧化剂，由于空气中含有21%的氧气，因此，人们的生产和生活空间，普遍被这种氧化剂所包围。多数可燃物能在空气中燃烧，也就是说，燃烧的氧化剂这个条件广泛存在着，而且采取防火措施时，在人们工作和生活的场所，它不便被消除。此外，生产中的许多元素和物质如氯、氟、溴、碘，以及硝酸盐、氯酸盐、高锰酸盐、双氧水等，都是氧化剂。

（3）着火源。具有一定温度和热量的能源，或者说能引起可燃物质着火的能源称为着火源。

生产和生活中常用的多种能源都有可能转化为着火源。例如，化学能转化为化合热、分解热、聚合热、着火热、自燃热；电能转化为电阻热、电火花、电弧、感应发热、静电发热、雷击发热；机械能转化为摩擦热、压缩热、撞击热；光能转化为热能，以及核能转化为热能等。同时，这些能源的能量转化可能形成各种高温表面，如灯泡、汽车排气管、暖气管、烟囱等。还有自然界存在的地热、火山爆发等。几种着火源的温度见表1—12。

表1—12　　　　　　　　　　几种着火源的温度

着火源名称	火源温度（℃）	着火源名称	火源温度（℃）
火柴焰	500～650	气体灯焰	1 600～2 100
烟头中心	700～800	酒精灯焰	1 180
烟头表面	250	煤油灯焰	700～900
机械火星	1 200	植物油灯焰	500～700
煤炉火焰	1 000	蜡烛焰	640～940
烟囱飞火	600	焊割火星	2 000～3 000
生石灰与水反应	600～700	汽车排气管火星	600～800

2. 燃烧的充分条件

在研究燃烧的条件时还应当注意到，上述燃烧三个基本条件在数量上的变化，也会直接影响燃烧能否发生和持续进行。例如，氧在空气中的浓度降低到16%～14%时，木材的燃烧即停止。又如，着火源如果不具备一定的温度和足够的热量，燃烧也不会发生。例如，锻件加热炉燃煤炭时飞溅出的火星可以点燃油棉丝或刨花，但如果溅落在大块木材上，就会发现它很快熄灭了，不能引起木材的燃烧，这是因为火星虽然有超过木材着火的温度，但缺乏足够热量。实际上，燃烧反应在可燃物、氧化剂和着火源等方面都存在着极限值。因此，燃烧的充分条件有以下几方面。

（1）一定的可燃物浓度。可燃气体或蒸气只有达到一定的浓度时才会发生燃烧。例如，氢气的浓度低于4%时，便不能点燃；煤油在20℃时，接触明火也不会燃烧。这是因为在此温度下，煤油蒸气的数量还没有达到燃烧所需浓度。

（2）一定的含氧量。几种可燃物质燃烧所需要的最低含氧量如表1—13所示。

（3）一定的着火源能量，即能引起可燃物质燃烧的最小着火能量。某些可燃物的最小着火能量如表1—14所示。

表 1—13　　几种可燃物燃烧所需要的最低含氧量

可燃物名称	最低含氧量（%）	可燃物名称	最低含氧量（%）
汽油	14.4	乙炔	3.7
乙醇	15.0	氢气	5.9
煤油	15.0	大量棉花	8.0
丙酮	13.0	黄磷	10.0
乙醚	12.0	橡胶屑	12.0
二硫化碳	10.5	蜡烛	16.0

表 1—14　　某些可燃物的最小着火能量

物质名称	最小着火能量（mJ）	物质名称	最小着火能量（mJ）	
			粉尘云	粉尘
汽油	0.2	铝粉	10	1.6
氢（28%～30%）	0.019	合成醇酸树脂	20	80
乙炔	0.019	硼	60	—
甲烷（8.5%）	0.28	苯酚树脂	10	40
丙烷（5%～5.5%）	0.26	沥青	20	6
乙醚（5.1%）	0.19	聚乙烯	30	—
甲醇（2.24%）	0.215	聚苯乙烯	15	
呋喃（4.4%）	0.23	砂糖	30	—
苯（2.7%）	0.55	硫黄	15	1.6
丙酮（5.0%）	1.2	钠	45	0.004
甲苯（2.3%）	2.5	肥皂	60	3.84
醋酸乙烯（4.5%）	0.7			

（4）相互作用。燃烧的三个基本条件须相互作用，燃烧才能发生和持续进行。综上所述，燃烧必须在必要、充分的条件下才能进行。

二、火灾及其分类

1. 火灾的概念

广义地说，凡是超出有效范围的燃烧称为火灾。火灾是灾害事故类别中的一类事故。在消防工作中有火灾和火警之分，两者都是超出有效范围的燃烧，当人员和财产损失较小时登记为火警。GB/T 5907—1986《消防基本术语》(第一部分)对火灾的定义是,火是"以释放热量并伴有烟或火焰或两者兼有为特征的燃烧现象",火灾就是"在时间或空间上失去控制的燃烧所造成的灾害";由公安部、劳动和社会保障部、国家统计局制定颁布的《火灾统计管理规定》(1997年1月起施行)中,火灾的定义是"凡失去控制并对财产和人身造成损害的燃烧现象都为火灾"。

以下情况也列入火灾的统计范围:

(1) 民用爆炸物品爆炸引起的火灾;

(2) 易燃或可燃液体、可燃气体、蒸气、粉尘以及其他化学易燃易爆物品爆炸和爆炸引起的火灾(其中地下矿井部分发生的爆炸,不列入火灾统计范围);

(3) 破坏性试验中引起非实验体燃烧的事故;

(4) 机电设备因内部故障导致外部明火燃烧需要组织扑灭的事故,或者引起其他物件燃烧的事故;

(5) 车辆、船舶、飞机以及其他交通工具发生的燃烧事故,或者由此引起的其他物件燃烧的事故(飞机因飞行事故而导致本身燃烧的除外)。

2. 火灾的分类

(1) 根据 GB/T 4968—1985《火灾分类》,按照物质燃烧的特征,可把火灾分为四类。

A类火灾:指固体物质火灾。这种物质往往具有有机物的性质,一般在燃烧时能产生灼热的余烬,如木材、棉、毛、麻、纸张火灾等。

B类火灾:指液体火灾和可熔化的固体物质火灾。如汽油、煤油、柴油、原油、甲醇、乙醇、沥青、石蜡火灾等。

C类火灾:指气体火灾,如煤气、天然气、甲烷、乙烷、丙烷、氢气火灾等。

D类火灾:指金属火灾,如钾、钠、镁、钛、锆、锂、铝镁合金火灾等。

上述分类方法对防火和灭火,特别是对选用灭火剂有指导意义。

(2) 按照一次火灾事故造成的人员伤亡、受灾户数和财产直接损失金额,火灾划分为三类。

①具有下列情形之一的为特大火灾:死亡10人以上(含本数,下同);重伤20人以上;死亡、重伤20人以上;受灾户50户以上;烧毁财物损失100万元以上。

②具有下列情形之一的为重大火灾：死亡 3 人以上；重伤 10 人以上；死亡、重伤 10 人以上；受灾户 30 户以上；烧毁财产损失 30 万元以上。

③不具有前两项情形的燃烧事故，为一般火灾。

3. 火灾原因分类

(1) 放火。有敌对分子放火、刑事放火、精神病和呆傻人放火、自焚等。

(2) 违反电气安装安全规定。导线选用、安装不当，变电设备安装不符合规定，用电设备安装不符合规定，滥用不合格的熔断器，未安装避雷设备或安装不当，未安装排除静电设备或安装不当等。

(3) 违反电气使用安全规定。有短路（如导线绝缘老化，导线裸露相碰，导线与导电体搭接，导线受潮或被雨水浸湿，对地短路、电气设备绝缘击穿、插座短路等）、过负荷（如乱用熔断器，电气设备过负荷，熔丝熔断冒火等）、接触不良（如连接松动，导线连接处有杂质，铜铝接头接触点处理不当等）及其他（如电热器接触可燃物，电路接通或短路时冒火，电气设备摩擦发热打火，灯泡破碎，静电放电，导线断裂，忘记切断电源等）。

(4) 违反安全操作规程。有焊割（如焊割处有易燃物，焊割设备发生故障，焊割含有易燃物品的设备，违反动火规定等）、烘烤（如超温，烘烤可燃设备，烘烤设备不严密，烘烤物距火源近，无人看管等）、熬炼（如超温、沸溢、熬炼物不合规定，投料有差错等）、化工生产（如原料差错、超温、超压爆燃，冷却中断，混入杂质反应激烈，受压容器缺乏防护设施，操作失误等）、储存运输（如易燃、易爆液体的挥发、外溢，运输、储存货物遇火，化学物品混存，摩擦撞击，车辆故障起火等）及其他（如设备缺乏维修保养，仪器仪表失灵，设备故障，违反用火规定，易燃物接触火源，混入杂质打火，车辆排气管喷出火星，烧荒等）。

(5) 吸烟。如乱扔未熄灭的烟头、火柴杆，违章吸烟等。

(6) 生活用火不慎。如炉具、炉灶设置使用不当，燃气炉具设备故障及使用不当，煤油炉使用不当，火炕、烟道、烟筒过热、蹿火，死灰复燃，烘烤不慎，照明使用不当，扫墓烧香烧纸等。

(7) 玩火。小孩玩火、燃放烟花爆竹等。

(8) 自燃。物品受热自燃，植物垛受潮自燃，化学活性物质遇空气自燃及遇水自燃，植物油浸物品摩擦发热自燃，氧化性物质与还原性物质混合接触自燃等。

(9) 自然原因。如雷击、风灾、地震及其他原因。

(10) 其他原因及原因不明。

三、防火技术的基本理论和应用

1. 防火技术的基本理论

根据燃烧必须是可燃物、助燃物和火源这三个基本条件相互作用才能发生的道理，采取措施，防止燃烧三个基本条件的同时存在或者避免它们的相互作用，这是防火技术的基本理论。所有防火技术措施都是在这个基本理论的指导下采取的，或者可这样说，全部防火技术措施的实质，即是防止燃烧基本条件的同时存在或避免它们的相互作用。例如，在汽油库里或操作乙炔发生器时，由于有空气和可燃物（汽油或乙炔）存在，所以规定必须严禁烟火，这就是防止燃烧条件之一——火源存在的一种措施。又如，安全规则规定气焊操作点（火焰）与乙炔发生器之间的距离必须在 10 m 以上，乙炔发生器与氧气瓶之间的距离必须在 5 m 以上，电石库距明火、散发火花的地点必须在 30 m 以上等。采取这些防火技术措施是为了避免燃烧三个基本条件的相互作用。

2. 防火条例分析

下面具体分析电石库防火条例中有关技术措施的规定。有关防火条例如下：

（1）禁止用地下室或半地下室作为电石仓库。

（2）存放电石桶的库房必须设置在不受潮、不漏雨、不易浸水的地方。

（3）电石库应距离锻工、铸工和热处理等散发火花的车间和其他明火 30 m 以上，与架空电力线的间距应不小于电杆高度的 1.5 倍。

（4）库房应有良好的自然通风系统。

（5）电石库可与可燃易爆物品仓库、氧气瓶库设置在同一座建筑物内，但应以无门、窗、洞的防火墙隔开。

（6）仓库的电器设备应采用密闭式和防爆式；照明灯具和开关应采取防爆型，否则应将灯具和开关装设在室外，再利用玻璃将光线射入室内。

（7）严禁将热水、自来水和取暖的管道通过库房，应保持库房内干燥。

（8）库房内积存的电石粉末要随时清扫处理，分批倒入电石渣坑里，并用水加以处理。

（9）电石桶进库前应先检查包装有无破损或受潮等，如果发现有鼓包等可疑现象，应立即在室外打开桶盖；将乙炔气放掉，修理后才能入库；禁止在雨天搬运电石桶。

（10）库内应设木架，将电石桶放置在木架上，不得随便放在地面上。

(11) 开启电石桶时不能用火焰和可能引起火星的工具，最好用铍铜合金或铜制工具（其含铜量要低于 70%）。

(12) 电石库禁止明火取暖，库内严禁吸烟。

从以上电石库的防火条例中可以看出，其中第（1）、（2）、（4）、（7）、（8）、（9）、（10）条都说的是防止燃烧条件之一——可燃物乙炔气的存在，第（6）、(11)、(12) 条是防止燃烧的另一条件——火源的存在。由于人们要在库内工作，燃烧的条件之一——助燃物空气是不可防止和避免的，防火条例第（3）、(5) 条则是为了避免燃烧条件的相互作用。

第五节　防火基本技术措施

一、火灾发展过程与预防基本原则

1. 火灾发展过程的特点

当燃烧失去控制而发生火灾时，将经历下列发展阶段。

(1) 酝酿期。可燃物在热的作用下蒸发析出气体、冒烟和阴燃。

(2) 发展期。火苗蹿起，火势迅速扩大。

(3) 全盛期。火焰包围整个可燃物体，可燃物全面着火，燃烧面积达到最大限度，燃烧速度最快，放出强大辐射热，温度高，气体对流加剧。

(4) 衰灭期。可燃物质减少，火势逐渐衰弱，终至熄灭。

2. 影响火灾变化的因素

(1) 可燃物的数量。通常可燃物数量越多，火灾载荷密度越高，则火势发展越猛烈；可燃物较少，则火势发展较弱；如果可燃物之间不相互连接，则一处可燃物燃尽后，火灾会趋向熄灭。

(2) 空气流量。室内火灾初起阶段，燃烧所需的空气量足够时，只要可燃物的量多，燃烧就会不断发展。但是，随着火势的逐步扩大，室内空气量逐渐减少，这时只有不断从室外补充新鲜空气，即增大空气的流量，燃烧才能继续，并不断扩大。如果空气供应量不足，火势会趋向减弱阶段。

(3) 蒸发潜热。可燃液体和固体是在受热后蒸发出气体的燃烧。液体和固体需要吸收一定的热量才能蒸发，这种热量称蒸发潜热。

一般是固体的蒸发潜热大于液体，液体大于液化气体。蒸发潜热越大的物质越需要较多的热量才能蒸发，火灾发展速度亦越慢。反之，蒸发潜热较小的物质，容易蒸发，火灾发展较快。因此，可燃液体或固体单位时间内蒸发产生的可燃气体与外界供给的热量成正比，与它们的蒸发潜热成反比。

3. 预防火灾的基本原则

防火的要点是根据对火灾发展过程特点的分析，采取以下基本措施：

(1) 严格控制火源。

(2) 监视酝酿期特征。

(3) 采用耐火材料。

(4) 阻止火焰的蔓延。

(5) 限制火灾发展的规模。

(6) 组织训练消防队伍。

(7) 配备相应的消防器材。

二、消除着火源

工业生产过程中，存在着多种引起火灾和爆炸的着火源，例如化工企业中常见的着火源有明火、化学反应热、化工原料的分解自燃、热辐射、高温表面、摩擦和撞击、绝热压缩、电气设备及线路的过热和火花、静电放电、雷击和日光照射等。消除着火源是防火与防爆的最基本措施，控制着火源对防止火灾和爆炸事故的发生具有极其重要的意义。下面着重讨论一般工业生产中常见着火源的防范措施。

1. 明火

明火指敞开的火焰、火星和火花等。敞开火焰具有很高的温度和很大的热量，是引起火灾的主要着火源。

工厂中熬炼油类、固体沥青、蜡等各种可燃物质，是容易发生事故的明火作业。熬炼过程中由于物料含有水分、杂质，或由于加料过满而在沸腾时溢出锅外，或是由于烟道裂缝蹿火及锅底破漏，或是加热时间长、温度过高等，都有可能导致着火事故。因此，在工艺操作过程中，加热易燃液体时，应当采用热水、水蒸气或密闭的电器以及其他安全的加热设备。如果必须采用明火，设备应该密闭，炉灶应用封闭的砖墙隔绝在单独的房间内，周围及附近地区不得存放可燃易爆物质。点火前炉膛应用惰性气体吹扫，排除其中的可燃气体或蒸气与空气的爆炸性混合气，而且对熬炼设备应经常进行检查，防止烟道蹿火和熬锅破漏。为防止易燃物质漏入燃烧室，设备应定期作水压试验和气压试验。熬炼物料时不能装盛过满，应留出一定的空间；为防止沸腾时物料溢出锅外，可在锅沿外围设置金属防溢槽，使溢出锅外的物料不致与灶火接触。还可以采用"死锅活灶"的方法，以便能随时撤出灶火。此外，应随时清除锅沿上的可燃物料积垢。为避免锅内物料温度过高，操作者一定要坚守岗位，监视温升情况，有条件的可采用自动控温仪表。

喷灯是常用的加热器具，尤其是在维修作业中，多用于局部加热、解冻、烤模和除漆等。喷灯的火焰温度可高达1 000℃以上，这种高温明火的加热器具如果使用不当，就有造成火灾或爆炸的危险。使用喷灯解冻时，应将设备和管道内的可燃性保温材料清除掉，加热作业点周围的可燃易爆物质也应彻底清除。在防爆车间和仓库使用喷灯，必须严格遵守厂矿企业的用火证制度；工作结束时应仔细清查作业现场是否留下火种，应注意防止被加热物件和管道由于热传导而引起火灾；使用过的喷灯应及时用水冷却，放掉余气并妥善保管。

存在火灾和爆炸危险的场地，如厂房、仓库、油库等地，不得使用蜡烛、火柴或普通灯具照明；汽车、拖拉机一般不允许进入，如确需进入，其排气管上应安装火花熄灭器。在有爆炸危险的车间和仓库内，禁止吸烟和携带火柴、打火机等，为此，应在醒目的地方张贴警示标志以引起注意。如果绝对禁止吸烟很难做到，而又有一定的条件，可在附近划出安全的地方，作为吸烟室，只准许在其室内点火吸烟。

明火与有火灾及爆炸危险的厂房和仓库等相邻时，应保证足够的安全间距，例如化工厂内的火炬与甲、乙、丙生产装置、油罐和隔油池应保持100 m的防火间距。

2. 摩擦和撞击

摩擦和撞击往往是可燃气体、蒸气和粉尘、爆炸物品等着火爆炸的根源之一。例如机器轴承的摩擦发热、铁器和机件的撞击、钢铁工具的相互撞击、砂轮的摩擦等都能引起火灾；甚至铁桶容器裂开时，亦能产生火花，引起逸出的可燃气体或蒸气着火。

在有爆炸危险的生产中，机件的运转部分应该用两种材料制作，其中之一是不发生火花的有色金属材料（如铜、铝）。机器的轴承等转动部分，应该有良好的润滑，并经常清除附着的可燃物污垢。敲打工具应用铍铜合金或包铜的钢制作。地面应铺沥青、菱苦土等较软的材料。输送可燃气体或易燃液体的管道应做耐压试验和气密性检查，以防止管道破裂、接口松脱而跑漏物料，引起着火。搬运储存可燃物体和易燃液体的金属容器时，应当用专门的运输工具，禁止在地面上滚动、拖拉或抛掷，并防止容器的互相撞击，以免产生火花，引起燃烧或容器爆裂造成事故。吊装可燃易爆物料用的起重设备和工具，应经常检查，防止吊绳等断裂下坠发生危险。如果机器设备不能用不发生火花的各种金属制造，应当使其在真空中或惰性气体中操作。

3. 电气设备

电气设备或线路出现危险温度、电火花和电弧时，就成为引起可燃气体、蒸气和粉尘着火、爆炸的一个主要着火源。电气设备发生危险温度是由于在运行过程中设备和线路的短路、接触电阻过大、超负荷或通风散热不良等造成的。发生上述情况时，设备的发热量增加，温度急剧上升，出现大大超过允许温度范围（如塑料绝缘线的最高温度不得超过 70℃，橡皮绝缘线不得超过 60℃ 等）的危险温度，不仅能使绝缘材料、可燃物质和积落的可燃灰尘燃烧，而且能使金属熔化，酿成电气火灾。

电火花可分为工作火花和事故火花两类，前者是电气设备（如直流电焊机）正常工作时产生的火花，后者是电气设备和线路发生故障或错误作业出现的火花。

电火花一般具有较高的温度，特别是电弧的温度可达 5 000~6 000 K，不仅能引起可燃物质燃烧，还能使金属熔化飞溅，构成危险的火源。在有着火爆炸危险的场所，或在高空作业的地面上存放可燃易爆物品，是引起电气火灾和爆炸事故的原因之一。

保护电气设备的正常运行，防止出现事故火花和危险温度，对防火防爆有着重要意义。要保证电气设备的正常运行，则需保持电气设备的电压、电流、温升等参数不超过允许值，保持电气设备和线路绝缘能力以及良好的连接等。

电气设备和电线的绝缘，不得受到生产过程中产生的蒸气及气体的腐蚀，因此电线应采用铁管线，电线的绝缘材料要具有防腐蚀的性能。

在运行中，应保持设备及线路各导电部分连接可靠，活动触头的表面要光滑，并要保证足够的触头压力，以保持接触良好。固定接头时，特别是铜、铝接头要接触紧密，保持良好的导电性能。在具有爆炸危险的场所，可拆卸的连接应有防松措施。铝导线间的连接应采用压接、熔焊或钎焊，不得简单地采用缠绕接线。电气设备应保持清洁，因为灰尘堆积和其他脏污既降低电气设备的绝缘，又妨碍通风和冷却，还可能由此引起着火。因此，应定期清扫电气设备，以保持清洁。

具有爆炸危险的厂房内，应根据危险程度的不同，采用防爆型电气设备。按照防爆结构和防爆性能的不同特点，防爆电气设备可分为增安型、隔爆型、充油型、充砂型、通风充气型、本质安全型、无火花型、特殊型等。各类防爆电气设备的标志见表 1—15。

表 1—15　　　　　　　　　防爆电气设备类型和标志

类型		标志		
		工厂用		煤矿用
旧	新	旧	新	
防爆安全型	增安型	A	e	KA
隔爆型	隔爆型	B	d	KB
防爆充油型	充油型	C	o	KC
—	充砂型	—	s	—
防爆通风充气型	通风充气型	F	p	KF
安全火花型	本质安全型	H	i	KH
—	无火花型	—	n	—
防爆特殊型	特殊型	T	s	KT

增安型（原称防爆安全型）是指在正常运行时不产生电火花、电弧和危险温度的电气设备，如防爆安全型高压水银荧光灯。

隔爆型是指在电气设备发生爆炸时，其外壳能承受爆炸性混合物在壳内爆炸时产生的压力，并能阻止爆炸火焰传播到外壳周围，不致引起外部爆炸性混合物爆炸的电气设备，如隔爆型电动机。

充油型（原称防爆充油型）是指将可能产生火花的电气设备、电弧或危险温度的带电部分浸在绝缘油里，从而不会引起油面上爆炸性混合物爆炸的电气设备。

通风充气型（原称防爆通风充气型或正压型）是指向设备内通入新鲜空气或惰性气体，并使其保持正压强，能阻止外部爆炸性混合物进入内部引起爆炸的电气设备。

本质安全型（原称安全火花型）是指在正常或故障情况下产生的电火花，其电流值均小于所在场所爆炸性混合物的最小引爆电流，而不会引起爆炸的电气设备。

特殊型（原称防爆特殊型）是指结构上不属于上述各种类型的防爆电气设备，如浇注环氧树脂及填充石英砂的防爆电气设备。

电气设备按爆炸危险场所等级的选型，如表 1—16 所示。从表中可以看出，隔爆型的防爆性能比较好，一级爆炸危险场所应优先应用。防爆安全型的防爆性能比较差，宜用于危险程度较低的场所。根据使用条件的不同，设备可分固定安装、移动式、携带式等几种情况。防爆充油型不能用于移动式或携带式，因为经常移动容易造成设备油面的波动或油的渗漏，使能产生火花或高温的部件露出油面，从而失去防爆性能。

表 1—16　　　　　　　　　爆炸危险场所电气设备选型

场所等级		Q-1	Q-2	Q-3	G-1	G-2
电机		隔爆型、防爆通风充气型	任意防爆类型	H43 型①	任意一级隔爆型、防爆通风充气型	H44 型②
电器和仪表	固定安装	防爆型、防爆充油型、防爆通风充气型、安全火花型	H45 型③	H45 型④	任意一级隔爆型、防爆通风充气型、防爆充油型	H45 型
	移动式	隔爆型、防爆充气型、安全火花型	隔爆型、防爆充气型、安全火花型	除防爆充油型外任意一种防爆类型乃至 H57 型	任意一级隔爆型、防爆充气型	H45 型
	携带式	隔爆型、安全火花型	隔爆型、安全火花型	隔爆型、防爆安全型、H57 型	任意一级隔爆型	H45 型
照明灯具	固定及移动	防爆型、防爆充气型	防爆安全型	H45 型	任意一级隔爆型	H45 型
	携带式⑤	隔爆型	隔爆型	隔爆型、防爆安全型乃至 H57 型	任意一级隔爆型	任意一级隔爆型
变压器		隔爆型、防爆通风型	防爆安全型、防爆充油型	H45 型⑥	任意一级隔爆型、防爆充油型、防爆通风充气型	H45 型
通信电器		隔爆型、防爆充油型、防爆通风充气型、安全火花型	防爆安全型	H57 型	任意一级隔爆型、防爆充油型、防爆通风充气型	H45 型

续表

场所等级	Q—1	Q—2	Q—3	G—1	G—2
配电装置	隔爆型、防爆通风充气型	任意一种防爆类型	H57型	任意一级隔爆型、防爆通风充气型	H45型

注:①电动机正常发生火花的部件(如滑环)应在H44型的罩子内,事故排风机用电动机应选用任意一种防爆类型。
②电动机正常发生火花的部件(如滑环)应在下列类型之一的罩子内:任意一级隔爆型、防爆通风充气型乃至H57型。
③具有正常发生火花的部件或按工作条件发热超过80℃的电器和仪表,应选用任意一级防爆类型。
④事故排风机用电动机的控制设备(如按钮)应选用任意一种防爆类型。
⑤应有金属网保护。
⑥指干式或充以非燃性液体的变压器。

在爆炸危险场所内选用电气设备时,不但要按爆炸危险场所的危险程度选型,而且所选用的防爆电气设备的防爆性能还要与爆炸性混合物的分级分组情况相适应。爆炸性混合物按传爆间隙大小的危险程度不同,分为4级,并据此制造适用于各种爆炸性混合物的隔爆型电气设备。各种爆炸性混合物按自燃点的高低分为a、b、c、d、e五组,并据此制造适用于不同自燃点的各种类型的防爆电气设备。爆炸性混合物按传爆间隙大小分级和自燃点高低分组及举例见表1—17。

表1—17　爆炸性混合物按传爆间隙和自燃温度分级分组及举例

按传爆间隙δ(mm)①分级的级别	按自燃温度t(℃)分组的组别				
	a ($t>450$)	b ($300<t\leq450$)	c ($200<t\leq300$)	d ($135<t\leq200$)	e ($100<t\leq135$)
1 ($\delta>1.0$)	甲烷、氨	丁醇、醋酸	环己烷	—	—
2 ($0.6<\delta\leq1.0$)	乙烷、丙烷、丙酮、苯、苯乙烯、氯苯、氯乙烯、甲醇、甲苯、一氧化碳、醋酸乙酯	丁烷、乙醇、丙烯、醋酸丁酯、醋酸戊酯	戊烷、己烷、庚烷、辛烷、癸烷、硫化氢、汽油	乙醛、乙醚	

续表

按传爆间隙 δ（mm）①分级的级别	按自燃温度 t（℃）分组的组别				
	a ($t>450$)	b ($300<t\leqslant450$)	c ($200<t\leqslant300$)	d ($135<t\leqslant200$)	e ($100<t\leqslant135$)
3 ($0.4<\delta\leqslant0.6$)	城市煤气	环氧乙烷、环氧丙烷、丁二烯	异戊二烯	—	—
4 ($\delta\leqslant0.4$)	水煤气、氢	乙炔	—	—	二硫化碳

注：①该间隙按长度为 25 mm 时的最大不传爆宽度（mm）表示。

有可燃气体或蒸气爆炸危险的场所，防爆电气设备外壳的表面最高温度（极限温度和极限温升）不得超过表1—18的规定。在有粉尘或纤维爆炸性混合物的场所内，电气设备外壳的表面温度不应超过125℃。如必须采用超过该温度的电气设备时，则其温度必须比粉尘或纤维混合物的自燃点低75℃或低于自燃点的2/3，所用防爆型设备外壳的表面温度不得超过200℃。工厂用防爆电气设备的环境温度为40℃，煤矿用的为35℃。

表1—18　　爆炸危险场所电气设备的极限温度和极限温升　　　　　　℃

爆炸性混合物的组别	防爆电气设备的外壳表面及可能与爆炸性混合物直接接触的零部件		充油型的油面	
	极限温度	极限温升	极限温度	极限温升
a	360	320	100	60
b	240	200	100	60
c	160	120	100	60
d	110	70	100	60
e	80	40	80	40

注：极限温度指环境温度为40℃时的允许温升。

爆炸性混合物按最小引爆电流分为三级，见表1—19。

表 1—19　　　　爆炸性混合物按最小引爆电流分级及举例

最小引爆电流 i（mA）级别	防爆性能标志	爆炸性混合物举例
Ⅰ（$i>120$）	HⅠ（KH）	甲烷、乙烷、丙烷、汽油、环己烷、异己烷、甲醇、乙醇、乙醛、丙酮、醋酸、醋酸甲酯、丙烯酸甲酯、苯、一氧化碳、氨
Ⅱ（$70<i\leqslant120$）	HⅡ	乙烯、丁二烯、丙烯、二甲醚、乙醚、二丁基醚、环丙烷
Ⅲ（$i\leqslant70$）	HⅢ	氢、乙炔、二硫化碳、城市煤气、水煤气、焦炉煤气、氧化乙烯

注：①为试验最小引爆电流（mm）是按直流电压 24 V、电感 100 mH 的感性回路上的试验值。
　　②KH 表示矿用防爆安全火花型电气设备。

爆炸危险场所所使用的电气线路（包括电缆和导线），应根据危险等级选用相应类型的电缆或导线，见表 1—20。

表 1—20　　　　爆炸危险场所导线或电缆的选型

线路用途		场所等级				
		Q—1	Q—2	Q—3	G—1	G—2
		导线类型				
照明	固定	铜芯绝缘导线或铠装电缆	铜、铝芯绝缘导线或非铠装电缆	铜、铝芯绝缘导线或非铠装电缆	铜芯绝缘导线或铠装电缆	铜、铝芯绝缘导线或非铠装电缆
	移动	中型橡套电缆	非铠装电缆	非铠装电缆	中型橡套电缆	非铠装电缆
动力	固定	铜芯绝缘导线或铠装电缆	铜芯、多股铝芯绝缘导线或非铠装电缆	铜芯、铝芯绝缘导线或非铠装电缆	铜芯绝缘导线或铠装电缆	铜芯、铝芯绝缘导线或非铠装电缆
	移动	重型橡套电缆	重型橡套电缆	中型橡套电缆	重型橡套电缆	中型橡套电缆
仪器、仪表		铜芯绝缘导线	铜芯绝缘导线	铜芯绝缘导线	铜芯绝缘导线	铜芯绝缘导线

在 G—1、Q—1 级场所内如果有剧烈震动，用电设备的线路均应采用铜芯绝缘导线或电缆。电气线路的额定电压不得低于 500 V。电压为 1 000 V 以下者，线路的长期允许载流量不应小于电动机额定电流的 125%；1 000 V 以上者须按短路电流校验。爆炸危险场所导线（除安全火花型电路外）的最小截面积应符合表 1—21 的要求。

表 1—21　　　　　爆炸危险场所导线最小截面　　　　　mm²

场所级别	线芯最小截面					
	铜			铝		
	电力	控制	照明	电力	控制	照明
Q—1	2.5	2.5	2.5	—	—	—
Q—2	1.5	1.5	1.5	4	—	2.5
Q—3	1.5	1.5	1.5	2.5	—	2.5
G—1	2.5	2.5	2.5	—	—	—
G—2	1.5	1.5	1.5	2.5	—	2.5

铝芯绝缘导线或电缆的连接与封端，应采用压接、熔接或钎焊。引入电机或其他电气设备的电源线接头，应采取防松措施。动力电缆、绝缘导线中间不得有接头。

如果因条件限制，确需在爆炸危险场所采用非防爆型电气设备时，可以将它安装在没有爆炸危险的房间，但传动轴穿墙处必须用填料函严加密封。非防爆型照明灯具和开关可设置在屋外，再通过玻璃把光线射入屋内。对于 1 级危险场所应用两层玻璃密封，采用机械传动或气压控制操纵安装在屋外的非防爆开关。防雨瓷拉线开关可放入塑料容器内，注入变压器油，使油面具有足够的高度，防止尘土落入，并及时换油。

在火灾危险场所的电气设备，应根据场所等级的不同，按表 1—22 所列的类型选用。

表 1—22　　　　　火灾危险场所电气设备选型

电气设备及其使用条件		场所等级		
		H—1级	H—2级	H—3级
电机	固定安装	防溅式①	封闭式	防滴式②
	移动式和携带式	封闭式	封闭式	封闭式
电器和仪表	固定安装	防水型、防尘型、充油型、保护型③	防尘型	开启型
	移动式和携带式	防水型、防尘型	防尘型	保护型

续表

电气设备及其使用条件		场所等级		
		H－1级	H－2级	H－3级
照明灯具	固定安装	保护型	防尘型⑤	开启型
	移动式和携带式④	防尘型	防尘型	保护型
配电装置		防尘型	防尘型	保护型
接线盒		防尘型	防尘型	保护型

注：①电机正常运行时有火花的部件（如滑环）应装在全封闭的罩子内。
②正常运行时有火花的部件（如滑环）的电机最低应选用防溅式。
③正常运行时有火花的设备，不宜采用保护型。
④照明灯具的玻璃罩应用金属网保护。
⑤可燃纤维火灾危险场所，固定安装时，允许采用普通荧光灯。

正常运转时产生火花和外壳温度较高的电气设备，在火灾危险场所使用时，应远离可燃物质，并加以保护。应采用额定电压500 V以上的电缆或绝缘线，铝线截面不得小于2.5 mm^2。架空线路严禁跨越火灾危险场所，其间水平距离不应低于杆塔高度的1.5倍。在火灾危险场所的电气线路，一般可采用非铠装电缆、薄壁钢管配线明敷。

4. 静电放电

生产和生活中的静电现象是一种常见的带电现象，静电防护的研究得到了普遍的重视，它的危害性已逐步为人们所认识。据有关统计资料表明，由于静电引起火灾和爆炸事故的工艺过程以输送、研磨、搅拌、喷射、卷缠和涂层等居多；就行业来说，以炼油、化工、橡胶、造纸、印刷和粉末加工等居多。这是因为在这些生产工艺过程中，由于气体、高电阻液体和粉尘在管道中的高速流动，或者从高压容器与系统的管口喷出时以及固体物质的大面积摩擦、粉碎、研磨、搅拌等都比较容易产生静电。尤其在天气或环境干燥的情况下，更容易产生静电。生产过程中产生的静电可以由几伏到几万伏，对多数可燃气体（蒸气）与空气的爆炸性混合物来说，它们的点火能量在0.3 mJ以下，当静电电压在3 000 V以上时，就能点燃。某些易燃液体，如汽油、乙醚等的蒸气与空气混合物，甚至在300 V时就能引起燃烧或爆炸。此外，静电还可能造成电击。在某些部门如纺织、印刷、粉体加工等，还会妨碍生产和影响产品的质量。

静电防护主要是设法消除或控制静电的产生和积累的条件，主要有工艺控制法、泄漏法和中和法等。工艺控制法就是采取合理选用材料、改进设备和系统的结构、限制流体的速度以及净化输送物料、防止混入杂质等措施，控制静电产生和积累的条件，使其不会达到危险程度。泄漏法就是采取增湿、导体接地、采用抗静电添加剂和导电性地面等措施，促使静电电荷从绝缘体上自行消散。中和法是在静电电荷密集的地方设法产生带电离子，使该处静电电荷被中和，从而消除绝缘体上的静电。

为防止静电放电火花引起的燃烧爆炸，可根据生产过程中的具体情况采取相应的防静电措施。例如将容易积聚电荷的金属设备、管道或容器等安装可靠的接地装置，以导除静电，是防止静电危害的基本措施之一。下列生产设备应有可靠的接地：输送可燃气体和易燃液体的管道以及各种闸门、灌油设备和油槽车（包括灌油桥台、铁轨、油桶、加油用鹤管和漏斗等）；通风管道上的金属网过滤器；生产或加工易燃液体和可燃气体的设备储罐；输送可燃粉尘的管道和生产粉尘的设备以及其他能够产生静电的生产设备。防静电接地的每处接地电阻不宜超过 300 Ω。

为消除各部件的电位差，可采用等电位措施。例如在管道法兰之间加装跨接导线，既可以消除两者之间的电位差，又可以造成良好的电气通路，以防止静电放电火花。

流体在管道中的流速必须加以控制，例如易燃液体在管道中的流速不宜超过 4～5 m/s，可燃气体在管道中的流速不宜超过 6～8 m/s。灌注液体时，应防止产生液体飞溅和剧烈搅拌现象。向储罐输送液体的导管，应放在液面之下或将液体沿容器的内壁缓慢流下，以免产生静电。易燃液体灌装结束时，不能立即进行取样等操作，因为在液面上积聚的静电荷不会很快消失，易燃液体蒸气也比较多，因此应经过一段时间，待静电荷减少后，再进行操作，以防静电放电火花引起着火爆炸。

在具有爆炸危险的厂房内，一般不允许采用平皮带传动，采用三角皮带比较安全些。但最好的方法是安设单独的防爆式电动机，即电动机和设备之间用轴直接传动或经过减速器传动。采用皮带传动时，为防止传动皮带在运转中产生静电发生危险，可每隔 3～5 天在皮带上涂抹一次防静电的涂料。此外，还应防止皮带下垂，皮带与金属接地物的距离不得小于 20～30 cm，以减小对接地金属物放电的可能性。

增高厂房或设备内空气的湿度，也是防止静电的基本措施之一。当相对湿度在 65%～70%以上时，能防止静电的积聚。对于不会因空气湿度而影响产品质量的生产，可用喷水或喷水蒸气的方法增加空气湿度。

生产和工作人员应尽量避免穿尼龙或的确良等易产生静电的工作服，而且为了导除人身上积聚的静电，最好穿布底鞋或导电橡胶底胶鞋。工作地点宜采用水泥地面。

三、控制可燃物

防止燃烧三个基本条件中的任何一条，都可防止火灾的发生。如果采取消除燃烧条件中的两条，就更具安全可靠性。例如，在电石库防火条件中，通常采取防止火源和防止产生可燃物乙炔的各种有关措施。

控制可燃物的措施主要有：在生活中和生产的可能条件下，以难燃和不燃材料代替可燃材料，如用水泥代替木材建筑房屋；降低可燃物质（可燃气体、蒸气和粉尘）在空气中的浓度，如在车间或库房采取全面通风或局部排风，使可燃物不易积聚，从而不会超过最高允许浓度；防止可燃物质的跑、冒、滴、漏；对于那些相互作用能产生可燃气体或蒸气的物品应加以隔离，分开存放。例如，电石与水接触会相互作用产生乙炔气，所以必须采取防潮措施，禁止自来水管道、热水管道通过电石库等。

四、隔绝空气

在必要时可以使生产在真空条件下进行，在设备容器中充装惰性介质保护。例如，水入电石式乙炔发生器在加料后，应采取惰性介质氮气吹扫；燃料容器在检修焊补（动火）前，用隋性介质置换等。也可将可燃物隔绝空气储存，如钠存于煤油中、磷存于水中、二硫化碳用水封存放等。

五、防止形成新的燃烧条件，阻止火灾范围扩大

设置阻火装置，如在乙炔发生器上设置水封回火防止器，或水下气割时在割炬与胶管之间设置阻火器，一旦发生回火，可阻止火焰进入乙炔罐内，或阻止火焰在管道里蔓延；在车间或仓库里筑防火墙，或在建筑物之间留防火间距，一旦发生火灾，使之不能形成新的燃烧条件，从而防止扩大火灾范围。

六、火灾报警器

火灾监测仪表是探测发现火灾的设备。在火灾酝酿期和发展期陆续出现的火灾信息有臭气、烟、热流、火光、辐射热等，这些都是监测仪表的探测对象。

1. 感温报警器

感温报警器可分为定温式和差动式两种。定温式感温报警器是在安装检测器的

场所温度上升至预定的温度时,在感温元件的作用下发出警报。自动报警的动作温度一般采用65~100℃。图1—7所示为空气模盒式感温探头,它是利用气体的膨胀性使报警信号电触点接通。

定温式感温报警器有采用低熔点合金作为感温元件的,其作用原理是低熔点的金属在达到预定温度时,感温元件熔断。采用双金属片、双金属筒作为感温元件的报警器是在达到预定温度时,元件变形达到某一限度,完成断开或接通电气回路中

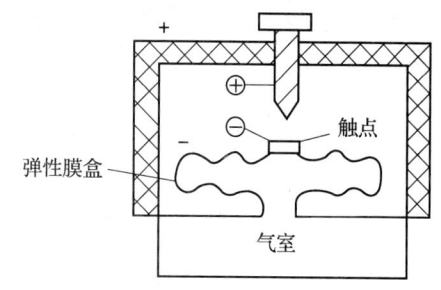

图1—7 空气模盒感温探头

的触点,从而断开或接通信号电气回路,发出警报。采用热敏半导体作感温元件,此元件对温度的变化比较敏感,在检测地点的温度发生变化时,它的电阻值将发生较大的变化。采用铂金属丝感温元件,遇温度变化时也会改变其电阻值,从而改变信号电气回路中的电流,当达到预定温度时,信号电气回路中的电流也变化到一定值,即会报警。

由于火灾发生时,检测地点的温度在较短时间内急骤升高,根据这个特点,差动式感温报警器采用双金属片等感温元件,使得在一定时间内的温升差超过某一限值时,即发出警报。例如在1 min内温升超过10℃。这就更接近于发生火灾的实际情况,严格限制在这样的条件下报警可以减少误报。

为了提高自动报警器的准确性,有的感温报警器同时采用差动和定温两种感温元件,因而在检测点的温度变化时,既要达到差动式感温元件所预定时间内的温升差,又要同时达到定温式感温元件所预定的温度,才发出警报,这样就可进一步减少误报。这种报警器称为定温差动式感温报警器。

感温报警器适用于那些经常存在大量烟雾、粉尘或水蒸气等场所。

2. 感烟报警器

感烟报警器能在事故地点刚发生阴燃冒烟还没有出现火焰时,即发出警报,所以它具有报警早的优点。根据敏感元件的不同,下面介绍离子感烟报警器和光电感烟报警器。

(1) 离子感烟报警器。如图1—8所示,它是由两片镅241放射源片与信号电气回路构成内电离室和外电离室。内电离室是密闭的,与安装场所内的空气不相通,场所内的空气可以在外电离室的放射源与电极间自由流通。当发生火警时,可燃物阴燃产生的烟雾进入报警器的外电离室,室内的部分离子被烟雾的微粒所吸

附，使到达电极上的离子减少，即相当于外电离室的等效电阻值变大，而内电离室的等效电阻值不变，从而改变了内电离室和外电离室的电压分配。利用这种电信号将烟雾信号转换为直流电压信号，输入报警器而发出声、光警报。

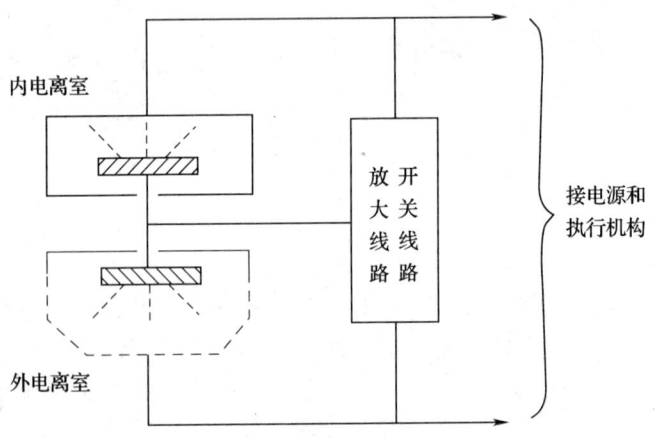

图1—8 离子感烟报警器原理示意图

（2）光电感烟报警器。这种报警器设有一个光电暗室（暗盒），将光电敏感元件安装在暗盒内，如图1—9所示。没有烟尘进入暗室时，发光二极管放出的光因有光屏障阻隔而不能投射到光敏二极管上，检测器没有电信号输出；如有烟尘进入暗室时，发光二极管发出的光因散射作用而照射到光敏二极管上，光敏二极管工作状态发生变化，检测器发出电信号。

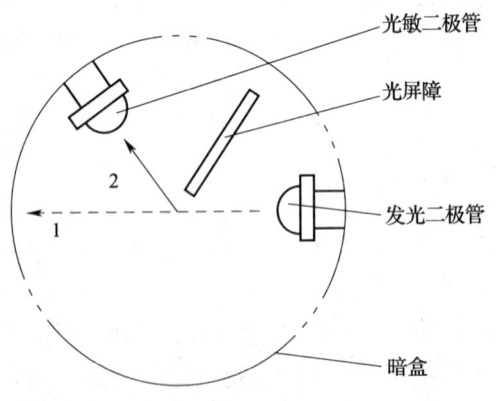

图1—9 光电感烟式报警器原理示意图

采用光电感烟报警器时，可以从检测场所的各检测点设管路分别与检测器相连，再利用风机抽吸检测点的空气，使空气由光电暗盒通过。当发生火警时，由于空气中含有大量烟雾，检测器则发生信号。这种检测器适用于装设有排风装置的场所。

感烟报警器灵敏度较高，寿命较长，价格较低，适用于火灾初起阶段有阴燃的场所。如宾馆、图书馆、变配电室、百货仓库等起火后即能生成烟雾的场所。不适用于灰尘较大、水蒸气弥漫等场所，如锅炉房、厨房等，以及有腐蚀性气体的场所。

3. 感光报警器

感光报警器利用物质燃烧时火焰辐射的红外线和紫外线，制成红外检测器和紫外检测器。前者的敏感元件是硫化铝、硫化镉等制成的光导电池，这种敏感元件遇到红外辐射时即可产生电信号。后者的敏感元件是紫外光敏二极管，它只对光辐射中的紫外线波段起作用。光电报警器不适于在明火作业的场所中使用，在安装检测器的场所也不应划火柴、烧纸张，报警系统未切断时也不能动火，否则易发生误报。在安装紫外线光电报警器的场所，还应避免使用氙气灯和紫外线灯，以防误报。

第六节 灭火技术基本理论和灭火器材

一、灭火的基本方法

一旦发生火灾，只要消除燃烧条件中的任何一条，火就会熄灭，这就是灭火技术的基本理论。在此基本理论指导下，常用的灭火方法有隔离、冷却和窒熄（隔绝空气）等。

1. 隔离法

隔离法就是将可燃物与着火源（火场）隔离开来，燃烧会因而停止。例如，装盛可燃气体、可燃液体的容器或管道发生着火事故或容器管道周围着火时，应立即采取以下措施：

（1）设法关闭容器与管道的阀门，使可燃物与火源隔离，阻止可燃物进入着火区；

（2）将可燃物从着火区搬走，或在火场及其邻近的可燃物之间形成一道"水墙"加以隔离；

（3）阻拦正在流散的可燃液体进入火场，拆除与火源毗连的易燃建筑物等。

2. 冷却法

冷却法就是将燃烧物的温度降至着火点（燃点）以下，使燃烧停止；或者将邻近着火场的可燃物温度降低，避免形成新的燃烧条件。如常用水或干冰（二氧化碳）进行降温灭火。

3. 窒熄法

窒熄法就是消除燃烧的条件之一——助燃物（空气、氧气或其他氧化剂），使燃烧停止。主要是采取措施，阻止助燃物进入燃烧区，或者用惰性介质和阻燃性物质冲淡稀释助燃物，使燃烧得不到足够的氧化剂而熄灭。采取窒熄法的常用措施有：将灭火剂如四氯化碳、二氧化碳、泡沫灭火剂等不燃气体或液体喷洒覆盖在燃烧物表面上，使之不与助燃物接触；用惰性介质或水蒸气充满容器设备，将正在着火的容器设备封严密闭；用不燃或难燃材料捂盖燃烧物等。

二、灭火剂

为能迅速地扑灭生产过程中发生的火灾，必须按照现代的防火技术水平、生产工艺过程的特点、着火物质的性质、灭火物质的性质以及取用是否便利等原则来选择灭火剂。目前工业企业常用的灭火物质有水、灭火泡沫、惰性气体、不燃性挥发液、化学干粉、固态物质等。

1. 消防用水

水是最常用的灭火物质，它是取之不尽、用之不竭的天然灭火剂，在灭火中应用最广。它的主要优点是灭火性强，价格低廉，取用方便。水的吸热量比其他物质大，加热 1 kg 水，使温度升高 1℃，需要 4 186.8 J 热量。如果灭火时水的初温为 10℃，那么 1 L 水达到沸点（100℃）时需 376.8 kJ 的热量，再变成水蒸气则需 2 260.0 kJ 的热量。所以 1 L 水总共能吸收 2 636.8 kJ 的热量，这是水的冷却作用。同时，当水与燃烧物质接触时，会形成"蒸汽幕"，能够防止空气进入燃烧区，并能稀释燃烧区中氧的含量，使燃烧强度逐渐减弱。当水蒸气在燃烧区的浓度超过 30% 时，即可将火熄灭。当水溶性可燃液体发生火灾时，在允许用水扑救的条件下，水可降低可燃液体浓度及燃烧区内可燃蒸气的浓度。此外，在扑救过程中用高压水流强烈冲击燃烧物和火焰，这种机械冲击作用可冲散燃烧物并使燃烧强度显著减弱。

水用于灭火的缺点是水具有导电性，不宜扑灭带电设备的火灾；不能扑救遇水燃烧物质和非水溶性燃烧液体的火灾。此外，水与高温盐液接触会发生爆炸，比水轻的易燃液体能浮在水面燃烧并蔓延等。这些都是利用水作为灭火剂时应当注意的问题。

2. 泡沫

泡沫是由液体的薄膜包裹气体而成的小气泡群。用水作为泡沫液膜的气体可以是空气或二氧化碳。由空气构成的泡沫叫空气机械泡沫或空气泡沫,由二氧化碳构成的泡沫叫化学泡沫。

泡沫的灭火机理是利用水的冷却作用和泡沫层隔绝空气的窒熄作用。燃烧物表面形成的泡沫覆盖层,可使燃烧物表面与空气隔绝,由于泡沫层封闭了燃烧物表面,可以遮断火焰的热辐射,阻止燃烧物本身和附近可燃物质的蒸发;泡沫析出的液体可对燃烧表面进行冷却,而且泡沫受热蒸发产生的水蒸气能降低氧的浓度。这类灭火剂对可燃性液体的火灾最适用,是油田、炼油厂、石油化工、发电厂、油库以及其他企业单位油罐区的重要灭火剂,也用于普通火灾扑救。

灭火用的泡沫必须具有以下特性:

(1) 泡沫的密度小于油的密度,微泡要具有凝聚性和附着性;
(2) 液膜的强度对热应具有一定的稳定性和流动性;
(3) 泡沫对机械或风应具有一定的稳定性和持久性。

化学泡沫是利用硫酸铝和碳酸氢钠的水溶液作用,产生 CO_2 泡沫。其反应式如下:

$$6NaHCO_3 + Al_2(SO_4)_3 \cdot 18H_2O =$$
$$6CO_2 + 2Al(OH)_3 + 3Na_2SO_4 + 18H_2O$$

碳酸氢钠和泡沫稳定剂都溶于水中,和硫酸铝的水溶液起反应,并由于化学反应而形成泡沫,所以称之为化学泡沫,对于扑灭汽油、柴油等易燃液体的火灾较为有效。不过,由于化学泡沫灭火设备较为复杂,投资大,维护费用高,近来多采用设备简单、操作方便的空气泡沫。

空气泡沫灭火剂可分为普通蛋白泡沫灭火剂、氟蛋白泡沫灭火剂等类型。

普通蛋白泡沫是在水解蛋白和稳泡剂的水溶液中用发泡机械鼓入空气,并猛烈搅拌使之相互混合而形成充满空气的微小稠密的膜状泡泡群。这种泡沫能有效地扑灭烃类液体火焰。氟蛋白泡沫液是在普通蛋白泡沫中加入1%的FCS溶液(由氟表面活性剂、异丙醇、水三者组成,比例为3:3:3)配制而成的,有较高的热稳定性、较好的流动性和防油防水等能力,可用于油罐液下喷射灭火。氟蛋白泡沫弥补了普通蛋白泡沫流动性较差、易被油类污染等缺点。氟蛋白泡沫通过油层时,使油不能在泡沫内扩散而被分隔成小油滴,这些小油滴被未污染的泡沫包裹,浮在液面后,形成一个包含有小油滴的不燃烧但能封闭油品蒸气的泡沫层。在泡沫层内即使含汽油量达25%，也不会燃烧。而普通蛋白泡沫层内含10%的汽油时，即开始燃烧，这说明氟蛋白泡沫有较好的灭火性能。氟蛋白泡沫的另一个特点是能与干粉配合扑灭烃类液体火灾。

对于醇、酮、醚等水溶性有机溶剂，如果使用普通蛋白泡沫灭火剂，则泡沫膜中的水分会被水溶性溶剂吸收而消灭掉。针对水溶性可燃液体对泡沫具有破坏作用的特点，研制出了抗溶性泡沫灭火剂。这种灭火剂是在普通蛋白泡沫中添加有机酸金属络合盐而制成，有机酸金属络合盐与泡沫中的水接触时，会析出有机酸金属皂，在泡沫壁上形成连续的固体薄膜，该薄膜能有效地防止水溶性有机溶剂吸收水分，从而保护了泡沫，使泡沫能持久地覆盖在溶剂表面上，因而其灭火效果较好。但不宜扑救如乙醛（沸点20.2℃）等沸点很低的水溶性有机溶剂。

3. 1211灭火剂

碳氢化合物（如甲烷）中的氢原子被卤族原子取代后，所生成化合物的化学性质和物理性质会发生明显变化。例如甲烷是一种比空气轻的易燃气体，其分子中的四个氢原子被卤族原子氟替代就生成卤化烷CF_4，CF_4则是一种不燃的气体。命名为1211灭火剂的是二氟一氯一溴甲烷，分子式为$CBrClF_2$，它是一种无色略带芳香味的气体，化学性质稳定，对金属腐蚀性小，有较好的绝缘性能，毒性也较小。1211灭火剂能有效地扑灭电气设备火灾、可燃气体火灾、易燃和可燃液体火灾以及易燃固体的表面火灾；不宜扑灭自己能供氧气的化学药品（如硝化纤维）、化学性活泼的金属、金属的氢化物和能自燃分解的化学药品的火灾。

由于卤代烷对大气臭氧层有破坏作用，故我国政府根据《蒙特利尔协议书》，将在2010年淘汰全部卤代烷灭火剂。

4. 二氧化碳灭火剂

二氧化碳灭火剂的主要作用是稀释空气中的氧浓度，使其达到燃烧的最低需氧量以下，火即自动熄灭。二氧化碳灭火剂是将二氧化碳以液态的形式加压充装于灭火器中，因液态二氧化碳易挥发成气体，挥发后体积将扩大760倍，当它从灭火器里喷出时，由于气化吸收热量的关系，立即变成干冰。此种霜状干冰喷向着火处，立即气化，而把燃烧处包围起来，起了隔绝和稀释氧的作用。当二氧化碳占空气的浓度为30%～35%时，燃烧就会停止，其灭火效率很高。

由于二氧化碳不导电，所以可用于扑灭电气设备的着火。对于不能用水救火的遇水燃烧物质，使用二氧化碳扑救最为适宜，因为二氧化碳能不留痕迹地把火焰熄灭，在可燃固体粉碎、干燥过程中发生起火以及精密机械设备等着火时，都可用二氧化碳灭火剂扑救。其缺点是冷却作用不好，火焰熄灭后，温度可能仍在燃点以上，有发生复燃的可能，故不适用于空旷地域的灭火。二氧化碳灭火剂不能扑救碱金属和碱土金属的火灾，因二氧化碳与这些金属在高温下会起分解反应，游离出碳粒子，有发生爆炸的危险，如

$$2Mg + CO_2 = 2MgO + C$$

另外，二氧化碳能够使人窒息。以上这些是应用二氧化碳灭火剂时应注意的问题。

5. 四氯化碳

四氯化碳的灭火机理是能蒸发冷却和稀释氧浓度。四氯化碳为无色透明液体，不助燃、不自燃、不导电、沸点低（76.8℃），其灭火作用主要是利用它的这些性质。当四氯化碳落到火区中时，迅速蒸发，由于其蒸气重（约为空气的5.5倍），能密集在火源四处包围着正在燃烧的物质，起到了隔绝空气的作用。若空气中含有10%容积的四氯化碳蒸气，则燃着的火焰就迅速熄灭。故四氯化碳是一种阻燃能力很强的灭火剂，特别适用于带电设备的灭火。

四氯化碳有一定腐蚀性，用于灭火时其纯度应在99%以上，不能混有水分及二硫化碳等杂质，否则更易侵蚀金属。另外，当四氯化碳受热到250℃以上时，能与水蒸气发生作用生成盐酸和光气；如与赤热的金属（尤其是铁）相遇则生成的光气更多；与电石、乙炔气相遇也会发生化学变化，放出光气。光气是剧毒的气体，空气中最高允许浓度仅为0.0005 mg/L；同时四氯化碳本身亦有毒性，空气中最高允许浓度为25 mg/L，所以禁止用来扑救电石和钾、钠、铝、镁等的火灾。

6. 干粉灭火剂

干粉是细微的固体微粒，其作用主要是抑制燃烧。常用的干粉有碳酸氢钠、碳酸氢钾、磷酸二氢铵尿素干粉等。

碳酸氢钠干粉的成分是碳酸氢钠占93%，滑石粉占5%，硬脂酸镁占0.5%～2%，后二种成分是加重剂和防潮剂。从干粉灭火机中喷出的灭火粉末，覆盖在固体的燃烧物上，构成阻碍燃烧的隔离层，而且此种固体粉末灭火剂遇火时放出水蒸气及二氧化碳。其反应式如下：

$$2NaHCO_3 \longrightarrow Na_2CO_3 + H_2O + CO_2 - Q$$

钠盐在燃烧区吸收大量的热，起到冷却和稀释可燃气体的作用。同时干粉灭火剂与燃烧区的氢化合物起作用，夺取燃烧反应的游离基，起到抑制燃烧的作用，致使火焰熄灭。

干粉灭火剂综合了泡沫、二氧化碳和四氯化碳灭火剂的特点，具有不导电、不

腐蚀、扑救火灾速度快等优点，可扑救可燃气体、电气设备、油类、遇水燃烧物质等物品的火灾。其缺点是灭火后留有残渣，因而不宜用于扑灭精密机械设备、精密仪器、旋转电动机等的火灾。此外，由于干粉灭火剂冷却性较差，不能扑灭阴燃火灾，不能迅速降低燃烧物品表面温度，容易发生复燃。

三、灭火器材

我国目前生产的灭火器主要有泡沫灭火器、卤代烷灭火器、四氯化碳灭火器、1211灭火器、干粉灭火器、清水灭火器等。按灭火器的驱动形式可分为储气瓶式，即灭火剂是由储气瓶中的压缩气体或液化气体驱动的灭火器（如清水灭火器）；储压式，即灭火剂是由储存于同一容器内的压缩气体或灭火剂自身的压力驱动的（如干粉灭火剂、二氧化碳灭火器和1211灭火器等）；化学反应式，即灭火剂是由化学反应产生的气体压力驱动的（如化学泡沫灭火器等）。按照灭火器适宜扑灭的可燃物质分为四类。用于扑灭A类物质（如木材、纸张、布匹、橡胶和塑料等）的火灾，称A类灭火器，如清水灭火器；用于扑灭B类物质（各种石油产品和油脂等）和C类物质（可燃气体）的火灾，称B、C类灭火器，如化学泡沫灭火器、干粉灭火器、二氧化碳灭火器等；用于扑灭D类物质（钾、钠、钙、镁等轻金属）的火灾，称D类灭火器，如轻金属灭火器；此外还有ABCD类灭火器又称通用灭火器，如磷铵干粉灭火器等。

1. 泡沫灭火器

泡沫灭火器有手提式和推车式泡沫灭火器两类。图1—10为手提式泡沫灭火器，由筒身、筒盖、瓶胆、瓶胆盖、喷嘴和螺母等组成。

使用手提式泡沫灭火器时，应将灭火器竖直向上平衡地（不可倾倒）提到火场后，再颠倒筒身略加晃动，使碳酸氢钠和硫酸铝混合，产生泡沫从喷嘴喷射出去进行灭火。

使用注意事项：

（1）若喷嘴被杂物堵塞，应将筒身平放在地面上，用铁丝疏通喷嘴，不能采取打击筒体等措施；

（2）在使用时筒盖和筒底不能朝向人身，防止发生意外爆炸时筒盖、筒底飞出伤人；

（3）应设置在明显而易于取用的地方，而且应防止高温和冻结；

（4）使用3年后的手提式泡沫灭火器，其筒身应作水压试验，平时应经常检查泡沫灭火器的喷嘴是否畅通，螺帽是否拧紧，每年应检查一次药剂是否符合要求。

2. 二氧化碳灭火器

二氧化碳灭火器有手提式和鸭嘴式灭火器两类。其基本结构是由钢瓶（筒体）、阀门、喷筒（喇叭）和虹吸管四部分组成，如图 1—11 所示。

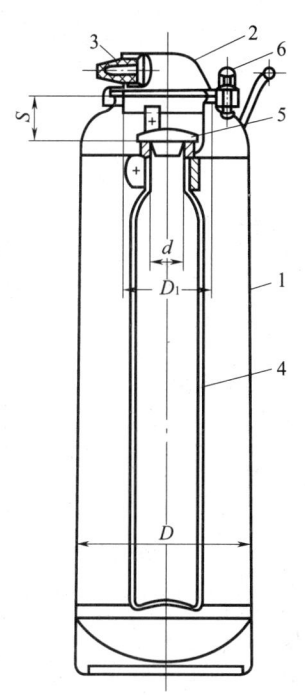

图 1—10　手提式泡沫灭火器
1—筒身　2—筒盖　3—喷嘴
4—瓶胆　5—瓶胆盖　6—螺母

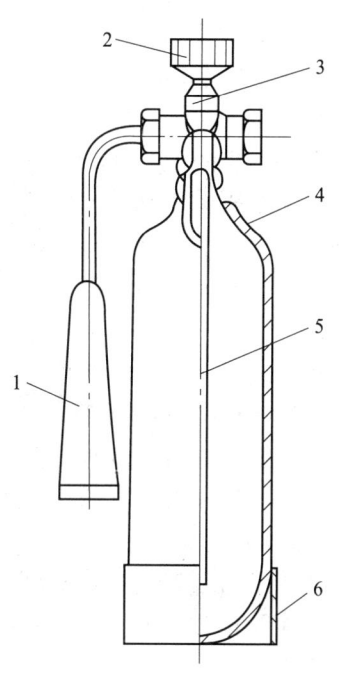

图 1—11　手提式二氧化碳灭火器
1—喷筒　2—手轮　3—阀门
4—钢瓶　5—虹吸管　6—器座

钢瓶是用无缝钢管制成，肩部打有钢瓶的重量、CO_2 重、钢瓶编号、出厂年月等钢字。阀门用黄铜制造，手轮由铝合金铸造。阀门上有安全膜，当压力超过允许极限时即自行爆破，起泄压作用。喷筒用耐寒橡胶制成。虹吸管连接在阀门下部，伸入钢瓶底部，管子下部切成 30°的斜口，以保证二氧化碳能连续喷完。

筒身内二氧化碳在使用压力（15 MPa）下处于液态，打开二氧化碳灭火器后，压力降低，二氧化碳由液体变成气体。由于吸收气化热，喷嘴边的温度迅速下降，当温度下降到 -78.5℃时，二氧化碳将变成雪花状固体（常称干冰）。因此，由二氧化碳灭火器喷出来的二氧化碳，常常是呈雪花状的固体。

鸭嘴式二氧化碳灭火器使用时只要拔出保险销，将鸭嘴压下，即能喷出二氧化碳灭火。手提式二氧化碳灭火器（MT型）只需将手轮逆时针旋转，即能喷出二氧化碳灭火。

使用注意事项：

(1) 二氧化碳灭火剂对着火物质和设备的冷却作用较差，火焰熄灭后，温度可能仍在燃点以上，有发生复燃的可能，故不适用于空旷地域的灭火；

(2) 二氧化碳能使人窒息，因此，在喷射时人要站在上风处，尽量靠近火源。在空气不流畅的场合，如乙炔站或电石破碎间等室内喷射后，消防人员应立即撤出；

(3) 二氧化碳灭火器应定期检查，当二氧化碳重量减小 1/10 时，应及时补充装灌；

(4) 二氧化碳灭火器应放在明显而易于取用的地方，且应防止气温超过 42℃并防止日晒。

3. 四氯化碳灭火器

图 1—12 所示为四氯化碳灭火器，它由筒身、阀门、喷嘴、手轮等组成。使用四氯化碳灭火器时，应颠倒四氯化碳灭火器，然后按逆时针方向转动手轮，打开阀门，四氯化碳立即从喷嘴喷出，进行灭火。

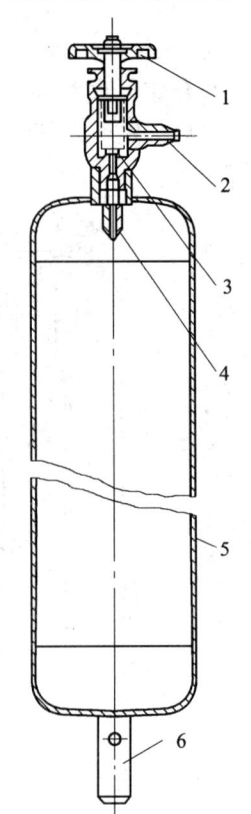

图 1—12 四氯化碳灭火器
1—手轮 2—喷嘴 3—阀门
4—滤网 5—筒身 6—提把

使用注意事项：

(1) 四氯化碳是一种阻火能力很强的灭火剂，如前所述，但在不少条件下能生成盐酸和光气，所以，在使用四氯化碳灭火器时，必须戴防毒面具，并站在上风处；

(2) 四氯化碳灭火器在扑救电气火灾时，应与电气设备保持一定距离，一般不应小于下列要求：

电压（V） 10 35 66 110 154 220 330
距离（cm） 40 60 70 100 140 180 240

(3) 四氯化碳灭火器应设在明显而易于取用的地方，且应防止受热、日晒或腐蚀；

(4) 四氯化碳灭火器应每隔半年检查一次气压，若气压低于 0.6 MPa 时，应重新加压,使其压力保持不小于 0.8 MPa,定期检查灭火器的重量,若重量减小 1/10 以上时,应再充装,每隔 3 年应对筒身进行水压试验,在 1.2 MPa 的压力下,持续 2 min 不渗漏、不变形时,才可继续使用。

4. 干粉灭火器

干粉灭火器有手提式干粉灭火器、推车式干粉灭火器和背负式干粉灭火器三类。

图 1—13 所示为储气式手提干粉灭火器,它由筒身、二氧化碳小钢瓶、喷枪等组成,以二氧化碳作为发射干粉的动力气体。小钢瓶设在筒外的,称外装式干粉灭火器;小钢瓶设在筒内的称为内装式干粉灭火器,如图 1—14 所示。

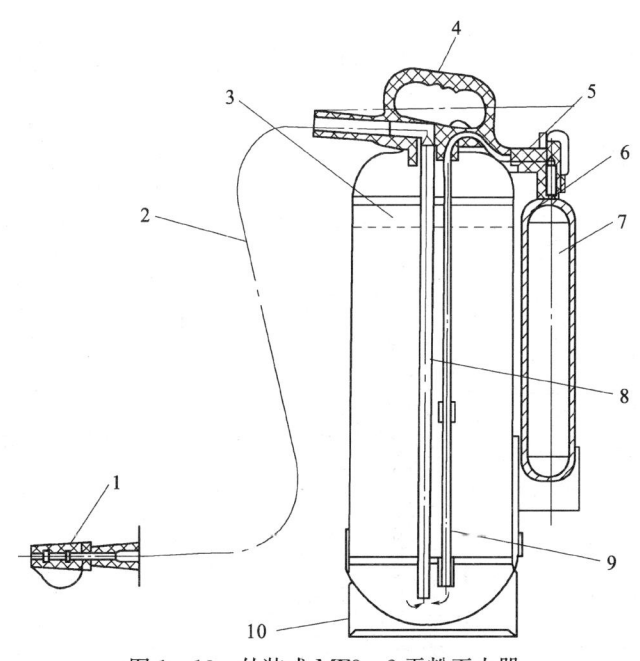

图 1—13　外装式 MF8—2 干粉灭火器
1—喷嘴　2—喷粉胶管　3—筒体　4—提柄　5—钢瓶螺母　6—拉环
7—储气罐　8—出粉管　9—进气管　10—底圈

储压式干粉灭火器省去储气钢瓶,驱动气体采用氮气,不受低温影响,从而扩大了使用范围。

手提式干粉灭火器喷射灭火剂的时间短,有效的喷射时间最短的只有 6 s,最长的也只有 15 s。因此,为能迅速扑灭火灾,使用时应注意以下几点。

(1) 应了解和熟练掌握灭火器的开启方法。使用手提式干粉灭火器时,应先将灭火器颠倒数次,使筒内干粉松动,然后撕去灭火器头上的铝封,拔去保险销,一只手握住胶管,将喷嘴对准火焰的根部,另一只手按下压把或提起拉环,在二氧化碳的压力下喷出干粉灭火。

(2) 应使灭火器尽可能在靠近火源的地方开始启动,不能在离起火源很远的地方就开启灭火器。

(3) 喷粉要由近而远向前平推,左右横扫,不使火焰蹿向。

(4) 手提式干粉灭火器应设在明显而易于取用,且通风良好的地方。每隔半年检查一次干粉质量(是否结块),称一次二氧化碳小钢瓶的重量。若二氧化碳小钢瓶的重量减小 1/10 以上,则应补充二氧化碳。应每隔一年进行水压试验。

5. 1211 灭火器

1211 灭火器有手提式和推车式两种。图 1—15 所示为手提式 1211 灭火器,它由筒体(钢瓶)和器头两部分组成。筒体用无缝钢管或钢板滚压焊接而制成;器头一般用铝合金制造,其上有喷嘴、阀门、虹吸管或有压把、压杆、弹簧、喷嘴、密封阀、虹吸管、保险销等。灭火剂量大于 4 kg 的灭火器,还配有提把和橡胶导管。由于 1211 灭火器所使用的灭火剂对臭氧层有破坏作用,故这种灭火器现已停产,到 2010 年全部淘汰。

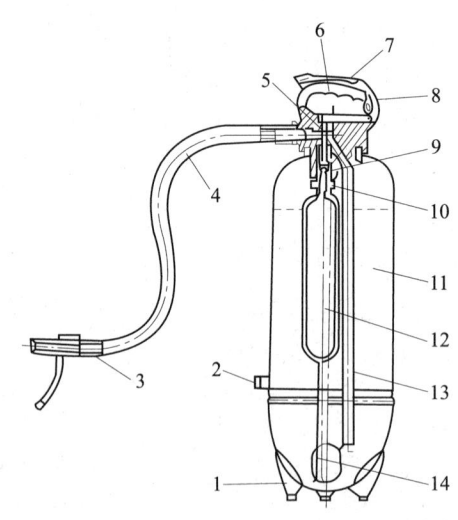

图 1—14 内装式 MF8 型干粉灭火器
1—鼓包 2—卡子 3—喷嘴 4—喷粉胶管 5—导杆
6—器头 7—压把 8—保险销 9—密封芯 10—接头
11—筒体 12—储气罐 13—出粉管 14—进气管

图 1—15 1211 灭火器

使用手提式1211灭火器时，应首先撕下铝封拔出保险销，在距离火源1.5～3 m处，对准火焰根部，一手压下压把、压杆使封闭阀打开。1211在氮气压力作用下，通过虹吸管由喷嘴喷出。当松开压把时，压把在弹簧作用下升起，封闭喷嘴停止喷射。使用灭火器时，应注意筒盖向上，不应水平或颠倒使用。应将1211喷向火焰根部，向火源边缘推进喷射，以迅速扑灭火焰。灭火器应放在阴凉干燥且便于使用的地方。每半年检查一次1211灭火器的重量，若重量减小1/10以上，应重新装药和充气。

灭火器的主要性能见表1—23。不同建筑物或场所，应设置灭火器的类型和数量可参考表1—24确定。

表1—23 各种灭火器的主要性能

灭火器种类	二氧化碳灭火器	四氯化碳灭火器	干粉灭火器	1211灭火器	泡沫灭火器
规格	2 kg以下，2～3 kg，5～7 kg	2 kg以下，2～3 kg，5～8 kg	8 kg，50 kg	1 kg，2 kg，3 kg	10 L，56～130 L
药剂	瓶内装有压缩成液态的二氧化碳	瓶内装有四氯化碳液体，并加有一定压力	钢筒内装有钾盐或钠盐干粉并备有盛装压缩气体的小钢瓶	钢筒内装有二氟一氯一溴甲烷，并充填压缩氮	筒内装有碳酸氢钠、发沫剂和硫酸铝溶液
用途	不导电 扑救电气、精密仪器、油类和酸类火灾。不能扑救钾、钠、镁、铝等物质火灾	不导电 扑救电气设备火灾。不能扑救钾、钠、镁、铝、乙炔、二硫化碳等火灾	不导电 可扑救电气设备火灾，而不宜扑救旋转电机火灾。可扑救石油、石油产品、有机溶剂、天然气和天然气设备火灾	不导电 扑救油类、电气设备、化工化纤等初起火灾	有一定导电性，扑救油类或其他易燃液体火灾。不能扑救忌水和带电物体火灾
效能	接近着火地点，保持3 m远	3 kg喷射时间30 s，射程7 m	8 kg喷射时间4～18 s，射程4.5 m。50 kg喷射时间50～55 s，射程6～8m	1 kg喷射时间6～8 s，射程2～3 m	10 L喷射时间60 s，射程8 m。65 L喷射时间170 s，射程13.5 m

续表

灭火器种类	二氧化碳灭火器	四氯化碳灭火器	干粉灭火器	1211灭火器	泡沫灭火器
使用方法	一手拿好喇叭筒对着火源，另一手打开开关即可	只要打开开关，液体就可喷出	提起拉环，干粉即可喷出	拔下铅封或横销，用力压下压把即可	倒过来稍加摇滚或打开开关，药剂即喷出
保养和检查方法	保管： ①置于取用方便的地方 ②注意使用期限 ③防止喷嘴堵塞 ④冬季防冻，夏季防晒 检查： ①二氧化碳灭火器，每月测量一次。当低于原重1/10时，应充气 ②四氯化碳灭火器，应检查压力情况，少于规定压力时应充气		置于干燥通风处，防受潮日晒，每年抽查一次干粉是否受潮或结块。小钢瓶内的气体压力，每半年检查一次，如重量减小1/10，应换气	置于干燥处，勿摔碰，每年检查一次重量	一年检查一次，泡沫发生倍数低于4倍时，应换药

表1—24　　　　　　　灭火器的选择和设置数量

场　　所	类型选择	设置数量，个/m²
油浸电力变压器室、油开关、高压电容器、调压气室、发电机房、电信楼、广播楼	1211灭火器 二氧化碳灭火器 四氯化碳灭火器	1/50
甲、乙类火灾危险性的生产厂房	1211灭火器 泡沫灭火器 干粉灭火器	1/50
甲、乙类火灾危险性的库房	1211灭火器 泡沫灭火器 干粉灭火器	1/80
丙类火灾危险性的生产厂房	泡沫灭火器 干粉灭火器 清水灭火器 酸碱灭火器	1/80

续表

场　　所	类型选择	设置数量，个/m²
丙类火灾危险性的库房	泡沫灭火器 酸碱灭火器 清水灭火器	1/100
甲、乙类火灾危险性的露天生产装置区	1211灭火器 干粉灭火器 泡沫灭火器	1/150～1/100
丙类火灾危险性的生产装置区	泡沫灭火器 酸碱灭火器 清水灭火器	1/200～1/150
易燃和可燃液体装卸栈台	泡沫灭火器 干粉灭火器 1211灭火器	按栈台长度每10～15 m 设置1个
液化石油气、可燃气体罐区	干粉灭火器 1211灭火器	按储罐数量计算， 每罐设两个
旅馆、办公楼、教学楼、医院	泡沫灭火器 清水灭火器 酸碱灭火器 1211灭火器	1/100～1/50
百货楼、展览楼、图书楼、邮政楼、财贸金融楼	1211灭火器 干粉灭火器 泡沫灭火器 清水灭火器	1/80～1/50
科研楼	根据工作性质，参考以上各项规定	根据工作性质，参考上述各项规定

注：①油浸电力变压器室、油开关等也可用干粉灭火器。
②表内灭火器数量系指手提式灭火器（即10 L泡沫灭火器、8 kg干粉灭火器、5 kg二氧化碳灭火器、4 kg 1211灭火器）的数量。

本 章 小 结

本章着重讨论了燃烧的学说和理论,其中燃烧的链式反应理论是目前认识燃烧实质的较为科学合理的理论,对研究防火和防化学性爆炸具有指导性意义的理论,是本章和本课程的学习重点。该理论以及防火技术的基本理论是在生产和生活中采取防火技术措施的理论依据。在此基础上讨论了防火和灭火的基本技术措施。

复习思考题

1. 简述燃烧链式反应理论的基本观点。
2. 联系生产和生活实际,举例说明闪燃、着火和自燃有哪些特征及其危险性?
3. 论述防火技术的基本理论,并举例说明它在防火与灭火措施中的应用。
4. 简述在生产和生活中可能存在哪些着火源?
5. 试述消除着火源的基本技术措施有哪些?
6. 试述控制可燃物的基本措施有哪些?
7. 简述火灾报警器的类别及其工作原理。
8. 常用灭火剂有哪些及其特点?

第二章 爆炸与防爆基本原理

本章学习目标

1. 理解爆炸的机理及其特征。
2. 熟悉爆炸极限及其计算。
3. 掌握防爆技术的基本理论及其应用。
4. 熟悉防爆的基本技术措施。
5. 掌握爆炸温度和爆炸压力的计算。

由于爆炸事故往往是在意想不到的情况下发生的,因此,人们往往认为爆炸是难于预防的。实际上,只要认真研究爆炸的过程及其规律,采取有效的防护措施,生产和生活中的这类事故是可以预防的。

第一节 爆炸机理

一、爆炸及其分类

1. 爆炸的特征

广义地说,爆炸是物质在瞬间以机械功的形式释放出大量气体和能量的现象。由于物质状态的急剧变化,爆炸发生时会使压力猛烈增高并产生巨大的声响。

所谓"瞬间",就是说爆炸发生于极短的时间内,通常是在1 s之内完成。例如,乙炔罐里的乙炔与氧气混合发生爆炸时,大约在1/100 s内完成下列化学反应:

$$2C_2H_2 + 5O_2 = 4CO_2 + 2H_2O + Q$$

同时释放出大量热能和二氧化碳、水蒸气等气体,能使罐内压力升高10~13倍,其爆炸威力可以使罐体升空 20～30 m。这种克服地心引力，将重物举高一段距离的，则是机械功。

人们正是利用爆炸时的这种机械功，在采矿和修筑铁路、水库等时，开山放炮，大大地加快了工程的进度，使得用手工和一般工具难于完成的任务得以实现。

我国最早发明火药，对促进物质文明建设作出了巨大的贡献。但是，爆炸一旦失去控制，就会酿成工伤事故，造成人身和财产的巨大损失，使生产受到严重影响。

爆炸的内部特征是，物质发生爆炸时，产生的大量气体和能量在有限体积内突然释放或急剧转化，并在极短时间内，在有限体积中积聚，造成高温高压。爆炸的外部特征是爆炸介质在压力作用下，对周围物体（容器或建筑物等）形成急剧突跃压力的冲击，或者造成机械性破坏效应，以及周围介质受振动而产生的声响效应。

应当指出，生产中某些完全密闭的耐压容器，虽然其中的可燃混合气发生爆炸，但由于容器是足够耐压的，所以容器并没有被破坏，这说明爆炸和容器设备的破坏没有必然的联系。容器的破坏不仅可以由爆炸引起，而且其他物理因素（如容器内介质的体积膨胀，使压力上升）也同样可以引起一般的破坏现象。因此，压力的瞬时急剧升高才是爆炸的主要特征。

2. 爆炸的分类

按照爆炸能量来源的不同，爆炸可分为以下三类。

（1）物理性爆炸。这是由物理变化（温度、体积和压力等物理因素）引起的。在物理性爆炸的前后，爆炸物质的性质及化学成分均不改变。

锅炉的爆炸是典型的物理性爆炸，其原因是过热的水迅速蒸发出大量蒸汽，使蒸汽压力不断升高，当压力超过锅炉的极限强度时，就会发生爆炸。又如，氧气钢瓶受热升温，引起气体压力升高，当压力超过钢瓶的极限强度时即发生爆炸。发生物理性爆炸时，气体或蒸汽等介质潜藏的能量在瞬间释放出来，会造成巨大的破坏和伤害。例如，某钢厂一列拖着钢渣罐的火车开到矿渣厂，在卸车时突然有三个钢渣罐（钢渣有上千摄氏度高温）先后滚到水塘里，顿时听到一声又一声巨响，发生了蒸汽爆炸（水变成500℃的蒸汽时，体积将增大3 500倍）。只见钢渣罐像火球一样飞向空中，有一个罐飞出 70 m 远并落在工棚上，引起工棚着火，另外两个罐飞到 101 m 远的修建队仓库以及附近的房屋，共烧毁 1 000 多平方米建筑物，烧死烧伤多人。

上述这些物理性爆炸是蒸汽和气体膨胀力作用的瞬时表现，它们的破坏性取决于蒸气或气体的压力。

（2）化学性爆炸。这是物质在短时间内完成化学变化，生成其他物质，同时产生大量气体和能量的现象。例如，用来制作炸药的硝化棉在爆炸时放出大量热量，同时生成大量气体（CO、CO_2、H_2和水蒸气等），爆炸时的体积竟会突然增大47万倍，燃烧在几万分之一秒内完成。由于一方面生成大量气体和热量，另一方面燃烧速度又极快，瞬时生成的大量高温气体来不及膨胀和扩散，因此仍保持着很小的体积。由于气体的压力同体积成反比，$pV=K$（常数），气体的体积越小，压力就越大，而且这个压力产生极快，因而对周围物体的作用就像急剧的一击，这一击连最坚固的钢板、最坚硬的岩石也经受不住。同时，爆炸还会产生强大的冲击波，这种冲击波不仅能推倒建筑物，对在场人员还具有杀伤作用。

化学反应的高速度，同时产生大量气体和大量热量，这是化学性爆炸的三个基本要素。

(3) 核爆炸。这是某些物质的原子核发生裂变反应或聚变反应时，释放出巨大能量而发生的爆炸，如原子弹、氢弹的爆炸。

工矿企业的爆炸事故以化学性爆炸居多，本书着重讨论化学性爆炸。

按照爆炸反应相的不同，爆炸可分为以下三类。

(1) 气相爆炸。它包括可燃性气体和助燃性气体混合物的爆炸；气体的分解爆炸；液体被喷成雾状物在剧烈燃烧时引起的爆炸，称喷雾爆炸；飞扬悬浮于空气中的可燃粉尘引起的爆炸等。气相爆炸的分类见表2—1。

表 2—1　　　　　　　　　气相爆炸类别

类　别	爆炸原理	举　例
混合气体爆炸	可燃性气体和助燃气体以适当的浓度混合，由于燃烧波或爆炸波的传播而引起的爆炸	空气和氢气、丙烷、乙醚等混合气的爆炸
气体的分解爆炸	单一气体由于分解反应产生大量的反应热引起的爆炸	乙炔、乙烯、氯乙烯等在分解时引起的爆炸
粉尘爆炸	空气中飞散的易燃性粉尘，由于剧烈燃烧引起的爆炸	空气中飞散的铝粉、镁粉等引起的爆炸
喷雾爆炸	空气中易燃液体被喷成雾状物，在剧烈的燃烧时引起的爆炸	油压机喷出的油雾、喷漆作业引起的爆炸

(2) 液相爆炸。它包括聚合爆炸、蒸发爆炸以及由不同液体混合所引起的爆炸。例如硝酸和油脂，液氧和煤粉等混合时引起的爆炸；熔融的矿渣与水接触或钢水包与水接触时，由于过热发生快速蒸发引起的蒸汽爆炸等。液相爆炸举例见表2—2。

（3）固相爆炸。它包括爆炸性化合物及其他爆炸性物质的爆炸（如乙炔铜的爆炸）；导线因电流过载，由于过热，金属迅速气化而引起的爆炸等。固相爆炸举例见表2—2。

表2—2　　　　　　　　液相、固相爆炸类别

类　别	爆炸原因	举　例
混合危险物质的爆炸	氧化性物质与还原性物质或其他物质混合引起爆炸	硝酸和油脂、液氧和煤粉、高锰酸钾和浓酸、无水顺丁烯二酸和烧碱等混合时引起的爆炸
易爆化合物的爆炸	有机过氧化物、硝基化合物、硝酸酯等燃烧引起爆炸和某些化合物的分解反应引起爆炸	丁酮过氧化物、三硝基甲苯、硝基甘油等的爆炸；偶氮化铅、乙炔铜等的爆炸
导线爆炸	在有过载电流流过时，使导线过热，金属迅速气化而引起爆炸	导线因电流过载而引起的爆炸
蒸气爆炸	由于过热，发生快速蒸发而引起爆炸	熔融的矿渣与水接触，钢水与水混合产生蒸气爆炸
固相转化时造成的爆炸	固相相互转化时放出热量，造成空气急速膨胀而引起爆炸	无定形锑转化成结晶形锑时，由于放热而造成爆炸

按照爆炸的瞬时燃烧速度的不同，爆炸可分为以下三类。

（1）轻爆。物质爆炸时的燃烧速度为每秒数米，爆炸时无多大破坏力，声响也不太大。例如，无烟火药在空气中的快速燃烧，可燃气体混合物在接近爆炸浓度上限或下限时的爆炸即属于此类。

（2）爆炸。物质爆炸时的燃烧速度为每秒十几米至数百米，爆炸时能在爆炸点引起压力激增，有较大的破坏力，有震耳的声响。可燃性气体混合物在多数情况下的爆炸，以及被压缩火药遇火源引起的爆炸等即属于此类。

（3）爆轰。物质爆炸时的燃烧速度为$1\,000 \sim 7\,000$ m/s。爆轰时的特点是突然引起极高压力并产生超音速的"冲击波"。由于在极短时间内发生的燃烧产物急速膨胀，像活塞一样挤压其周围气体，反应所产生的能量有一部分传给被压缩的气体层，于是形成的冲击波由它本身的能量所支持，迅速传播并能远离爆轰的发源地而独立存在，同时可引起该处的其他爆炸性气体混合物或炸药

发生爆炸,从而产生一种"殉爆"现象。某些气体混合物的爆轰速度见表2—3。

表2—3　　　　　　　某些气体混合物的爆轰速度

混合气体	混合百分比(%)	爆轰速度($m \cdot s^{-1}$)	混合气体	混合百分比(%)	爆轰速度($m \cdot s^{-1}$)
乙醇—空气	6.2	1 690	甲烷—氧	33.3	2 146
乙烯—空气	9.1	1 734	苯—氧	11.8	2 206
一氧化碳—氧	66.7	1 264	乙炔—氧	40.0	2 716
二硫化碳—氧	25.0	1 800	氢—氧	66.7	2 821

为防止殉爆的发生,应保持使空气冲击波失去引起殉爆能力的距离,其安全间距按下式计算:

$$S = K\sqrt{g} \qquad (2—1)$$

式中:S——不引起殉爆的安全间距,m;

　　　g——爆炸物的质量,kg;

　　　K——系数,K平均值取1~5(有围墙取1,无围墙取5)。

二、爆炸的破坏作用

1. 冲击波

爆炸形成的高温、高压、高能量密度的气体产物,以极高的速度向周围膨胀,强烈压缩周围的静止空气,使其压力、密度和温度突跃升高,像活塞运动一样推向前进,产生波状气压向四周扩散冲击。这种冲击波能造成附近建筑物的破坏,其破坏程度与冲击波能量的大小有关,与建筑物的坚固程度及其与产生冲击波的中心距离有关。

2. 碎片冲击

爆炸的机械破坏效应会使容器、设备、装置以及建筑材料等的碎片,在相当大的范围内飞散而造成伤害。碎片的四处飞散距离一般可达100~500 m。

3. 震荡作用

爆炸发生时,特别是较猛烈的爆炸往往会引起短暂的地震波。例如,某市的亚麻厂发生麻尘爆炸时,有连续三次爆炸,结果在该市地震局的地震检测仪上,记录了在7 s之内的曲线上出现有三次高峰。在爆炸波及的范围内,这种地震波会造成建筑物的震荡、开裂、松散倒塌等危害。

4. 造成二次事故

发生爆炸时，如果车间、库房（如制氢车间、汽油库或其他建筑物）里存放有可燃物资，会造成火灾；高空作业人员受冲击波或震荡作用，会造成高处坠落事故；粉尘作业场所轻微的爆炸冲击波会使积存于地面上的粉尘扬起，造成更大范围的二次爆炸等。

三、分解爆炸

具有分解爆炸特性的物质如乙炔（C_2H_2）、叠氮铅［$Pb(N_2)_2$］等，在温度、压力或摩擦、撞击等外界因素作用下，会发生爆炸性分解。因此，在生产中必须采取相应的防护措施，防止发生这类事故。

1. 气体的分解爆炸

能够发生爆炸性分解的气体，在温度、压力等作用下的分解反应，会释放相当数量的热量，从而给燃爆提供了所需的能量。生产中常见的乙炔、乙烯、环氧乙烷和二氧化氮等气体，都具有发生分解爆炸的危险。

以乙炔为例，当乙炔受热或受压时容易发生聚合、加成、取代和爆炸性分解等化学反应，温度达到200～300℃时，乙炔分子就开始发生聚合反应，形成其他更复杂的化合物。例如，生成苯（C_6H_6）、苯乙烯（C_8H_8）等的聚合反应时放出热量：

$$3C_2H_2 \longrightarrow C_6H_6 + 630 \text{ J/mol}$$

放出的热量使乙炔的温度升高，促使聚合反应加强和加速，从而放出更多的热量，以致形成恶性循环，最后当温度达到700℃，压力超过0.15 MPa时，未聚合反应的乙炔分子就会发生爆炸性分解。

乙炔是吸热化合物，即由元素组成乙炔时需要消耗大量的热。当乙炔分解时即放出它在生成时所吸收的全部热量：

$$C_2H_2 \longrightarrow 2C + H_2 + 226.04 \text{ J/mol}$$

分解时的生成物是细粒固体碳及氢气，如果这种分解是在密闭容器（如乙炔储罐、乙炔发生器或乙炔瓶）内进行的，则由于温度的升高，压力急剧增大10～13倍而引起容器的爆炸。由此可知，如果在乙炔的聚合反应过程能及时地导出大量的热，则可避免发生爆炸性分解。

增加压力也能促使和加速乙炔的聚合及分解反应。温度和压力对乙炔的聚合与爆炸分解的影响可用图 2—1 所示的曲线来表示。图中的曲线表明，压力越高，由于聚合反应促成分解爆炸所需的温度就越低；温度越高，在较小的压力下就会发生爆炸性分解。

此外，乙烯在高压下的分解反应式为：
$$C_2H_4 \longrightarrow C + CH_4 + 127.8 \text{ J/mol}$$
分解爆炸所需的能量，随压力的升高而降低。

氮氧化物在一定压力下也会产生分解爆炸，其分解反应式为：

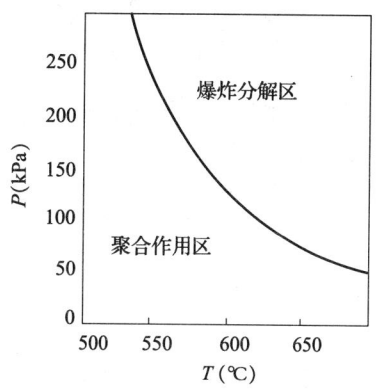

图 2—1　乙炔的聚合作用与爆炸分解范围

$$N_2O \longrightarrow N_2 + \frac{1}{2}O_2 + 81.9 \text{ J/mol}$$

$$NO \longrightarrow \frac{1}{2}N_2 + \frac{1}{2}O_2 + 90.7 \text{ J/mol}$$

在高压下容易引起分解爆炸的气体，当压力降至某数值时，就不再发生分解爆炸，此压力称为分解爆炸的临界压力。乙炔分解爆炸的临界压力为 0.14 MPa，N_2O 为 0.25 MPa，NO 为 0.15 MPa，乙烯在 0℃下的分解爆炸临界压力为 4 MPa。

2. 简单分解的爆炸性物质

这类物质在爆炸时分解为元素，并在分解过程中产生热量，如乙炔银、乙炔铜、碘化氮、叠氮铅等。乙炔银受摩擦或撞击时的分解爆炸反应式为：
$$Ag_2C_2 \longrightarrow 2Ag + 2C + Q$$

简单分解的爆炸性物质很不稳定，受摩擦、撞击，甚至轻微震动都可能发生爆炸，其危险性很大。如某化工厂的乙炔发生器出气接头损坏后，焊工用紫铜做成接头，使用了一段时间，发现出气孔被黏性杂质堵塞，则用铁丝去捅，正在来回捅的时候，突然发生爆炸，该焊工当场被炸死。起初找不出事故原因，后来调查组调查，才确定事故原因是由于铁丝与接头出气孔内表面的乙炔铜互相摩擦，引起乙炔铜的分解爆炸。该事故原因也说明为什么安全规程规定，与乙炔接触的设备零件，不得用含铜量超过 70% 的铜合金制作。

3. 复杂分解的爆炸性物质

这类物质包括各种含氧炸药和烟花爆竹等。含氧炸药在发生爆炸时伴有燃烧反应，燃烧所需的氧由物质本身分解供给。苦味酸、梯恩梯、硝化棉等都属于此类。例如，硝化甘油的分解爆炸反应式为：

$$4C_3H_5(ONO_2)_3 = 12CO_2 + 10H_2O + O_2 + 6N_2 + Q$$

四、可燃性混合物爆炸

1. 燃爆特性

可燃性混合物是指由可燃物质与助燃物质组成的爆炸性物质，所有可燃气体、蒸气和可燃粉尘与空气（或氧气）组成的混合物均属此类。例如，一氧化碳与空气混合的爆炸反应：

$$2CO + O_2 + 3.76N_2 = 2CO_2 + 3.76N_2 + Q$$

这类爆炸实际上是在火源作用下的一种瞬间燃烧反应。

通常称可燃性混合物为有爆炸危险的物质，它们只是在适当的条件下才变为危险的物质。这些条件包括可燃物质的含量、氧化剂含量以及点火源的能量等。可燃性混合物的爆炸危险性较低，但较普遍，工业生产中遇到的主要是这类爆炸事故。因此，下面将着重讨论可燃性混合物的危险性及其安全措施。

2. 爆炸极限

可燃气体、可燃蒸气或可燃粉尘与空气构成的混合物，并不是在任何混合比例之下都有着火和爆炸的危险，而必须是在一定的比例范围内混合才能发生燃爆。混合的比例不同，其爆炸的危险程度亦不相同。例如，由一氧化碳与空气构成的混合物在火源作用下的燃爆实验情况见表2—4。

表2—4　　　　CO与空气混合在火源作用下的燃爆情况

CO在混合气体中所占体积（%）	燃爆情况
<12.5	不燃不爆
12.5	轻度燃爆
12.5～30	燃爆逐渐加强
30	燃爆最强烈
30～80	燃爆逐渐减弱
80	轻度燃爆
>80	不燃不爆

表 2—4 所列的混合比例及其相对应的燃爆情况，清楚地说明可燃性混合物有一个发生燃烧和爆炸的浓度范围，亦即有一个最低浓度和最高浓度，混合物中的可燃物只有在这两个浓度之间才会有燃爆危险。

可燃物质（可燃气体、蒸气和粉尘）与空气（或氧气）必须在一定的浓度范围内均匀混合，形成预混气，遇着火源才会发生爆炸，这个浓度范围称为爆炸极限（或爆炸浓度极限）。可燃物质的爆炸极限受诸多因素的影响。例如：可燃气体的爆炸极限受温度、压力、氧含量、能量等影响；可燃粉尘的爆炸极限受分散度、湿度、温度和惰性粉尘等影响。

可燃气体和蒸气爆炸极限的单位，是以其在混合物中所占体积的百分比来表示的。如上面所列一氧化碳与空气混合物的爆炸极限为 12.5% ～80%。可燃粉尘的爆炸极限是以其在单位体积混合物中的质量数（g/m^3）来表示的，例如铝粉的爆炸极限为 40 g/m^3。可燃性混合物能够发生爆炸的最低浓度和最高浓度，分别称为爆炸下限和爆炸上限，如上述的 12.5% 和 80%。这两者有时亦称为着火下限和着火上限。在低于爆炸下限和高于爆炸上限浓度时，既不爆炸，也不着火。这是由于前者的可燃物浓度不够，过量空气的冷却作用阻止了火焰的蔓延；而后者则是空气不足，火焰不能蔓延的缘故。也正因为如此，可燃性混合物的浓度大致相当于完全反应的浓度（上述的 30%）时，具有最大的爆炸威力。完全反应的浓度可根据燃烧反应方程式计算出来。

可燃性混合物的爆炸极限范围越宽，其爆炸危险性越大，这是因为爆炸极限越宽，则出现爆炸条件的机会越多。爆炸下限越低，少量可燃物（如可燃气体稍有泄漏）就会形成爆炸条件；爆炸上限越高，则有少量空气渗入容器，就能与容器内的可燃物混合形成爆炸条件。生产过程中，应根据各种可燃物所具有爆炸极限的不同特点，采取严防跑、冒、滴、漏和严格限制外部空气渗入容器与管道内等安全措施。应当指出，可燃性混合物的浓度高于爆炸上限时，虽然不会着火和爆炸，但当它从容器或管道里逸出，重新接触空气时却能燃烧，因此仍有发生着火的危险。

五、爆炸反应历程

可燃气体、蒸气或粉尘预先与空气均匀混合并达到爆炸极限。这种混合物称为爆炸性混合物。

按照链式反应理论，爆炸性混合物与火源接触，就会有活性分子生成或成为连锁反应的活性中心。爆炸性混合物在一点上着火后，热以及活性中心都向外传播，促使邻近的一层混合物起化学反应，然后这一层又成为热和活性中心的源泉而引起另一层混合物的反应，如此循环地持续进行，直至全部爆炸性混合物反应完为止。爆炸时的火焰是一层层向外传播的，在没有界线物包围的爆炸性混合物中，火焰是以一层层同心圆球面的形式向各方面蔓延的。火焰的速度在距离着火地点 0.5~1 m 处仅为每秒若干米，但以后即逐渐加速，最后可达每秒数百米以上。若在火焰扩展的路程上遇有遮挡物，则由于混合物的温度和压力的剧增，对遮挡物造成极大的破坏。

爆炸大多随着燃烧而发生，所以，长期以来燃烧理论的观点认为：当燃烧在某一定空间内进行时，如果散热不良会使反应温度不断提高，温度的提高又会促使反应速度加快，如此循环进展而导致爆炸的发生，亦即爆炸是由于反应的热效应而引起的，因而称为热爆炸。但在另一种情况下，爆炸现象不能简单地用热效应来解释。例如，氢和溴的混合物在较低温度下爆炸时，其反应式为：

$$H_2 + Br_2 = 2HBr + 3.5 \text{ kJ/mol}$$

反应热总共只有 3.5 kJ/mol；而二氧化硫和氢的反应，其反应式为：

$$SO_2 + 3H_2 = H_2S + 2H_2O + 12.6 \text{ kJ/mol}$$

反应热是 12.6 kJ/mol，却不会爆炸。因此，有些爆炸现象需要用化学动力学的观点来说明，认为爆炸的原因不是由于简单的热效应，而是由于链式反应的结果。

链式反应有直链反应和支链反应两种。下面以氢和氧的链式反应为例。氢和氧的连锁反应属于支链反应，它的特点是：在反应中一个游离基（活性中心）能生成一个以上的游离基，例如：

$$H\cdot + O_2 = OH\cdot + O\cdot$$
$$O\cdot + H_2 = OH\cdot + H\cdot$$

于是反应链就会分支（参见图 1—2）。在链增长（即反应可以增值游离基）的情况下，如果与之同时发生的销毁游离基（链终止）的反应速度不高，则游离基的数目就会增多，反应链的数目也会增加，反应速度随之加快，这样又会增值更多的游离基，如此循环进展，使反应速度加快到爆炸的等级。

连锁反应速度 v 可用下式表示：

$$v = \frac{F(c)}{f_s + f_c + A(1-a)} \tag{2—2}$$

式中：$F(c)$——反应物浓度函数；
f_s——链在器壁上销毁因数；
f_c——链在气相中销毁因数；

A——与反应物浓度有关的函数；

a——链的分支数，在直链反应中 $a=1$，支链反应中 $a>1$。

根据链式反应理论，增加气体混合物的温度可使连锁反应的速度加快，使因热运动而生成的游离基数量增加。在某一温度下，连锁的分支数超过中断数。这时反应便可以加速并达到混合物自行着火的反应速度，所以可认为气体混合物自行着火的条件是链式反应的分支数大于中断数。当连锁分支数超过中断数时，即使混合物的温度保持不变，仍可导致自行着火。在一定的条件下，如当 $f_s+f_c+A(1-a) \rightarrow 0$，就会发生爆炸。

综上所述，爆炸性混合物发生爆炸有热反应和链式反应两种不同的机理。至于在什么情况下发生热反应，什么情况下发生链式反应，需根据具体情况而定，甚至同一爆炸性混合物在不同条件下有时也会有所不同。图 2—2 所示为氢和氧按完全反应的浓度（$2H_2+O_2$）组成的混合气发生爆炸的温度和压力区间。从图中可以看出，当压力很低且温度不高时（如在温度 500℃ 和压力不超过 200 Pa 时），由于游离基很容易扩散到器壁上销毁，此时连锁中断速度超过支链产生速度，因而反应进行较慢，混合物不会发生爆炸；当温度为 500℃，压力升高到 200 Pa 和 6 666 Pa 之间时（如图中的 a 和 b 点之间），由于产生支链速度大于销毁速度，链反应很猛烈，就会发生爆炸；当压力继续升高，超过 b 点（大于 6 666 Pa）以后，由于混合物内分子的浓度增高，容易发生链中断反应，致使游离基销毁速度又超过链产生速度，链反应速度趋于缓和，混合物又不会发生爆炸了。

图 2—2 中 a 和 b 点时的压力，即 200 Pa 和 6 666 Pa 分别是混合物在 500℃ 时的爆炸低限和爆炸高限。随着温度增加，爆炸极限会变宽。这是由于链反应需要有一定的活化能，链分支反应速度随温度升高而增加，而链终止的反应却随温度的升高而降低，故升高温度对产生链反应有利，结果使爆炸极限变宽，在图上呈现半岛形，当压力再升高超过 c 点（大于 666 610 Pa）时，开始出现下列反应：

$$H\cdot + O_2 \longrightarrow HO_2\cdot$$
$$HO_2\cdot + H_2 \longrightarrow H\cdot + H_2O_2$$
$$HO_2\cdot + H_2O \longrightarrow OH\cdot + H_2O_2$$

产生游离基 $H\cdot$ 和 $OH\cdot$，这两个反应是放热的，结果使反应释放出的量超过从器壁散失的热量，从而使混合物的温度升高，进一步加快反应，促使释放出更多的热量，导致热爆炸的发生。

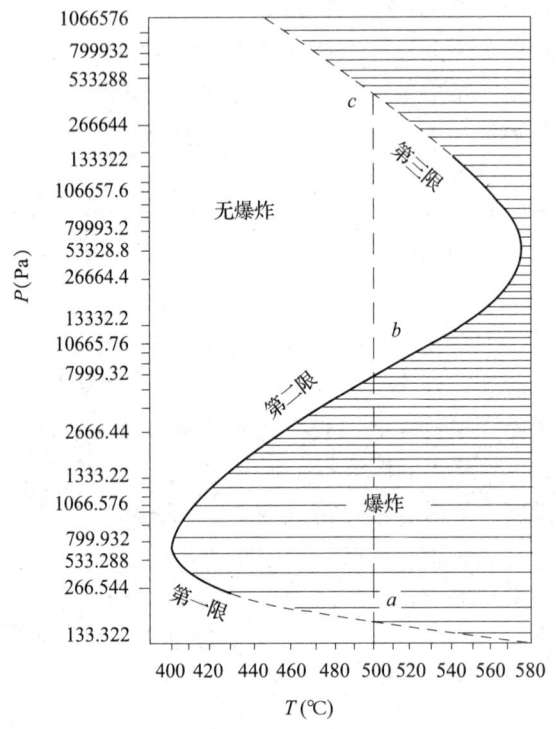

图 2—2 氢和氧混合物（2∶1）爆炸区间

第二节 爆炸极限计算

一、爆炸反应当量浓度计算

爆炸性混合物中的可燃物质和助燃物质的浓度比例恰好能发生完全的化合反应时，爆炸所析出的热量最多，所产生的压力也最大，实际的完全反应的浓度稍高于计算的完全反应的浓度。当混合物中可燃物质超过完全反应的浓度时，空气就会不足，可燃物质就不能全部燃尽，于是混合物在爆炸时所产生的热量和压力就会随着可燃物质在混合物中浓度的增加而减小；如果可燃物质在混合物中的浓度增加到爆炸上限，那么，其爆炸现象与在爆炸下限时所产生的现象大致相同。因此，可燃物质完全反应的浓度也就是理论上完全燃烧时在混合物中该可燃物质的含量。

根据化学反应方程式可以计算可燃气体或蒸气的完全反应的浓度。现举例如下：

[**例1**] 求一氧化碳在空气中完全反应的浓度。

[**解**] 写出一氧化碳在空气中燃烧的反应式：

$$2CO + O_2 + 3.76N_2 = 2CO_2 + 3.76N_2$$

根据反应式得知，参加反应的物质的总体积为 $2+1+3.76=6.76$。若以 6.76 这个总体积为 100 计，则 2 个体积的一氧化碳在总体积中所占的比例为：

$$X = \frac{2}{6.76} = 29.6\%$$

答：一氧化碳在空气中完全反应的浓度为 29.6%。

[**例2**] 求乙炔在氧气中完全反应的浓度。

[**解**] 写出乙炔在氧气中的燃烧反应式：

$$2C_2H_2 + 5O_2 = 4CO_2 + 2H_2O + Q$$

根据反应式得知，参加反应物质的总体积为 $2+5=7$。若以 7 这个总体积为 100 计，则 2 个体积的乙炔在总体积中占：

$$X_0 = \frac{2}{7} = 28.6\%$$

答：乙炔在氧气中完全反应的浓度为 28.6%。

可燃气体或蒸气的化学当量浓度，也可用以下方法计算。

可燃气体或蒸气分子式一般用 $C_\alpha H_\beta O_\gamma$ 表示，设燃烧 1 mol 气体所必需的氧的物质的量为 n，则燃烧反应式可写成：

$$C_\alpha H_\beta O_\gamma + nO_2 \longrightarrow 生成气体$$

如果把空气中氧气的浓度取为 20.9%，则在空气中可燃气体完全反应的浓度 X（%）一般可用下式表示：

$$X = \frac{1}{1 + \frac{n}{0.209}} = \frac{20.9}{0.209 + n}\% \tag{2—3}$$

又设在氧气中可燃气体完全反应的浓度为 X_0（%），即：

$$X_0 = \frac{100}{1+n}\% \tag{2—4}$$

式（2—3）和式（2—4）表示出 X 和 X_0 与 n 或 $2n$ 之间的关系（$2n$ 表示反应中氧的原子数）。

在完全燃烧的情况下，燃烧反应式为：

$$C_\alpha H_\beta O_\gamma + nO_2 \longrightarrow \alpha CO_2 + \frac{1}{2}\beta H_2O \tag{2—5}$$

式中：
$$2n = 2\alpha + \frac{1}{2}\beta - \gamma$$

对于石蜡烃
$$\beta = 2\alpha + 2$$

因此，
$$2n = 3\alpha + 1 - \gamma \tag{2-6}$$

根据 $2n$ 的数值，从表 2—5 中可直接查出可燃气体（或蒸气）在空气（或氧气）中完全反应的浓度。

[例3] 试分别求 H_2、CH_3OH、C_3H_8、C_6H_6 在空气中和氧气中完全反应的浓度。

[解]（1）公式法：

$$X(H_2) = \frac{20.9}{0.209 + n} = \frac{20.9}{0.209 + 0.5} = 29.48\%$$

$$X_0(H_2) = \frac{100}{1 + n} = \frac{100}{1 + 0.5} = 66.7\%$$

$$X(CH_3OH) = \frac{20.9}{0.209 + n} = \frac{20.9}{0.209 + 1.5} = 12.23\%$$

$$X_0(CH_3OH) = \frac{100}{1 + n} = \frac{100}{1 + 1.5} = 40\%$$

$$X(C_3H_8) = \frac{20.9}{0.209 + n} = \frac{20.9}{0.209 + 5} = 4.01\%$$

$$X_0(C_3H_8) = \frac{100}{1 + n} = \frac{100}{1 + 5} = 16.7\%$$

$$X(C_6H_6) = \frac{20.9}{0.209 + n} = \frac{20.9}{0.209 + 7.5} = 2.71\%$$

$$X_0(C_6H_6) = \frac{100}{1 + n} = \frac{100}{1 + 7.5} = 11.8\%$$

（2）查表法：根据可燃物分子式，用公式 $2n = 2\alpha + \frac{1}{2}\beta - \gamma$，求出其 $2n$ 值，由 $2n$ 数值，直接从表 2—5 中分别查出它们在空气（或氧气）中完全反应的浓度。

由公式 $2n = 2\alpha + \frac{1}{2}\beta - \gamma$，依分子式分别求出 $2n$ 值如下：

H_2	$2n = 1$
CH_3OH	$2n = 3$
C_3H_8	$2n = 10$
C_6H_6	$2n = 15$

由 $2n$ 值直接从表 2—5 中分别查出它们的 X 和 X_0 值：

$X(\mathrm{H_2}) = 29.5\%$ $X_0(\mathrm{H_2}) = 66.7\%$
$X(\mathrm{CH_3OH}) = 12\%$ $X_0(\mathrm{CH_3OH}) = 40\%$
$X(\mathrm{C_3H_8}) = 4\%$ $X_0(\mathrm{C_3H_8}) = 16.7\%$
$X(\mathrm{C_6H_6}) = 2.7\%$ $X_0(\mathrm{C_6H_6}) = 11.76\%$

表 2—5 可燃气体（蒸气）在空气（或氧气）中完全反应的浓度

氧分子数	氧原子数 $2n$	完全反应的浓度（%）		可燃物举例
		在空气中 $X=\dfrac{20.9}{0.209+n}$	在氧气中 $X_0=\dfrac{100}{1+n}$	
1	0.5	45.5	80.0	氧气、一氧化碳
	1.0	29.5	66.7	
	1.5	11.8	57.2	
	2.0	17.3	50.0	
2	2.5	14.3	44.5	甲醇、二硫化碳
	3.0	12.2	40.0	甲烷、醋酸
	3.5	10.7	36.4	
	4.0	9.5	33.3	
3	4.5	8.5	30.8	乙炔、乙醛
	5.0	7.7	28.6	乙烷、乙醇
	5.5	7.1	26.7	
	6.0	6.5	25.0	
4	6.5	6.1	23.5	氯乙烷
	7.0	5.6	22.2	乙醚、甲酸乙酯
	7.5	5.3	21.1	丙酮
	8.0	5.0	20.0	
5	8.5	4.7	19.0	丙烯、丙醇
	9.0	4.5	18.2	丙烷、乙酸乙酯
	9.5	4.2	17.4	
	10.0	4.0	16.7	
6	10.5	3.82	16.0	丁酮、乙醚、
	11.0	3.72	15.4	丁烯、丁醇
	11.5	3.50	14.8	
	12.0	3.36	14.3	

续表

氧分子数	氧原子数 $2n$	完全反应的浓度（%）		可燃物举例
		在空气中 $X=\dfrac{20.9}{0.209+n}$	在氧气中 $X_0=\dfrac{100}{1+n}$	
7	12.5	3.23	13.8	丁烷、甲酸丁酯 二氯苯
	13.0	3.10	13.3	
	13.5	3.00	12.9	
	14.0	2.89	12.5	
8	14.5	2.80	12.12	溴苯、氯苯 苯、戊醇 戊烷、乙酸丁酯
	15.0	2.70	11.76	
	15.5	2.62	11.42	
	16.0	2.54	11.10	
9	16.5	2.47	10.81	苯甲醇、甲酚 环己烷、庚烷
	17.0	2.39	10.52	
	17.5	2.33	10.26	
	18.0	2.26	10.0	
10	18.5	2.20	9.76	甲苯胺己烷、 丙酸丁酯 甲基环己醇
	19.0	2.15	9.52	
	19.5	2.10	9.30	
	20.0	2.05	9.09	

二、爆炸下限和爆炸上限计算

各种可燃气体和可燃液体蒸气的爆炸极限可用专门仪器测定出来，或用经验公式计算。可燃气体和蒸气的爆炸极限有多种计算方法，主要根据完全燃烧反应所需的氧原子数、完全反应的浓度、燃烧热和散热等计算出近似值，以及其他的计算方法。爆炸极限的计算值与实验值一般有些出入，其原因是在计算式中只考虑到混合物的组成，而无法考虑其他一系列因素的影响，但仍不失其参考价值。

1. 根据完全燃烧反应所需的氧原子数计算有机物的爆炸下限和上限的体积分数，其经验公式如下：

计算爆炸下限公式：

$$L_\mathrm{x}=\frac{100}{4.76(N-1)+1} \qquad (2-7)$$

计算爆炸上限公式：

$$L_s = \frac{4 \times 100}{4.76N + 4} \tag{2—8}$$

式中：L_x——可燃性混合物爆炸下限，%；
L_s——可燃性混合物爆炸上限，%；
N——每摩尔可燃气体完全燃烧所需的氧原子数。

[例4] 试求乙烷在空气中的爆炸浓度下限和上限。

[解] 写出乙烷的燃烧反应式：

$$2C_2H_6 + 7O_2 = 4CO_2 + 6H_2O$$

求 N 值 $\qquad N = 7$

将 N 值分别代入式（2—7）和式（2—8）

$$L_x = \frac{100}{4.76 \times (7-1) + 1} = \frac{100}{29.56} = 3.38\%$$

$$L_s = \frac{4 \times 100}{4.76 \times 7 + 4} = \frac{400}{37.32} = 10.7\%$$

答：乙烷爆炸下限的体积分数为 3.38%，爆炸上限的体积分数为 10.7%，爆炸极限的体积分数为 3.38%～10.7%。

某些有机物爆炸极限计算值与实验值的比较见表 2—6。从表 2—6 中所列数值可以看出，实验所得的爆炸上限值比计算值大。

表 2—6 石蜡烃的浓度及其爆炸极限体积分数的计算值与实验值的比较

序号	可燃气体	分子式	a	化学计量浓度		爆炸下限 L_x（%）		爆炸上限 L_s（%）	
				$2n$	X（%）	计算值	实验值	计算值	实验值
1	甲烷	CH_4	1	4	9.5	5.2	5.0	14.3	15.0
2	乙烷	C_2H_6	2	7	5.6	3.3	3.0	10.7	12.5
3	丙烷	C_3H_8	3	10	4.0	2.2	2.1	9.5	9.5
4	丁烷	C_4H_{10}	4	13	3.1	1.7	1.5	8.5	8.5
5	异丁烷	C_4H_{10}	4	13	3.1	1.7	1.8	8.5	8.4
6	戊烷	C_5H_{12}	5	16	2.5	1.4	1.4	7.7	8.0
7	异戊烷	C_5H_{12}	5	16	2.5	1.4	1.3	7.7	7.6

2. 爆炸性混合气体完全燃烧时的浓度，可以用来确定链烷烃的爆炸下限和上限。计算公式如下：

$$L_X = 0.55X \qquad (2\text{—}9)$$
$$L_S = 4.8\sqrt{X} \qquad (2\text{—}10)$$

[例5] 试求甲烷在空气中的爆炸浓度下限和上限。

[解] 列出燃烧反应式：
$$CH_4 + 2O_2 \longrightarrow CO_2 + 2H_2O$$

从表 2—5 中查出甲烷在空气中完全燃烧的浓度计算公式为：
$$X = \frac{20.9}{0.209 + n}$$

将 1 mol 甲烷完全燃烧所需氧的摩尔数 $n=2$，代入上式得：
$$X = \frac{20.9}{0.209 + 2} = 9.45$$

将 X 值代入式（2—9）和式（2—10），得：
$$L_X = 0.55 \times 9.45 = 5.2\%$$
$$L_S = 4.8\sqrt{9.45} = 14.7\%$$

答：甲烷的爆炸极限为 5.2%～14.7%。

此计算公式用于链烷烃类，其计算值与实验值比较，误差不超过 10%。例如，甲烷爆炸极限的实验值为 5.0%～15%，与计算值非常接近。但用以估算 H_2、C_2H_2 以及含 N_2、CO_2 等可燃气体时，出入较大，不可应用。

三、多种可燃气体组成混合物的爆炸极限计算

由多种可燃气体组成爆炸性混合气体的爆炸极限，可根据各组分的爆炸极限进行计算。其经验公式如下：

$$L_m = \frac{100}{\dfrac{V_1}{L_1} + \dfrac{V_2}{L_2} + \dfrac{V_3}{L_3} + \cdots} \qquad (2\text{—}11)$$

式中： L_m——爆炸性混合气的爆炸极限，%；

L_1、L_2、L_3——组成混合气各组分的爆炸极限，%；

V_1、V_2、V_3——各组分在混合气中的浓度，%。

$$V_1 + V_2 + V_3 + \cdots = 100\%$$

例如，某种天然气的组成如下：甲烷 80%，乙烷 15%，丙烷 4%，丁烷 1%。各组分的爆炸下限分别为 5%，3.22%，2.37% 和 1.86%，则该天然气的爆炸下限为：

$$L_X = \frac{100}{\dfrac{80}{5} + \dfrac{15}{3.22} + \dfrac{4}{2.37} + \dfrac{1}{1.86}} = 4.37\%$$

将各组分的爆炸上限代入式（2—11），可求出天然气的爆炸上限。

式（2—11）用于煤气、水煤气、天然气等混合气爆炸极限的计算比较准确，而对于氢与乙烯、氢与硫化氢、甲烷与硫化氢等混合气及一些含二硫化碳的混合气体，计算的误差较大。

氢气、一氧化碳、甲烷混合气爆炸极限的实测值和计算值列于表2—7。

表2—7　　　　氢气、一氧化碳、甲烷混合气的爆炸极限

可燃气的组成（体积分数）(%)			爆炸极限 (%)		可燃气的组成（体积分数）(%)			爆炸极限 (%)	
H_2	CO	CH_4	实测值	计算值	H_2	CO	CH_4	实测值	计算值
100	0	0	4.1～75	—	0	0	100	5.6～15.1	—
75	25	0	4.7～—	4.9～—	25	0	75	4.7～—	5.1～—
50	50	0	6.05～71.8	6.2～72.2	50	0	50	6.4～—	4.75～—
25	75	0	8.2～—	8.3～—	75	0	25	4.1～—	4.4～—
10	90	0	10.8～—	10.4～—	90	0	10	4.1～—	4.2～—
0	100	0	12.5～73.0	—	33.3	33.3	33.3	5.7～26.9	6.6～32.4
0	75	25	9.5～—	9.6～—	55	15	30	4.7～—	5.0～—
0	50	50	7.7～22.8	7.75～25.0	48.5	0		—～33.6	—～24.6
0	25	75	6.4～—	6.5～—					

四、含有惰性气体的多种可燃气混合物爆炸极限计算

如果爆炸性混合物中含有惰性气体，如氮、二氧化碳等，计算爆炸极限时，可先求出混合物中由可燃气体和惰性气体分别组成的混合比，再从相应的比例图（见图2—3和图2—4）中查出它们的爆炸极限，然后将各组的爆炸极限分别代入式（2—11）即可。

[例6] 求某回收煤气的爆炸极限，其组成为：CO：58%，CO_2：19.4%，N_2：20.7%，O_2：0.4%，H_2：1.5%。

[解] 将煤气中的可燃气体和阻燃性气体组合为两组：

（1）CO及CO_2，即：

$$58\% (CO) + 19.4\% (CO_2) = 77.4\% (CO+CO_2)$$

其中：

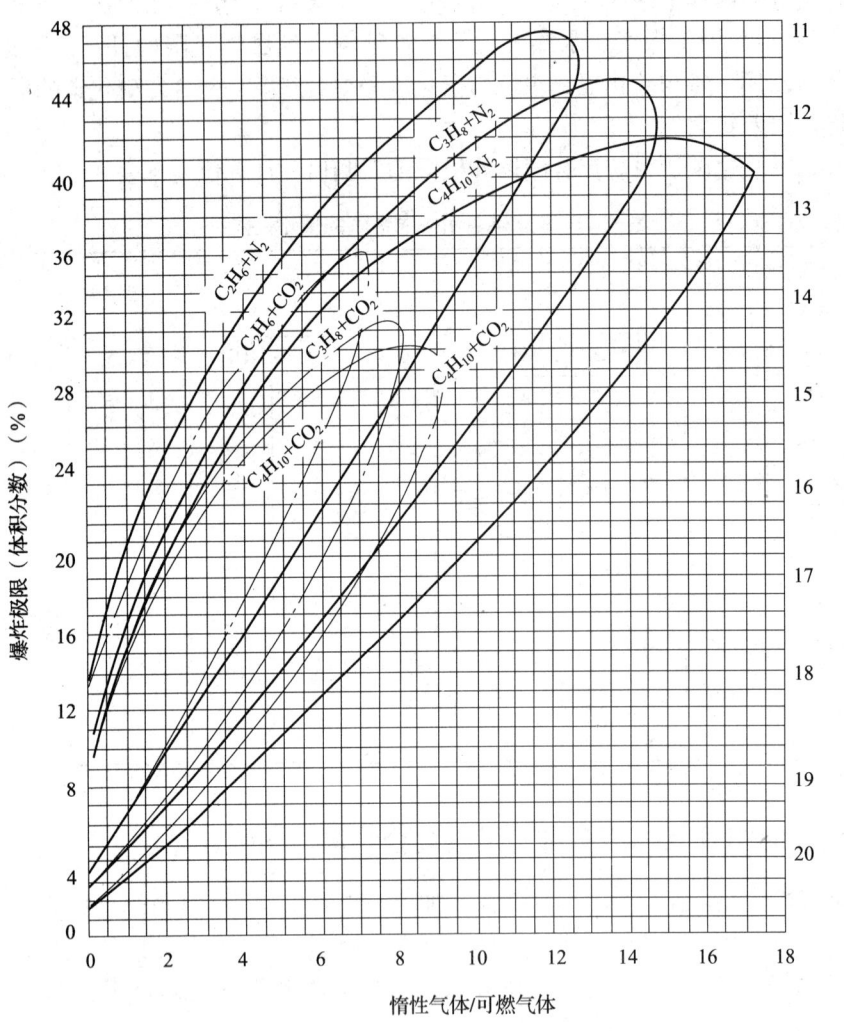

图 2—3 乙烷、丙烷、丁烷和氢、二氧化碳混合气爆炸极限

$$\frac{CO_2}{CO}=\frac{19.4}{58}=0.33$$

从图 2—4 中查得 $L_S=70\%$，$L_X=17\%$。

(2) N_2 及 H_2，即：

$$1.5\%（H_2）+20.7\%（N_2）=22.2\%（H_2+N_2）$$

其中：

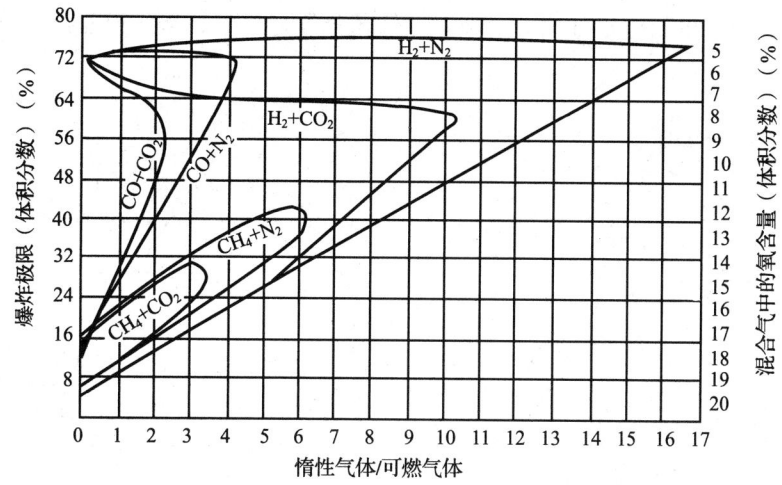

图 2—4　氢、一氧化碳和氮、二氧化碳混合气爆炸极限

$$\frac{N_2}{H_2}=\frac{20.7}{1.5}=13.8$$

从图 2—4 中查得 $L_S=76\%$，$L_X=64\%$。

将以上爆炸上限和下限代入式（2—11），即可求得煤气的爆炸极限：

$$L_S=\frac{100}{\frac{77.4}{70}+\frac{22.2}{76}}=71.5\%$$

$$L_X=\frac{100}{\frac{77.4}{17}+\frac{22.2}{64}}=20.3\%$$

答：该煤气的爆炸极限为 20.3%～71.5%。

由可燃气体、惰性气体和空气（或氧气）组成混合物的爆炸浓度范围也可用三角坐标图表示。图 2—5 所示为可燃气体 A、助燃气体 B 和惰性气体 C 组成的三角坐标图，在图内任何一点，表示三种成分的不同百分比。其读法是在点上作三条平行线，分别与三角形的三条边平行，每条平行线与相应边的交点，可读出其浓度。例如，图 2—5 中 M 点表示可燃气体（A）体积分数为 50%，助燃气体（B）体积分数为 20%，惰性气体（C）体积分数为 30%；图 2—5 中 N 点表示可燃气体（A）体积分数为 30%，助燃气体（B）体积分数为 0，惰性气体（C）体积分数为 70%。依此类推。

图 2—6 是由氨、氧和氮组成的三角坐标图，图中曲线内的部分表示氨气在氨—氧—氮三元体系中的爆炸极限。图中，A 点在爆炸极限范围内，其组成的氧气体积分数为 40%，氨体积分数为 50%，氮体积分数为 10%；B 点在爆炸极限之外，不会发

生爆炸，其组成的氨体积分数为30%，氮体积分数为70%，氧体积分数为0。

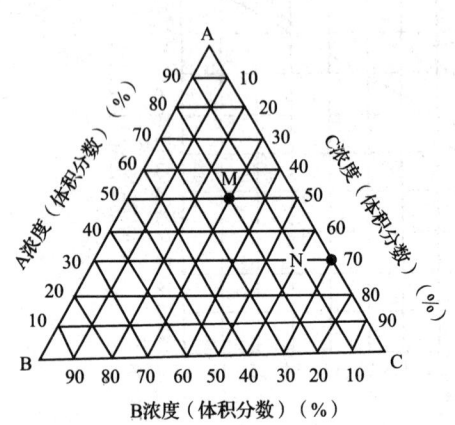

图2—5 三成分系混合气组成三角坐标

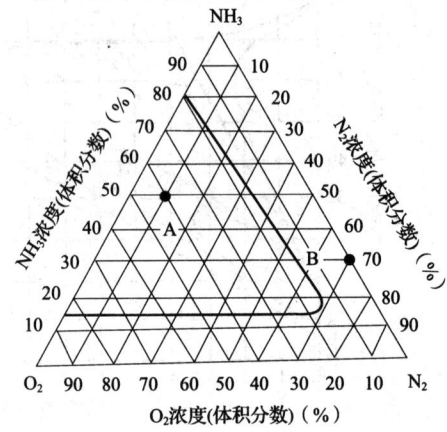

图2—6 氨—氧—氮混合气的爆炸极限（常温、常压）

图2—7是H_2、CO、C_2H_2、C_2H_4、CH_4等生产中常用可燃气体与空气及氮气三种成分混合气的爆炸极限三角坐标图。

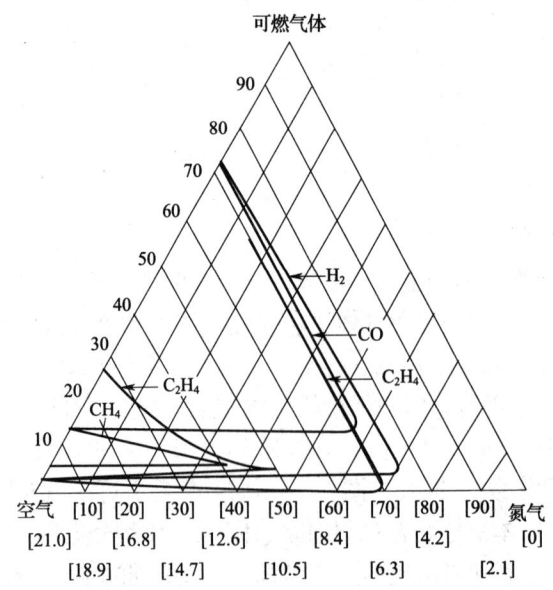

图2—7 H_2、CO、C_2H_2、C_2H_4、CH_4等可燃气体与空气及氮气三组分气体爆炸范围（括号内数据为O_2的体积百分数）

对某些可燃气体与空气（或氧气）混合的装置，为了防止发生爆炸危险，往往需要加入氮气、二氧化碳等惰性介质，使混合气体处于爆炸范围之外，这时即可利用三角坐标图来确定惰性介质的添加量。

五、爆炸极限的应用

人们在发现和掌握可燃物质的爆炸极限这一规律之前，认为所有可燃物质都是很危险的，因此防爆条例都比较严格。在认识爆炸极限规律之后，就可以将其应用在以下几方面：

第一，区分可燃物质的爆炸危险程度，从而尽可能用爆炸危险性小的物质代替爆炸危险性大的物质。例如，乙炔的爆炸极限为 2.2%～81%；液化石油气组分的爆炸极限分别为丙烷 2.17%～9.5%，丁烷 1.15%～8.4%，丁烯 1.7%～9.6%，它们的爆炸极限范围比乙炔小得多，说明液化石油气的爆炸危险性比乙炔小，因而在气割时推广用液化石油气代替乙炔。

第二，爆炸极限可作为评定和划分可燃物质危险等级的标准。例如，可燃气体按爆炸下限（＜10%或≥10%）分为一级、二两级。

第三，根据爆炸极限选择防爆电机和电器。例如，生产或储存爆炸下限≥10%的可燃气体，可选用任一防爆型电气设备；爆炸下限＜10%的可燃气体，应选用隔爆型电气设备。

第四，确定建筑物的耐火等级、层数和面积等。例如，储存爆炸下限小于10%的物质，库房建筑最高层次限一层，并且必须是一级、二级耐火等级。

第五，在确定安全操作规程以及研究采取各种防爆技术措施——通风、检测、置换、检修等时，也都必须根据可燃气体或液体的爆炸危险性的不同，采取相应的有效措施，以确保安全。

第三节　爆炸温度和爆炸压力

物质的爆炸温度和爆炸压力是衡量爆炸破坏力的两个重要参数。

一、爆炸温度计算

1. 根据反应热计算爆炸温度

理论上的爆炸最高温度可根据反应热计算。

[例7] 求乙醚与空气混合物的爆炸温度。

[解]

(1) 先列出乙醚在空气中燃烧的反应方程式：

$$C_4H_{10}O + 6O_2 + 22.6N_2 \longrightarrow 4CO_2 + 5H_2O + 22.6N_2$$

式中，氮的摩尔数是按空气中 $N_2 : O_2 = 79 : 21$ 的比例确定的。所以 $6O_2$ 对应的 N_2 应为：

$$6 \times 79/21 = 22.6$$

由反应方程式可知，爆炸前的分子数为 29.6，爆炸后为 31.6。

(2) 计算燃烧产物的热容。气体平均摩尔定容热容计算式见表 2—8。

根据表中所列计算式，燃烧产物各组分的热容为：

N_2 的摩尔定容热容为 $[(4.8+0.000\ 45t) \times 4\ 186.8]$ J/(kmol·℃)

H_2O 的摩尔定容热容为 $[(4.0+0.002\ 15t) \times 4\ 186.8]$ J/(kmol·℃)

CO_2 的摩尔定容热容为 $[(9.0+0.000\ 58t) \times 4\ 186.8]$ J/(kmol·℃)

表 2—8　　　　　　　　气体平均摩尔定容热容计算式

气　体	热容 [4 186.8 J/(kmol·℃)]
单原子气体（Ar、He、金属蒸气等）	4.93
双原子气体（N_2、O_2、H_2、CO、NO 等）	$4.80+0.000\ 45t$
CO_2、SO_2	$9.0+0.000\ 58t$
H_2O、H_2S	$4.0+0.002\ 15t$
所有四原子气体（NH_3 及其他）	$10.00+0.000\ 45t$
所有五原子气体（CH_4 及其他）	$12.00+0.000\ 45t$

燃烧产物的总热容为：

$[22.6(4.8+0.000\ 45t) \times 4\ 186.8] + [5(4.0+0.002\ 15t) \times 4\ 186.8] + [4(9.0+0.005\ 8t) \times 4\ 186.8] = [(688.4+0.096\ 7t) \times 10^3]$ J/(kmol·℃)

燃烧产物的总热容为 $[(688.4+0.096\ 7t) \times 10^3]$ J/(kmol·℃)。这里的热容是定容热容，符合于密闭容器中爆炸情况。

(3) 求爆炸最高温度。先查得乙醚的燃烧热为 2.7×10^6 J/mol，即 2.7×10^9 J/kmol。

因为爆炸速度极快，是在近乎绝热情况下进行的，所以，全部燃烧热可近似地看做用于提高燃烧产物的温度，也就是等于燃烧产物热容与温度的乘积，即：

$$2.7 \times 10^9 = [(688.4+0.096\ 7t) \times 10^3] \cdot t$$

解上式得爆炸最高温度 t 为 2 826℃。

上面计算是将原始温度视为 0℃。爆炸最高温度非常高，虽然初始温度与正常室温有若干度的差数，但对计算结果的准确性并无显著的影响。

2. 根据燃烧反应方程式与气体的内能计算爆炸温度

可燃气体或蒸气的爆炸温度可利用能量守恒定律估算，即根据爆炸后各生成物内能之总和与爆炸前各种物质内能及物质的燃烧热的总和相等的规律进行计算。用公式表达为：

$$\sum u_2 = \sum Q + \sum u_1 \qquad (2-12)$$

式中：$\sum u_2$——爆炸后产物的内能之总和；

$\sum u_1$——爆炸前物质的内能之总和；

$\sum Q$——燃烧物质的燃烧热之总和。

[例8] 已知一氧化碳在空气中的浓度为20%，求CO与空气混合物的爆炸温度。爆炸混合物的最初温度为300 K。

[解] 通常，空气中氧占21%，氮占79%，所以，混合物中氧和氮分别占：

氧 $\dfrac{21}{100} \times \dfrac{100-20}{100} = 16.8\%$

氮 $\dfrac{79}{100} \times \dfrac{100-20}{100} = 63.2\%$

由于气体体积之比等于其摩尔数之比，所以，将体积百分比换算成摩尔数，即1 mol混合物中应有0.2 mol一氧化碳、0.168 mol氧和0.632 mol氮。

从表2—9查得一氧化碳、氧、氮在300 K时，其摩尔内能分别为6 238.33 J/mol、6 238.33 J/mol和6 238.33 J/mol，混合物的摩尔内能为：

$$\sum u_1 = 0.2 \times 6\ 238.33 + 0.168 \times 6\ 238.33 + 0.632 \times 6\ 238.33$$
$$= 6\ 238.33\ \text{J}$$

从表1—11中查得一氧化碳的燃烧热为285 624 J，则0.2 mol一氧化碳的燃烧热为：

$$0.2 \times 285\ 624 = 57\ 124.8\ \text{J}$$

燃烧后各生成物内能之和应为：

$$\sum u_2 = 6\ 238.33 + 57\ 124.8 = 63\ 363.13\ \text{J}$$

从一氧化碳燃烧反应式$2CO + O_2 = 2CO_2$可以看出，0.2 mol一氧化碳燃烧时，生成0.2 mol二氧化碳，消耗0.1 mol氧。1 mol混合物中，原有0.168 mol氧，燃烧后应剩下0.168－0.1＝0.068 mol氧，氮的数量不发生变化，则燃烧产物的组成是：

二氧化碳	0.2 mol
氧	0.068 mol
氮	0.632 mol

假定爆炸温度为 2 400 K，由表 2—9 查得二氧化碳、氧和氮的摩尔内能分别为 105 507.36 J/mol、63 220.68 J/mol 和 59 452.56 J/mol，则燃烧产物的内能为：

$$\sum u_2' = 0.2 \times 105\,507.36 + 0.068 \times 63\,220.68 + 0.632 \times 59\,452.56$$
$$= 62\,947.5 \text{ J}$$

说明爆炸温度高于 2 400 K，于是再假定爆炸温度为 2 600 K，则内能之和应为：

$$\sum u_2'' = 0.2 \times 116\,393.04 + 0.068 \times 69\,500.88 + 0.632 \times 65\,314.08$$
$$= 69\,283.17 \text{ J}$$

$\sum u_2''$ 值又大于 $\sum u_2$ 值，因相差不太大，所以准确的爆炸温度可用内插法求得：

$$T = 2\,400 + \frac{2\,600 - 2\,400}{69\,283.17 - 62\,947.5}(63\,363.13 - 62\,947.5)$$
$$= 2\,400 + 12 = 2\,412 \text{ K}$$

以摄氏温度表示为：

$$t = T - 273 = 2\,412 - 273 = 2\,139 \text{℃}$$

表 2—9　　　　不同温度下几种气体和蒸气的摩尔内能　　　　J/mol

T (K)	H_2	O_2	N_2	CO	CO_2	H_2O
200	4 061.2	4 144.93	4 144.93	4 144.93	—	—
300	6 028.99	6 238.33	6 238.33	6 238.33	6 950.09	7 494.37
400	8 122.39	8 373.60	8 289.86	8 331.73	10 048.32	10 090.19
600	12 309.19	12 937.21	12 602.27	12 631.58	17 333.35	15 114.35
800	16 537.86	17 877.64	17 082.14	17 207.75	25 581.35	21 227.08
1 000	20 850.26	23 069.27	21 855.10	22 064.44	34 541.10	27 549.14
1 400	29 935.62	33 996.82	32 029.02	32 405.83	53 591.04	39 439.66
1 800	39 690.86	45 217.44	42 705.36	43 249.64	74 106.36	57 359.16

续表

T (K)	H_2	O_2	N_2	CO	CO_2	H_2O
2 000	44 798.76	51 288.30	48 273.80	48 859.96	84 573.36	65 732.76
2 200	48 985.56	57 359.16	54 009.72	54 470.27	95 040.36	74 106.36
2 400	55 265.76	63 220.68	59 452.56	60 143.38	105 507.36	82 898.64
2 600	60 708.60	69 500.88	65 314.08	65 816.50	116 893.04	91 690.92
2 800	66 570.12	75 362.40	70 756.92	71 594.28	127 278.72	100 901.88
3 000	72 012.96	81 642.60	76 618.44	77 455.80	138 164.40	110 112.84
3 200	77 874.48	88 341.48	82 479.96	83 317.32	149 050.08	119 742.48

二、爆炸压力计算

可燃性混合物爆炸产生的压力与初始压力、初始温度、浓度、组分以及容器的形状、大小等因素有关。爆炸时产生的最大压力可按压力与温度及摩尔数成正比的规律确定。根据这个规律有下列关系式：

$$\frac{p}{p_0} = \frac{T}{T_0} \times \frac{n}{m} \tag{2—13}$$

式中：p，T 和 n——爆炸后的最大压力、最高温度和气体摩尔数；

p_0，T_0 和 m——爆炸前的初始压力、初始温度和气体摩尔数。

由此可以得出爆炸压力计算公式：

$$p = \frac{Tn}{T_0 m} p_0 \tag{2—14}$$

[例9] 设 $p_0 = 0.1$ MPa，$T_0 = 27℃$，$T = 2\ 411$ K，求一氧化碳与空气混合物的最大爆炸压力。

[解] 当可燃物质的浓度等于或稍高于完全反应的浓度时，爆炸产生的压力最大，所以，计算时应采用完全反应的浓度。

先按一氧化碳的燃烧反应式计算爆炸前后的气体摩尔数：

$$2CO + O_2 + 3.76N_2 = 2CO_2 + 3.76N_2$$

由此可得出 $m = 6.76$

$n = 5.76$

代入式（2—14）。

$$p = \frac{2\,411 \times 5.76 \times 0.1}{300 \times 6.76} = 0.69 \text{ MPa}$$

以上计算的爆炸温度与压力都没有考虑热损失,是按理论的空气量计算的,所得的数值都是最大值。

第四节　防爆技术基本理论

一、可燃物质化学性爆炸的条件

可燃物质的化学性爆炸必须同时具备下列三个条件才能发生：

第一，存在着可燃物质，包括可燃气体、蒸气或粉尘；

第二，可燃物质与空气（或氧气）混合并且达到爆炸极限，形成爆炸性混合物；

第三，爆炸性混合物足够外界能量作用下。

对于每一种可燃气体（蒸气）的爆炸性混合物，都有一个引起爆炸的最小点火能量，低于该能量，混合物就不爆炸。例如，引起烷烃爆炸的电火花的最小电流强度分别为：甲烷 0.57 A，乙烷 0.45 A，丙烷 0.36 A，丁烷 0.48 A，戊烷 0.55 A。

最小点火能量的单位通常以 mJ 表示。可燃气体和蒸气在空气中的最小点火能量见表 3—4。

二、燃烧和化学性爆炸的关系

分析和比较燃烧与可燃物质化学性爆炸的条件可以看出，两者都需具备可燃物、氧化剂和火源这三种基本因素。因此，燃烧和化学性爆炸就其本质来说是相同的，都是可燃物质的氧化反应，而它们的主要区别在于氧化反应速度不同。例如，1 kg 整块煤完全燃烧时需要 10 min，而 1 kg 煤气与空气混合发生爆炸时，只需 0.2 s，两者的燃烧热值都是 2 931 kJ 左右。

通过以上比较可以清楚地看出，燃烧和爆炸的区别不在于物质所含燃烧热的大小，而在于物质燃烧的速度。燃烧速度（即氧化速度）越快，燃烧热的释放越快，所产生的破坏力也越大。根据功率与做功时间成反比的关系，可以计算出一块含热量 2 931 kJ 的煤块燃烧时发出的功率为 47 807 W，含同样热量的煤气爆炸时发出的功率为 1.47×10^5 kW。功率大，则做功的本领大，破坏力也就大。

由于燃烧和化学性爆炸的主要区别在于物质的燃烧速度，所以火灾和爆炸的发展过程有显著的不同。火灾有初起阶段、发展阶段和衰弱熄灭阶段等过程，造成的损失随着时间的延续而加重,因此,一旦发生火灾,如能尽快地进行扑救,即可减少损失。化学性爆炸实质上是瞬间的燃烧,通常在 1 s 之内爆炸过程已经完成,由于爆炸威力所造成的人员伤亡、设备毁坏和厂房倒塌等巨大损失均发生于顷刻之间,猝不及防,因此爆炸一旦发生,损失已无从减免。

燃烧和化学性爆炸还存在这样的关系,即两者可随条件而转化。同一物质在一种条件下可以燃烧,在另一种条件下可以爆炸。例如,煤块只能缓慢地燃烧,如果将它磨成煤粉,再与空气混合后就可能爆炸,这也说明了燃烧和化学性爆炸在实质上是相同的。

由于燃烧和化学性爆炸可以随条件而转化,所以,生产过程中发生的这类事故,有些是先爆炸后着火,例如油罐、电石库或乙炔发生器爆炸之后,接着往往是一场大火;而在某些情况下会是先火灾而后爆炸,例如抽空的油槽在着火时,可燃蒸气不断消耗,而又不能及时补充较多的可燃蒸气,因而浓度不断下降,当蒸气浓度下降进入爆炸极限范围时,则发生爆炸。

三、燃烧和化学性爆炸的感应期

可燃物质的温度在达到自燃点或着火点之后,并不立即发生自燃或着火,其间有段延滞的时间,称为感应期(或诱导期)。

如前所述,可燃物质的自行着火,并不能在图 1—5 中曲线所示自燃点 T_C 时发生,而是在较高的温度 T'_C 才出现。图中的 T_C 至 T'_C 的间隔,即是物质发生自燃之前的延滞时间,以 t 表示。感应期的这种现象可以在测定可燃物质的自燃点时观察到。将测定的容器加热到某一物质的自燃点,但该物质导入后并不立即自行着火,而要经过若干时间后才出现火焰。

可燃物质与火源直接接触而着火时,也存在感应期。但由于火焰的高温,使感应期大大地缩短了,所以一般人不易察觉到着火以前的时间延滞。可燃性混合物的爆炸实质是瞬间燃烧,因此,任何这类爆炸的发生也都有时间上的延滞。

可燃物质的燃烧和可燃性混合物的爆炸之所以存在感应期,是因为要使化学反应的活性中心发展到一定的数目需要一定的时间,也就是说,这类燃烧和爆炸都需要经过连续发展过程所必须的一定时间才能发生。

感应期在安全问题上有着实际意义。例如,煤矿中虽然有甲烷存在,但仍可用无烟火药进行爆破,这就是利用甲烷的感应期。因为甲烷的感应期为 8~9 s,而无烟火药的发火时间仅为 2~3 s,故可保证安全。

四、防爆技术基本理论及应用

防止可燃物质化学性爆炸三个基本条件的同时存在,就是防爆技术的基本理论。也可以说,防止可燃物质化学性爆炸全部技术措施的实质,就是制止化学性爆炸三个基本条件的同时存在。现代用于生产和生活的可燃物种类繁多,数量庞大,而且生产过程情况复杂,因此,需要根据不同的条件,采取各种相应的防护措施。但从总体来说,预防爆炸的技术措施,都是在防爆技术基本理论指导下采取的。

首先,在消除可燃物这一基本条件方面,通常采取防止可燃物(可燃气体、蒸气和粉尘)泄漏,即防止跑、冒、滴、漏。这是化工、炼油、制药、化肥、农药和其他使用可燃物质的工矿企业,甚至居民住宅所必须采取的重要技术措施。又如,某些遇水能产生可燃气体的物质〔如碳化钙遇水产生乙炔气,$CaC_2+2H_2O=C_2H_2+Ca(OH)_2+Q$〕,则必须采取严格的防潮措施,这是电石库为防止爆炸事故而采取一系列防潮技术措施的理论依据。凡是在生产中可能产生可燃气体、蒸气和粉尘的厂房必须通风良好。

其次,为消除可燃物与空气(或氧气)混合形成爆炸性混合物,通常采取防止空气进入容器设备和燃料管道系统的正压操作、设备密闭、惰性介质保护以及测爆仪等技术措施。

最后,控制火源,例如采用防爆电动机、电器、静电防护,采用不产生火花的铜制工具或铍铜合金工具,严禁明火,保护性接地或接零以及防雷技术措施等。

第五节 防爆基本技术措施

一、爆炸发展过程与预防基本原则

1. 爆炸发展过程的特点

可燃性混合物的爆炸虽然发生于顷刻之间,但它还是有下列的发展过程:

(1) 可燃物(可燃气体、蒸气或粉尘)与空气或氧气的相互扩散,均匀混合而形成爆炸性混合物;

(2) 爆炸性混合物遇着火源,爆炸开始;

(3) 由于连锁反应过程的发展,爆炸范围扩大和爆炸威力升级;

(4) 最后是完成化学反应,爆炸威力造成灾害性破坏。

2. 预防爆炸的基本原则

防爆的基本原则是根据对爆炸过程特点的分析，采取相应措施，防止第一过程的出现，控制第二过程的发展，削弱第三过程的危害。其基本原则有以下几点：

(1) 防止爆炸性混合物的形成；
(2) 严格控制火源；
(3) 燃爆开始就及时泄出压力；
(4) 切断爆炸传播途径；
(5) 减弱爆炸压力和冲击波对人员、设备和建筑的损坏；
(6) 检测报警。

二、预防形成爆炸性混合物

在生产过程中，应根据可燃易爆物质的燃烧爆炸特性，以及生产工艺和设备的条件，采取有效的措施，预防在设备和系统里或在其周围形成爆炸性混合物。这类措施主要有设备密闭、厂房通风、惰性介质保护、以不燃溶剂代替可燃溶剂、危险物品隔离储存、妥善处理含有危险成分的"三废"物质等。

1. 设备密闭和正压操作

装盛可燃易爆介质的设备和管路，如果气密性不好，就会由于介质的流动性和扩散性，造成跑、冒、滴、漏现象，逸出的可燃易爆物质。可使设备和管路周围空间形成爆炸性混合物。同样的道理，当设备或系统处于负压状态时，空气就会渗入，使设备或系统内部形成爆炸性混合物。设备密闭不良是发生火灾和爆炸事故的主要原因之一。

容易发生可燃易爆物质泄漏的部位主要有设备的转轴与壳体或墙体的密封处，设备的各种孔（人孔、手孔、清扫孔）盖及封头盖与主体的连接处，以及设备与管道、管件的各个连接处等。

为保证设备和系统的密闭性，在验收新的设备时，在设备修理之后及在使用过程中，必须根据压力计的读数用水压试验来检查其密闭性，测定其是否漏气并进行气体分析。此外，可于接缝处涂抹肥皂液进行充气检验。为了检查无味气体（氢、甲烷等）是否漏出，可在其中加入显味剂（硫醇、氨等）。

当设备内部充满易燃物质时，要采用正压操作，以防外部空气渗入设备内。设备内的压力必须加以控制，不能高于或低于额定的数值。压力过高，轻则渗漏加剧，重则破裂而致大量可燃物质排出；压力太低也不好，如煤气导管中的压力应略高于大气压，若压力降低，就有渗入空气、发生爆炸的可能。通常可设置压力报警器，在设备内压力失常时及时报警。

对爆炸危险度大的可燃气体（如乙炔、氢气等）以及危险设备和系统，在连接处应尽量采用焊接接头，减少法兰连接。

2. 厂房通风

要使设备达到绝对密闭是很难办到的，总会有一些可燃气体、蒸气或粉尘从设备系统中泄漏出来，而且生产过程中某些工艺（如喷漆）有时也会挥发出可燃性物质。因此，必须用通风的方法使可燃气体、蒸气或粉尘的浓度不致达到危险的程度，一般应控制在爆炸下限的1/5以下。如果挥发物既有爆炸性又对人体有害，其浓度应同时控制到满足《工业企业设计卫生标准》的要求。

在设计通风系统时，应考虑到气体的相对密度。某些比空气重的可燃气体或蒸气，即使是少量物质，如果在地沟等低洼地带积聚，也可能达到爆炸极限，此时，车间或库房的下部亦应设通风口，使可燃易爆物质及时排出。从车间排出含有可燃物质的空气时，应设置防爆的通风系统，鼓风机的叶片应采用碰击时不会产生火花的材料制造，通风管内应设有防火遮板，使一处失火时能迅速遮断管路，避免波及他处。

3. 惰性气体保护

当可燃性物质可能与空气或氧气接触时，向混合物中送入氮、二氧化碳、水蒸气、烟道气等惰性气体（或称阻燃性气体），有很大的实际意义。这些阻燃性气体在通常条件下化学活泼性差，没有燃烧爆炸危险。

向可燃气体、蒸气或粉尘与空气的混合物中加入惰性气体，可以达到两种效果，一是缩小甚至消除爆炸极限范围；二是将混合物冲淡。例如，易燃固体物质的压碎、研磨、筛分、混合以及粉状物料的输送，可以在惰性气体的覆盖下进行；当厂房内充满可燃性物质而具有危险时（如发生事故使车间、库房充满有爆炸危险的气体或蒸气），应向这一地区放送大量惰性气体加以冲淡；在生产条件允许的情况下，可燃混合物在处理过程中亦应加入惰性气体作为保护气体；还有用惰性介质充填非防爆电气、仪表；在停车检修或开工生产前，用惰性气体吹扫设备系统内的可燃物质等。总之，合理利用惰性气体，对防火与防爆有很大的实际作用。生产上目前常用的惰性气体有氮、二氧化碳和水蒸气。采用烟道气时应经过冷却，并除去氧及残余的可燃组分。氮气等惰性气体在使用前应经过气体分析，其中含氧量不得超过2%。

惰性气体的需用量取决于混合物中允许的最高含氧量（氧限值），亦即在确定惰性气体的需用量时，一般并不是根据惰性气体的浓度达到哪一数值时可以遏止爆炸，而是根据加入惰性气体后，氧的浓度降到哪一数值时爆炸即不发生。可燃物质与空气的混合物中加入氮或二氧化碳，成为无爆炸性混合物时氧的浓度，见表2—10。

表 2—10　　　　　　可燃混合物不发生爆炸时氧的最高含量

可燃物质	氧的最大安全浓度（%）		可燃物质	氧的最大安全浓度（%）	
	CO_2 稀释剂	N_2 稀释剂		CO_2 稀释剂	N_2 稀释剂
甲烷	14.6	12.1	丁二烯	13.9	10.4
乙烷	13.4	11.0	氢	5.9	5.0
丙烷	14.3	11.4	一氧化碳	5.9	5.6
丁烷	14.5	12.1	丙酮	15	13.5
戊烷	14.4	12.1	苯	13.9	11.2
己烷	14.5	11.9	煤粉	16	
汽油	14.4	11.6	麦粉	12	
乙烯	11.7	10.6	硬橡胶粉	13	
丙烯	14.1	11.5	硫	11	

惰性气体的需用量，可根据表 2—10 中的数值用下列公式计算：

$$X = \frac{21 - \omega_\circ}{\omega_\circ} V \tag{2—15}$$

式中：X——惰性气体的需用量，L；

　　　$\omega_\circ$——从表中查得的最高含氧量，%；

　　　V——设备内原有空气容积（即空气总量，其中氧占 21%）。

例如，假若氧的最高含量为 12%，设备内原有空气容积为 100 L，则 $X = \frac{21-12}{12} \times 100 = 75$ L。这就是说，必须向空气容积为 100 L 的设备输入 75 L 的惰性气体，然后才能进行操作。而且在操作中每输入或渗入 100L 的空气，必须同时引入 75 L 的惰性气体，才能保证安全。

必须指出，以上计算的惰性气体是不含有氧和其他可燃物的，如使用的惰性气体含有部分氧。则惰性气体的用量用下式计算：

$$X = \left(\frac{21 - \omega_\circ}{\omega_\circ - \omega_\circ'}\right) V \tag{2—16}$$

式中，$\omega_\circ'$ 为惰性气体中的含氧量百分比。百分比例如在前述条件下，若所加入的惰性气体中含氧 6%，则：

$$X = \left(\frac{21-12}{12-6}\right) \times 100 = 150 \text{ L}$$

在向有爆炸危险的气体或蒸气中加入惰性气体时，应避免惰性气体的漏失以及空气渗入其中。

[例10] 某新置苯储罐，$V=200 \text{ m}^3$，使用前需充入多少氮气（氮气中含氧1%）才能保证安全？

[解] 由表2—10查得：
$$\omega_o = 11.2$$
$$\omega'_o = 1$$

所需氮气容积为：
$$X = \left(\frac{21-\omega_o}{\omega_o-\omega'_o}\right)V = \frac{21-11.2}{11.2-1} \times 200 = 192 \text{ m}^3$$

答：必须充入氮气192 m³才能保证安全。

4. 以不燃溶剂代替可燃溶剂

以不燃或难燃的材料代替可燃或易燃材料，是防火与防爆的根本性措施。因此，在满足生产工艺要求的条件下，应当尽可能地用不燃溶剂或火灾危险性较小的物质代替易燃溶剂或火灾危险性较大的物质，这样可防止形成爆炸性混合物，为生产创造更为安全的条件。常用的不燃溶剂主要有甲烷和乙烷的氯衍生物，如四氯化碳、三氯甲烷和三氯乙烷等。使用汽油、丙酮、乙醇等易燃溶剂的生产，可以用四氯化碳、三氯乙烷或丁醇、氯苯等不燃溶剂或危险性较低的溶剂代替。又如四氯化碳可用来代替溶解脂肪、沥青、橡胶等所采用的易燃溶剂。但这类不燃溶剂具有毒性，在发生火灾时它们能分解放出光气，因此应采取相应的安全措施。例如，为避免泄漏，必须保证设备的气密性，严格控制室内的蒸气浓度，使之不得超过卫生标准规定的浓度等。

评价生产中所使用溶剂的火灾危险性时，饱和蒸气压和沸点是很重要的参数。饱和蒸气压越大，蒸发速度越快，闪点越低，则火灾危险性越大；沸点较高（例如沸点在110℃以上）的液体，在常温（18～20℃）时所挥发出来的蒸气是不会达到爆炸危险浓度的。危险性较小的液体的沸点和蒸气压见表2—11。

表2—11　　危险性较小的物质的沸点及蒸气压

物质名称	沸点（℃）	20℃时的蒸气压（Pa）	物质名称	沸点（℃）	20℃时的蒸气压（Pa）
戊醇	130	267	氯苯	130	1 200
丁醇	114	534	二甲萘	135	1 333
醋酸戊酯	130	800			
乙二醇	126	1 067			

5. 危险物品的储存

性质相互抵触的危险化学物品如果储存不当，往往会酿成严重的事故。例如，无机酸本身不可燃，但与可燃物质相遇能引起着火及爆炸；氯酸盐与可燃的金属相混时能使金属着火或爆炸；松节油、磷及金属粉末在卤素中能自行着火等。由于各种危险化学品的性质不同，因此，它们的储存条件也不相同。为防止不同性质物品在储存中互相接触而引起火灾和爆炸事故，应了解各种化学危险品混存的危险性及储存原则，见表2—12、表2—13和表2—14。

表2—12　　　　　　　　接触或混合后能引起燃烧的物质

序号	接触或混合后能引起燃烧的物质	序号	接触或混合后能引起燃烧的物质
1	溴与磷、锌粉、镁粉	5	高温金属磨屑与油性织物
2	浓硫酸、浓硝酸与木材、织物等	6	过氧化钠与醋酸、甲醇、丙酮、乙二醇等
3	铝粉与氯仿	7	硝酸铵与亚硝酸钠
4	王水与有机物		

表2—13　　　　　　　　形成爆炸混合物的物质

序号	形成爆炸混合物的物质
1	氯酸盐、硝酸盐与磷、硫、镁、铝、锌等易燃固体粉末以及脂类等有机物
2	过氯酸或其盐类与乙醇等有机物
3	过氯酸盐或氯酸盐与硫酸
4	过氧化物与镁、锌、铝等粉末
5	过氧化二苯甲酰和氯仿等有机物
6	过氧化氢与丙酮
7	次氯酸钙与有机物
8	氢与氟、臭氧、氧、氧化亚氮、氯
9	氨与氯、碘
10	氯与氮、乙炔与氯、乙炔与二倍容积的氯、甲烷与氯等加上日光
11	三乙基铝、钾、钠、碳化铀
12	氯酸盐与硫化物

续表

序号	形成爆炸混合物的物质
13	硝酸钾与醋酸钠
14	氟化钾与硝酸盐、氯酸盐、氯、高氯酸盐共热时
15	硝酸盐与氯化亚锡
16	液态空气、液态氧与有机物
17	重铬酸铵与有机物
18	联苯胺与漂白粉（135℃时）
19	松脂与碘、醚、氯化氮及氟化氮
20	氟化氨与松节油、橡胶、油脂、磷、氨、硒
21	环戊二烯与硫酸、硝酸
22	虫胶（40%）与乙醇（60%）在140℃时
23	乙炔与铜、银、汞盐
24	二氧化氮与很多有机物的蒸气
25	硝酸铵、硝酸钾、硝酸钠与有机物
26	高氯酸钾与可燃物
27	黄磷与氧化剂
28	氯酸钾与有机可燃物
29	硝酸与二硫化碳、松节油、乙醇及其他物质
30	氯酸钠与硫酸、硝酸
31	氯与氢（见光时）

表2—14　　　　禁止一起储存的物品

组别	物品名称	不准一起储存的物品种类	备注
1	爆炸物品： 苦味酸、梯恩梯、火棉、硝化甘油、硝酸铵炸药、雷汞等	不准与任何其他种类的物品共储，必须单独隔离储存	起爆药如雷管等，与炸药必须隔离储存
2	易燃液体： 汽油、苯、二硫化碳、丙酮、乙醚、甲苯、酒精（醇类）、硝基漆、煤油	不准与其他种类物品共同储存	如数量甚少，允许与固体易燃物品隔开后储存

续表

组别	物品名称	不准一起储存的物品种类	备注
3	易燃气体： 乙炔、氢、氯甲烷、硫化氢、氨等	除惰性不燃气体外，不准和其他种类的物品共储	
	惰性气体： 氮、二氧化碳、二氧化硫、氟里昂等	除易燃气体、助燃气体、氧化剂和有毒物品外，不准和其他种类物品共储	
	助燃气体： 氧、氟、氯等	除惰性不燃气体和有毒物品外，不准和其他物品共储	氯兼有毒害性
4	遇水或空气能自燃的物品： 钾、钠、电石、磷化钙、锌粉、铝粉、黄磷等	不准与其他种类的物品共储	钾、钠须浸入石油中，黄磷浸入水中，均单独储存
5	易燃固体：赛璐珞、胶片、赤磷、萘、樟脑、硫磺、火柴等	不准与其他种类的物品共储	赛璐珞、胶片、火柴均须单独隔离储存
6	氧化剂： 能形成爆炸混合物的物品：氯酸钾、氯酸钠、硝酸钾、硝酸钠、硝酸钡、次氯酸钙、亚硝酸钠、过氧化钡、过氧化钠、过氧化氢（30%）等	除惰性气体外，不准和其他种类的物品共储	过氧化物遇水有发热爆炸的危险，应单独储存。过氧化氢应储存在阴凉处所
	能引起燃烧的物品：溴、硝酸、铬酸、高锰酸钾、重铬酸钾	不准和其他种类物品共储	与氧化剂亦应隔离
7	有毒物品： 光气、氰化钾、氰化钠等	除惰性气体外，不准和其他种类的物品共储	

三、消除着火源

消除着火源是预防爆炸事故的基本技术措施，其主要内容与防火基本措施相同，详见第一章第五节。

四、测爆仪

爆炸事故是在具备一定的可燃气体、氧气和火源这三要素的条件下出现的。其中可燃气体的偶然泄漏和积聚程度,是现场爆炸危险性的主要监测指标,相应的测爆仪和报警器便是监测现场爆炸性气体泄漏危险程度的重要工具。

厂矿常用的可燃气体测量仪表的原理有热催化、热导、气敏和光干涉四种。

1. 热催化原理

热催化检测原理如图 2—8 所示。在检测元件 R_1 作用下,可燃气发生氧化反应,释放出燃烧热,其大小与可燃气浓度成比例。检测元件通常用铂丝制成。气样进入工作室后在检测元件上放出燃烧热,由灵敏电流计 P 指示出气样的相对浓度,这种仪表的满刻度值通常等于可燃气的爆炸下限。

2. 热导原理

利用被测气体的导热性与纯净空气的导热性的差异,把可燃气体的浓度转换为加热丝温度和电阻的变化,在电阻温度计上反映出来。其检测原理与热催化原理的电路相同。

3. 气敏原理

气敏半导体检测元件吸附可燃性气体后,电阻大大下降(可由 50 kΩ 下降到 10 kΩ 左右),与检测元件串联的微安表可给出气样浓度的指示值,检测电路见图 2—9 所示。图中 VG 为气敏检测元件,由电源 E_1 加热到 200～300℃。气样经扩散到达检测元件,引起检测元件电阻下降,与气样浓度对应的信号电流在微安表 PA 上指示出来。E_2 是测量检测元件电阻用的电源。

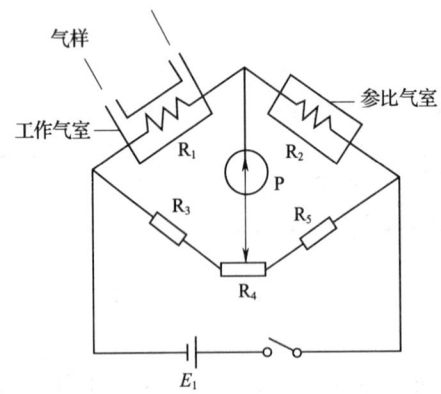

图 2—8 催化检测与热导检测原理图

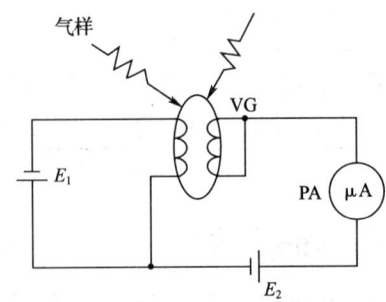

图 2—9 气敏检测电路图

4. 光干涉原理

一束由固定光源发出的光,经分光镜反射和折射后,形成两束光,分别通过空气室和待测气体气室后,再汇集于目镜系统。这两束光由于光程差必产生干涉条纹。由于经过不同气室时气体密度不同，于是干涉条纹产生移位，移位大小与待测气体浓度成比例关系。所以通过干涉条纹的移位距离就可以测出待测气体的浓度。

五、防爆安全装置

防火与防爆安全装置主要有阻火装置、泄压装置和指示装置等。

1. 阻火装置

阻火装置的作用是防止火焰窜入设备、容器与管道内。或阻止火焰在设备和管道内扩展。在可燃气体进出口两侧之间设置阻火介质，当任一侧着火时，火焰的传播被阻而不会烧向另一侧。常用的阻火装置有安全水封、阻火器和单向阀。

（1）安全液封。这类阻火装置以液体作为阻火介质。目前广泛使用安全水封，它以水作为阻火介质，一般装置在气体管线与生产设备之间。常用的安全水封有开敞式和封闭式两种。

1）开敞式安全水封。其构造和工作原理如图 2—10 所示，它由罐体 1 和两根管子——进气管 2 和安全管 3 组成，管 3 比管 2 短些，插入液面较浅。正常工作状态时，可燃气体经进气管 2 进入罐内，再从出气管 5 逸出，此时安全管里的水柱与罐内气体压力平衡。发生火焰倒燃时，由于进气管插入液面较深，安全管首先离开水面，火焰被水所阻而不会进入另一侧。

图 2—11 所示为安全管与进气管同心安置的开敞式安全水封，它的结构比较紧凑，其工作原理与上述安全水封相同。图中水位计用以观察罐内的水量是否符合要求；分气板 7 可减少进气时引起水的剧烈搅动，避免形成水泡；分水板 4 促使气水分离，避免可燃气出气时带水过多。

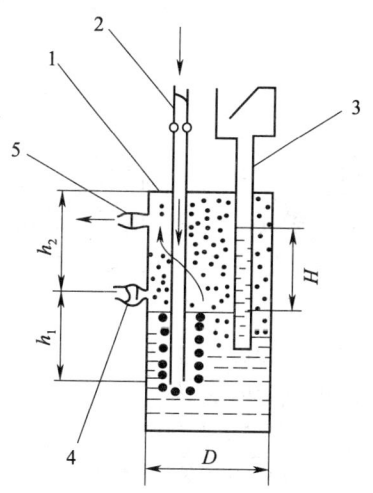

图 2—10 开敞式安全水封示意图
1—罐体 2—进气管 3—安全管
4—水位截门 5—出气管

开敞式安全水封适用于压力较低的燃气系统。

2）封闭式安全水封。其构造和工作原理如图2—12所示。正常工作时，可燃气体由进气管9流入，经逆止阀8、分气板7、分水板4和分水管3（减少乙炔带水现象），从出气管1输出。发生火焰倒燃时，罐内压力增高，压迫水面，并通过水层使逆止阀作瞬时关闭,进气管暂停供气;同时,倒燃的火焰和气体将罐体顶部的爆破片2冲破,散发到大气中。由于水层也起着隔火作用,因此能比较有效地防止火焰进入另一侧。

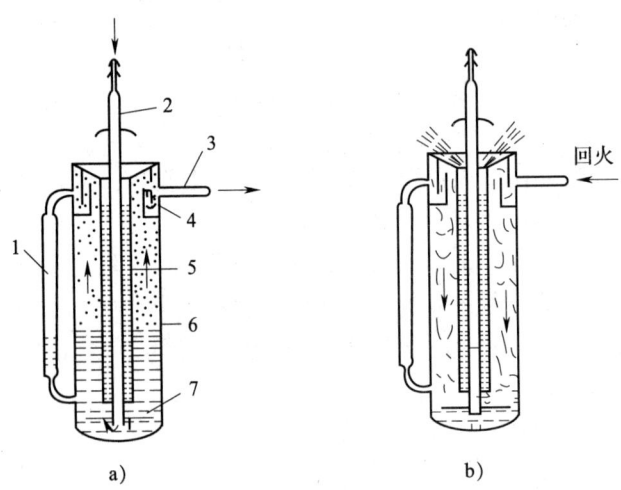

图 2—11 安全管与进气管同心安置的开敞式安全水封
1—水位计 2—进气管 3—出气管 4—分水板 5—水封安全管 6—罐体 7—分气板

逆止阀在火焰倒燃过程中只能暂时切断可燃气气源,所以,在发生倒燃后,必须关闭可燃气总阀,更换爆破片,才能继续使用。

封闭式水封适用于压力较高的燃气系统。

3) 安全液封的计算。

① 进气管内径 d_1

$$d_1 = \sqrt{\frac{G \times 10^6}{0.785 \times 3500 v}} = 18.8\sqrt{\frac{G}{v}} \text{ mm}$$

(2—17)

式中:G——可燃气体流量,m³/h;
v——进气管中气体的平均速度,m/s。

② 安全管内径 d_3

当管子同心安置时:

$$d_3 = (1.4 \sim 1.5)d_2 \quad (2—18)$$

当管子并排安置时:

$$d_3 = (0.8 \sim 1.2)d_1 \quad (2—19)$$

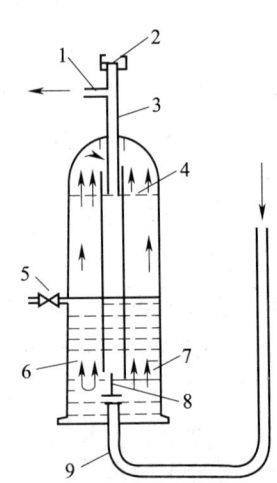

图 2—12 封闭式安全水封
1—出气管 2—爆破片 3—分水管
4—分水板 5—水位阀 6—罐体
7—分气板 8—逆止阀 9—进气管

两式中的 d_1、d_2 分别为进气管的内径和外径。

③罐体内径 D

$$D = 18.8\sqrt{\frac{G}{v_1}} \text{ mm} \qquad (2\text{—}20)$$

式中：v_1——罐体内气体的平均速度，m/s。

④罐体壁厚 b

开敞型：

$$b = \left(\frac{1}{180} \sim \frac{1}{70}\right)D \text{ mm} \qquad (2\text{—}21)$$

封闭型：

$$b = \frac{pD}{2\tau_0\phi - p} + C \text{ mm} \qquad (2\text{—}22)$$

式中：p——设计压力，MPa；

D——罐体内径，mm；

τ_0——许用应力，MPa；

ϕ——焊缝系数，取 0.7；

C——锈蚀附加量，一般取 0.5 mm。

⑤气室高度 h_2

为了保证把可燃气体中所带走的小水珠充分地分离出来，需给所形成的气水乳液分配一定的容积，气室高度按下式选取：

对于开敞型，$h_2 = (1 \sim 3.5)D$ mm $\qquad (2\text{—}23)$

对于封闭型，$h_2 = (1.1 \sim 3.8)D$ mm $\qquad (2\text{—}24)$

高度 h_2 的较小数值，适用于具有分水板（器）的回火防止器。

⑥水室高度 h_1

开敞型，$h_1 = (0.45 \sim 1.3)D$ mm $\qquad (2\text{—}25)$

封闭型，$h = (1.85 \sim 3)D$ mm $\qquad (2\text{—}26)$

在选择开敞型的 h_1 值时，应使得罐体中一部分水排到安全管中，并达到相当于罐体里气体最高压力的 H 值。此时，罐体中的水平面仍然要高于安全管的下端面。

⑦气体分配板的孔径 d_0

$$d_0 = 18.8\sqrt{\frac{G}{v_0 z}} \text{ mm} \qquad (2\text{—}27)$$

式中：v_0——分气板孔中气体的许用平均速度，m/s；

z——分气板的孔数。

4)使用安全要求。

①使用安全水封时,应随时注意水位不得低于水位计(或水位截门)所标定的位置。但水位也不应过高,否则除了可燃气体通过困难外,水还可能随可燃气体一道进入出气管。每次发生火焰倒燃后,应随时检查水位并补足。安全水封应保持垂直位置。

②冬季使用安全水封时,在工作完毕后应把水全部排出、洗净,以免冻结。如发现冻结现象,只能用热水或蒸汽加热解冻,严禁用明火或红铁烘烤。为了防冻,可以在水中加少量食盐以降低冰点(溶液内含食盐量为13.6%时,冰点为-10.4℃;22.4%时,为-21.2℃)。

③使用封闭式安全水封时,由于可燃气体(尤其是碳氢化合物)中可能带有黏性油质的杂质,使用一段时间后容易糊在阀和阀座等处,所以需要经常检查逆止阀的气密性。

(2)阻火器。阻火器的介质有细孔铜网、粉末冶金片、陶瓷、砾石等,根据燃烧的链式反应理论,其工作原理是当阻火器的一侧发生着火时,由于游离基通过阻火器的微孔,因碰撞而使大量游离基销毁造成链的中断速度大于链的增长速度,使燃烧停止,从而阻止火焰的蔓延,保护另一侧的安全。

影响阻火器性能的因素是阻火层的厚度及其孔隙直径和通道的大小。某些气体和蒸气阻火器孔隙的临界直径如下:甲烷 0.4~0.5 mm,氢及乙炔 0.1~0.2 mm,汽油及天然石油气 0.1~0.2 mm。

金属网阻火器如图 2—13 所示,是用若干具有一定孔径的金属网把空间分隔成许多小孔隙。对于一般有机溶剂采用4层金属网已可阻止火焰扩展,通常采用6~12层。

砾石阻火器是用砂粒、卵石、玻璃球或铁屑、铜屑等作为填充材料,这些阻火介质使阻火器内的空间被分隔成许多非直线性小孔隙,当可燃气体发生倒燃时,这些非直线性微孔能有效地阻止火焰的蔓延,其阻火效果比金属网阻火器更好。阻火器的内径与内壳长度和管道直径的关系见表 2—15。阻火介质可采用 3~4 mm 直径的砾石,也可用小型

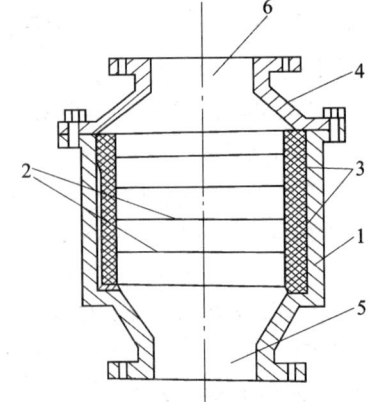

图 2—13 金属网阻火器
1—阀体 2—金属网 3—垫圈
4—上盖 5—进口 6—出口

金属环、陶土环或玻璃球等。

（3）单向阀。单向阀亦称逆止阀。其作用是仅允许可燃气体或液体向一个方向流动，遇有倒流时即自行关闭，从而避免在燃气或燃油系统中发生流体倒流，或高压窜入低压造成容器管道的爆裂，或发生回火时火焰的倒袭和蔓延等事故。

表2—15　　　　　阻火器的内径和外壳长度与管道直径的关系

管道直径		阻火器内径		阻火器外壳长度（mm）	
mm	英寸	mm	英寸	波纹金属片式	砾石式
12	$\frac{1}{2}$	50	2	100	200
20	$\frac{3}{4}$	75	3	130	230
25	1	100	4	150	250
38	$1\frac{1}{2}$	150	6	200	300
50	2	200	8	250	350
65	$2\frac{1}{2}$	250	10	300	400
75	3	300	12	350	450
100	4	400	16	450	500

在工业生产上，通常在系统中流体的进口与出口之间，与燃气或燃油管道及设备相连接的辅助管线上，高压与低压系统之间的低压系统上，或压缩机与油泵的出口管线上安置单向阀。

2. 泄压装置

泄压装置包括安全阀和爆破片。

（1）安全阀。安全阀的作用是为了防止设备和容器内压力过高而爆炸，包括防止物理性爆炸（如锅炉、蒸馏塔等的爆炸）和化学性爆炸（如乙炔发生器的乙炔受压分解爆炸）。当容器和设备内的压力升高超过安全规定的限度时，安全阀即自动开启，泄出部分介质，降低压力至安全范围内再自动关闭，从而实现设备和容器内压力的自动控制，防止设备和容器的破裂爆炸。安全阀在泄出气体或蒸气时，产生动力声响，还可起到报警的作用。

安全阀按其结构和作用原理分为静重式、杠杆式和弹簧式等。目前多用弹簧式安全阀，其结构如图2—14所示。它由弹簧1、阀杆2、阀芯3、阀体4和调节螺栓5等组成。弹簧式安全阀是利用气体压力与弹簧压力之间的压力差变化，来达到自动开启或关闭的要求。弹簧的压力由调节螺栓来调节，这种安全阀有结构紧凑、轻便和灵敏可靠等优点。

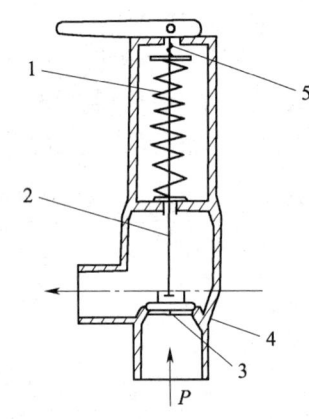

图2—14 弹簧式安全阀
1—弹簧 2—阀杆 3—阀芯
4—阀体 5—调节螺栓

为使安全阀经常保持灵敏有效，应定期作排气试验，防止排气管、阀体及弹簧等被气流中的灰渣、黏性杂质及其他物料堵塞黏结；应经常检查是否有漏气或不停地排气等现象，并及时检修。安全阀漏气的原因一般是密封面被腐蚀或磨损而产生凹坑沟痕，阀芯与阀座的同心度由于安装不正确或其他原因而被破坏，以及装配质量不好等。

设置安全阀时应注意下列几点。

①压力容器的安全阀最好直接装设在容器本体上。液化气体容器上的安全阀应安装于气相部分，防止排出液态物料，发生事故。

②如安全阀用于排泄可燃气体，直接排入大气，则必须引至远离明火或易燃物，而且通风良好的地方，排放管必须逐段用导线接地以消除静电的作用。如果可燃气体的温度高于它的自燃点，应考虑防火措施或将气体冷却后再排入大气。

③安全阀用于泄放可燃液体时，宜将排泄管接入事故储槽、污油罐或其他容器；用于泄放高温油气或易燃、可燃液体等遇空气可能立即着火的物质时，宜接入密闭系统的放空塔或事故储槽。

④室内的设备如蒸馏塔、可燃气体压缩机的安全阀、放空口宜引出房顶，并高于房顶2 m以上。

(2) 爆破片。爆破片又称防爆膜、泄压膜，是一种断裂型的安全泄压装置。它的一个重要作用是当设备发生化学性爆炸时，保护设备免遭破坏。其工作原理是根据爆炸过程的特点，在设备或容器的适当部位设置一定大小面积的脆性材料（如铝箔片等），构成薄弱环节。当爆炸刚发生时，这些薄弱环节在较小的爆炸压力作用下，首先遭受破坏，立即将大量气体和热量释放出去，爆炸压力也就很难再继续升高，从而保护设备或容器的主体免遭更大损坏，使在场的生产人员不致遭受致命的伤害。

爆破片的另一个作用是，如果压力容器的介质不洁净、易于结晶或聚合，这些杂质或结晶体有可能堵塞安全阀，使得阀门不能按规定的压力开启，失去了安全阀泄压作用，在此情况下就只得用爆破片作为泄压装置。

此外，对于工作介质为剧毒气体或在可燃气体（蒸气）里含有剧毒气体的压力容器，其泄压装置也应采用爆破片，而不宜用安全阀，以免污染环境。因为对于安全阀来说，微量的泄漏是难免的。

爆破片的安全可靠性决定于爆破片的厚度、泄压面积和膜片材料的选择。

设备或容器运行时，爆破片需长期承受工作压力、温度或腐蚀，还要保证设备的气密性，而且遇到爆炸增压时必须立即破裂。这就要求泄压膜材料要有一定的强度，以承受工作压力；有良好的耐热、耐腐蚀性；同时还应具有脆性，当受到爆炸波冲击时，易于破裂；厚度要尽可能地薄，但气密性要好。爆破片的材料有石棉板、塑料、铅、铜、橡皮、碳钢、不锈钢等，应根据不同设备的工作介质、压力、温度等技术参数，合理选择。

爆破片应有足够的泄压面积，以保证膜片破裂时能及时泄放容器内的压力，防止压力继续迅速增加而导致容器发生爆炸。一般按 1 m³ 容积取 0.035~0.18 m²，但对氢和乙炔的设备则应大于 0.4 m²。

爆破片的厚度可按下式计算：

$$\delta = \frac{pD}{K} \tag{2—28}$$

式中：δ——爆破片厚度，mm；

p——设计的爆破压力，Pa；

D——泄压孔直径，mm；

K——应力系数，根据不同材料选择，

铝：$2.4 \times 10^3 \sim 2.9 \times 10^3$（温度<100℃）

铜：$7.7 \times 10^3 \sim 8.8 \times 10^3$（温度<200℃）

当材料完全退火，膜片厚度较薄时，K 值取下限值。

安装于室内的设备，其工作介质为可燃易爆物质或含有剧毒物质时，应在爆破片上接装导爆筒，并使其通向室外安全地点，以防止爆破片破裂后，大量可燃易爆物质和剧毒物质在室内扩散，扩大火灾爆炸和中毒事故。设备的工作介质具有腐蚀性时，应在膜片上涂上聚四氟乙烯防腐剂。

对于泄压孔直径较大的爆破片，当厚度很薄时，往往会有鼓包现象。为避免采用过薄的爆破片，可在爆破片上刻划刀痕或滚花。加工后的爆破片，强度会发生变化，其爆破压力可按下式计算：

铜：$\delta = 0.226 \times 0.001\, pD$

铝：$\delta = 0.79 \times 0.001\ pD$

式中：δ——加工后的爆破片的剩余厚度，cm。

应当指出，爆破片的可靠性必须经过爆破试验鉴定。铸铁爆破片破裂时，会发生火花，因此采用铝片或铜片比较安全。

凡有重大爆炸危险性的设备、容器及管道，都应安装爆破片（例如气体氧化塔、球磨机、进焦煤炉的气体管道、乙炔发生器等）。

3. 指示装置

用于指示系统的压力、温度和水位的装置为指示装置。它使操作者能随时观察了解系统的状态，以便及时加以控制和妥善处理。常用的指示装置有压力表、温度计和水位计（或水位龙头）。图 2—15 所示为弹簧管式压力表，当气体流入弹簧弯管时，由于内压作用，使弯管向外伸展，发生角位变形，通过阀杆 6 和扇形齿轮 7 带动小齿轮 8 转动。小齿轮轴上装有指针，指示设备或系统内介质的压力。

压力表的使用应注意下列几点。

(1) 应经常注意检查指针转动与波动是否正常，如发现有指示不正常的现象时，应立即停止使用，并报请维修。

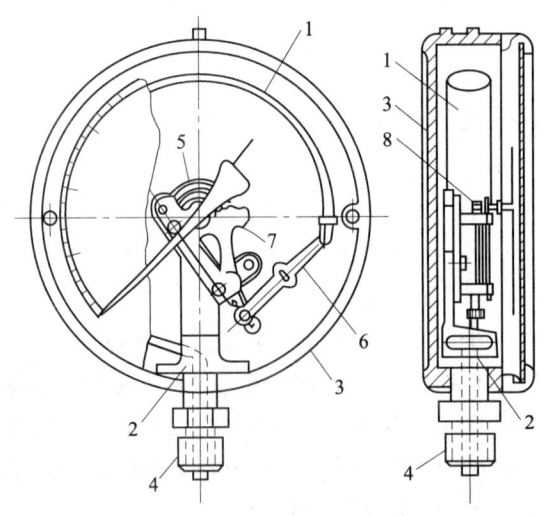

图 2—15　弹簧管式压力表

1—弹簧弯管　2—支座　3—表壳　4—接头　5—游丝　6—阀杆　7—扇形齿轮　8—小齿轮

(2) 压力表应保持洁净，表盘上的玻璃明亮清晰，指针所指示的压力值能清楚易见。安全检查的情况表明，许多单位的压力表没有达到这一要求，有的表盘刻度模糊不清，有的表盘上没有指针，失去了压力表的作用。

（3）压力表的连接管要定期吹洗，防止堵塞。

（4）压力表应定期校验。

4. 抑爆装置

抑爆装置由爆压波探测器、信号放大器和抑爆剂发射器组成，如图 2—16a 所示，其抑制效果如图 2—16b 所示。

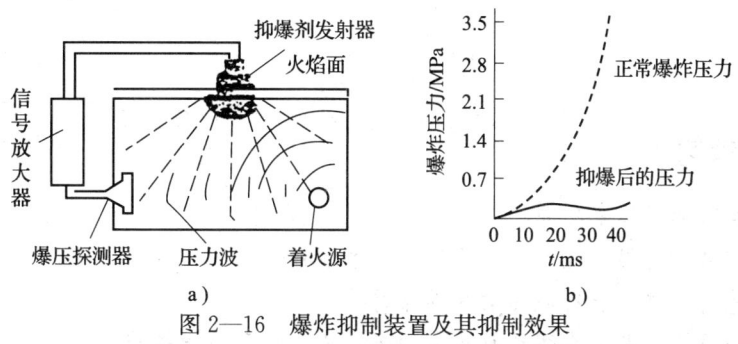

图 2—16　爆炸抑制装置及其抑制效果

本 章 小 结

本章介绍了爆炸的机理及其分类，着重讨论工矿企业普遍存在的可燃物质（可燃气体、蒸气和粉尘）的爆炸危险性及其规律，以及爆炸极限概念和计算；分析了燃烧和化学性爆炸的相互关系，然后讨论在防爆技术基本理论指导下采取的防爆基本技术措施。

复 习 思 考 题

1. 简述爆炸的特征及其分类。
2. 举例说明化学性爆炸的三要素。
3. 什么是可燃物质的爆炸极限，如何应用？
4. 试求乙炔与空气混合的爆炸反应当量浓度。
5. 简述燃烧和化学性爆炸两者的关系。
6. 预防形成爆炸性混合物有哪些主要技术措施？
7. 运用燃烧的链式反应理论解释阻火器和抑爆装置的工作原理。
8. 试求氢气与空气混合的爆炸温度（H_2—20%，300K）。

第三章　可燃易爆危险化学品燃爆特性

本章学习目标

1. 了解可燃易爆危险品的燃爆特性。
2. 掌握评估可燃气体燃爆危险性的技术参数。
3. 熟悉可燃液体和可燃粉尘的燃爆特性。
4. 了解氧化剂及遇水燃烧物质等的燃爆危险性及防护措施。

第一节　可 燃 气 体

凡是遇火、受热或与氧化剂接触能着火或爆炸的气体，统称为可燃气体。

一、气体燃烧形式和分类

气体的燃烧与液体和固体的燃烧不同，它不需要经过蒸发、熔化等过程，气体在正常状态下就具备了燃烧条件，所以比液体和固体都容易燃烧。

1. 燃烧形式

气体的燃烧有扩散燃烧和动力燃烧两种形式。

(1) 如果可燃气体与空气的混合是在燃烧过程中进行的，则发生稳定的燃烧，称为扩散燃烧。如图 3—1 所示的火炬燃烧，火焰的明亮层是扩散区，可燃气体和氧是分别从火焰中心（燃料锥）和空气扩散到达扩散区的。这种火焰的燃烧速度很低，一般小于 0.5 m/s。由于可燃气体与空气是逐渐混合并逐渐燃烧消耗掉，因而形成稳定的燃烧，只要控制得好，就不会造成火灾。除火炬燃烧外，气焊的火焰、燃气加热等也属于这类扩散燃烧。

(2) 如果可燃气体与空气是在燃烧之前按一定比例均匀混合的，形成预混气，遇火源则发生爆炸式燃烧,称动力燃烧,如图3—2所示。在预混气的空间里,充满了可以燃烧的混合气,一处点火,整个空间立即燃烧起来,发生瞬间的燃烧,即爆炸现象。

此外,如果可燃气体处于压力下而受冲击、摩擦或其他着火源的作用,则发生喷流式燃烧,如气井的井喷火灾、高压气体从燃气系统喷射出来时的燃烧等。对于这种喷流燃烧形式的火灾较难扑救,需较多救火力量和灭火剂,应当设法断绝气源,使火灾彻底熄灭。

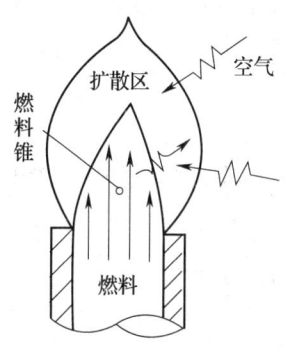

图3—1 扩散火焰结构示意图

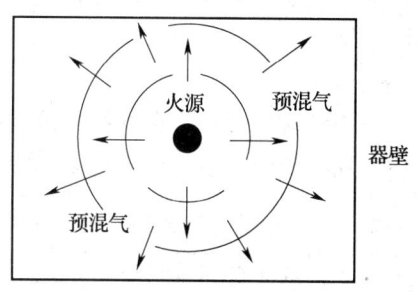

图3—2 预混气爆炸示意图

2. 分类

可燃气体按照爆炸极限分为两级。

(1) 一级可燃气体的爆炸下限<10%,如氢气、甲烷、乙烯、环氧乙烷、氯乙烯、硫化氢、水煤气、天然气等绝大多数气体属于此类。

(2) 二级可燃气体的爆炸下限≥10%,如氨、一氧化碳、发生炉煤气等少数可燃气体属于此类。

在生产和储存可燃气体时,将一级可燃气体划为甲类火灾危险,二级可燃气体划为乙类火灾危险。

二、影响气体爆炸极限的因素

可燃气体(蒸气)的爆炸极限受很多因素的影响,主要有下列几方面。

1. 温度

混合物的原始温度越高,则爆炸下限降低,上限增高,爆炸极限范围扩大,爆炸危险性增加。例如,丙酮的爆炸极限受温度影响的情况如表3—1所示。

表 3—1　　　　　　　　　丙酮爆炸极限受温度的影响

混合物温度（℃）	爆炸下限的体积分数（%）	爆炸上限的体积分数（%）
0	4.2	8.0
50	4.0	9.8
100	3.2	10.0

混合物温度升高使其分子内能增加，引起燃烧速度加快，而且由于分子内能的增加和燃烧速度的加快，使原来含有过量空气（低于爆炸下限）或可燃物（高于爆炸上限）而不能使火焰蔓延的混合物浓度变为可以使火焰蔓延的浓度，从而改变了爆炸极限范围。

2. 氧含量

混合物中氧含量增加，爆炸极限范围扩大，尤其是爆炸上限提高得更多。可燃气体在空气和纯氧中的爆炸极限范围见表 3—2。

表 3—2　　　　　　　可燃气体在空气和纯氧中的爆炸极限范围

物质名称	在空气中的爆炸极限的体积分数（%）	范　围	在纯氧中的爆炸极限的体积分数（%）	范　围
甲烷	4.9～15	10.1	5～61	56.0
乙烷	3～5	2.0	3～66	63.0
丙烷	2.1～9.5	7.4	2.3～55	52.7
丁烷	1.5～8.5	7.0	1.8～49	47.2
乙烯	2.75～34	31.25	3～80	77.0
乙炔	1.53～34	32.47	2.8～93	90.2
氢	4～75	71.0	4～95	91.0
氨	15～28	13.0	13.5～79	65.5
一氧化碳	12～74.5	62.5	15.5～94	78.5

3. 惰性介质

如果在爆炸性混合物中掺入不燃烧的惰性气体（如氮、二氧化碳、水蒸气、氩、氦等），随着惰性气体所占体积分数的增大，爆炸极限范围则缩小；惰性气体的浓度提高到某一数值，可使混合物不能爆炸。一般情况下，惰性气体对混合物爆炸上限的影响较之对下限的影响更为显著。因为惰性气体浓度加大，表示氧的浓度相对减小，而在上限中氧的浓度本来已经很小，故惰性气体浓度稍微增加一点即产生很大影响，而使爆炸上限显著下降。

图 3—3 表示出在甲烷的混合物中加入惰性气体氩、氦，阻燃性气体二氧化碳

及水蒸气、四氯化碳等对爆炸极限的影响。

4. 压力

混合物的原始压力对爆炸极限有很大影响，压力增大，爆炸极限范围也扩大，尤其是爆炸上限显著提高。这可以从甲烷在不同原始压力时的爆炸极限明显地看出，如图3—4所示。

从表3—3中的数据还可以看出，压力增大，爆炸下限的变化并不显著，而且不规则。

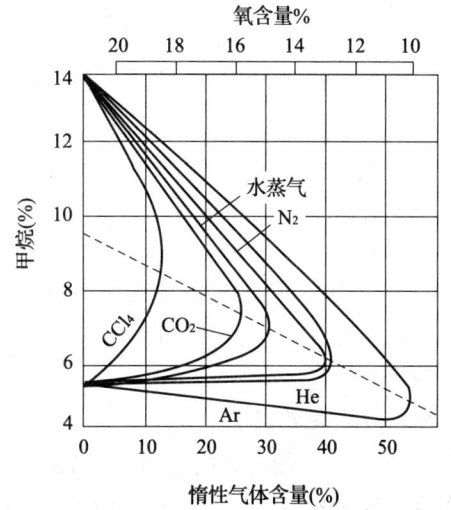

图3—3　各种惰性气体浓度对甲烷爆炸极限的影响

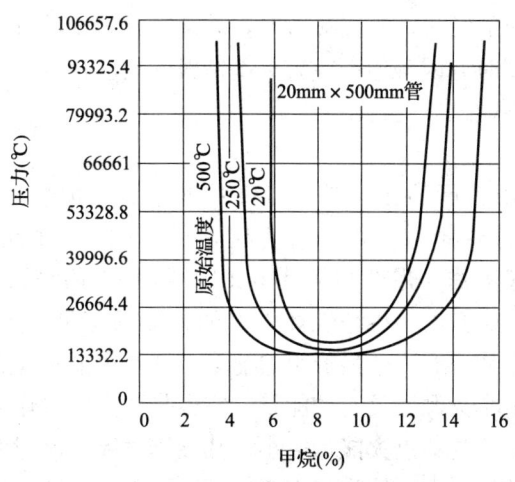

图3—4　甲烷在不同压力下的爆炸极限

表 3—3　　　　　　　　甲烷在不同原始压力时的爆炸极限

原始压力（MPa）	爆炸下限的体积分数（%）	爆炸上限的体积分数（%）
0.1	5.6	14.3
1	5.9	17.2
5	5.4	29.4
12.5	5.7	45.7

值得重视的是，当混合物的原始压力减小时，爆炸极限范围缩小；压力降至某一数值时，爆炸下限与爆炸上限相汇成一点；压力再降低，混合物即变为不可爆。爆炸极限范围缩小为零的压力，称为爆炸的临界压力。如图 3—4 所示，甲烷在 3 个不同的原始温度下，爆炸极限随压力下降而缩小的情况。此外，又如一氧化碳的爆炸极限在 10 MPa 压力时为 15.5%～68%，5.3 MPa 时为 19.5%～57.7%，4 MPa 时上下限合为 37.4%，在 2.7 MPa 时即没有爆炸危险。临界压力的存在表明，在密闭的设备内进行减压操作，可以消除爆炸危险。

5. 容器

容器直径越小，火焰在其中越难蔓延，混合物的爆炸极限范围则越小。当容器直径或火焰通道小到某一数值时，火焰不能蔓延，可消除爆炸危险，这个直径称为临界直径。如甲烷的临界直径为 0.4～0.5 mm，氢和乙炔为 0.1～0.2 mm 等。

容器直径大小对爆炸极限的影响，可用链式反应理论解释。燃烧是由游离基产生的一系列连锁反应的结果。管径减小时，游离基与管壁的碰撞几率相应增大，当管径减小到一定程度时，因碰撞造成游离基销毁的反应速度大于游离基产生的反应速度，燃烧反应便不能继续进行。

6. 能源

能源对爆炸极限范围的影响是：能源强度越高，加热面积越大，作用时间越长，则爆炸极限范围越宽。以甲烷为例，100 V、1A 的电火花不引起爆炸；2A 的电火花可引起爆炸，爆炸极限为 5.9%～13.6%；3A 的电火花则爆炸极限扩大为 5.85%～14.8%。几种烷烃引爆的电流强度见图 3—5。

各种爆炸性混合物都有一个最低引爆能量，即点火能量，它是指能引起爆炸性混合物发生爆炸的最小火源所具有的能量。它也是混合物爆炸危险性的一项重要的性能参数。爆炸性混合物的点火能量越小，其燃爆危险性就越大。可燃气体和蒸气在空气中发生燃爆的最小点火能量如表 3—4 所示。

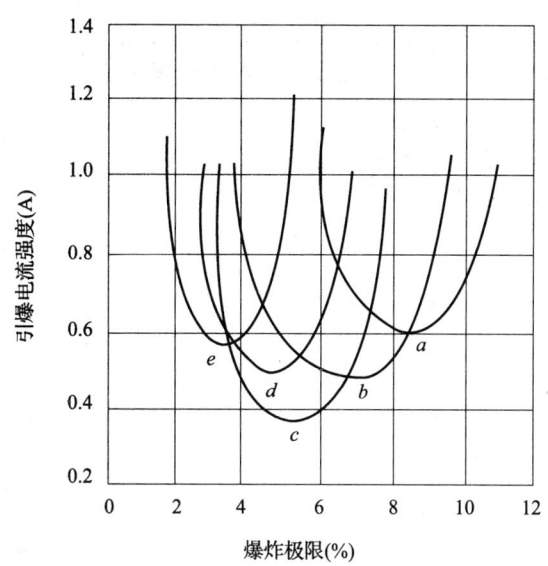

图 3—5 几种烷烃引爆的电流强度
a—甲烷　b—乙烷　c—丙烷　d—丁烷　e—戊烷

表 3—4　　　　　可燃气体和蒸气与空气混合物的最小点火能量

物质名称	最小点火能量 (mJ)	物质名称	最小点火能量 (mJ)	物质名称	最小点火能量 (mJ)
饱和烃：		不饱和烃：		环氧丙烷	0.19
乙烷	0.285	乙炔	0.019	环丙烷	0.24
丙烷	0.305	乙烯基乙炔	0.082	环戊烷	0.54
甲烷	0.47	乙烯	0.096	环己烷	1.38
戊烷	0.51	丙炔	0.152	二氢吡喃	0.365
异丁烷	0.52	丁二烯	0.175	四氢吡喃	0.54
异戊烷	0.70	丙烯	0.282	环戊二烯	0.67
庚烷	0.70	2—戊烯	0.51	环己烯	0.525
三甲基丁烷	1.0	1—庚烯	0.56	卤代烃：	
异辛烷	1.35	二异丁烯	0.96	丙基氯	1.08
二甲基丙烷	1.57	环状物：		丁基氯	1.24
二甲基戊烷	1.64	环氧乙烷	0.087	异丙基氯	1.55

续表

物质名称	最小点火能量（mJ）	物质名称	最小点火能量（mJ）	物质名称	最小点火能量（mJ）
丙基溴	1 000 不着火	酯类:		乙胺	2.4
醇类:		醋酸甲酯	0.40	芳香烃类:	
甲醇	0.215	醋酸乙烯酯	0.70	呋喃	0.225
异丙基硫醇	0.53	醋酸乙酯	1.42	噻吩	0.39
异丙醇	0.65	醚类:		苯	0.55
醛类:		甲醚	0.33	无机物:	
丙烯醛	0.137	二甲氧基甲烷	0.42	二硫化碳	0.015
丙醛	0.325	乙醚	0.49	氢	0.017
乙醛	0.376	异丙醚	1.14	硫化氢	0.068
酮类:		胺类:		氨	1 000 不着火
丁酮	0.68	三乙胺	0.75		
丙酮	1.15	异丙胺	2.0		

火花的能量、热表面的面积、火源与混合物的接触时间等，对爆炸极限均有影响。此外，光对爆炸极限也有影响。如前所述，氢和氯的混合物，在避光黑暗处反应十分缓慢，但在强光照射下则发生剧烈反应（连锁反应），并导致爆炸。

三、评价可燃气体燃爆危险性的主要技术参数

1. 爆炸极限

可燃气体的爆炸极限是表征其爆炸危险性的一种主要技术参数，爆炸极限范围越宽，爆炸下限浓度越低，爆炸上限浓度越高，则通常燃烧爆炸危险性越大。可燃气体与蒸气在普通情况（20℃及101 325 Pa）下的爆炸极限见表3—5。

表3—5　可燃气体与蒸气在普通情况（20℃及101 325 Pa）下的爆炸极限

物质名称	爆炸下限（%）	爆炸上限（%）	物质名称	爆炸下限（%）	爆炸上限（%）
甲烷	5.00	15.00	乙烯	2.75	28.60
乙烷	3.22	12.45	乙炔	2.50	80.00
丙烷	2.37	9.50	苯	1.41	6.75

续表

物质名称	爆炸下限（%）	爆炸上限（%）	物质名称	爆炸下限（%）	爆炸上限（%）
甲苯	1.27	7.75	醋酸甲酯	3.15	15.60
二甲苯	1.00	6.00	醋酸戊酯	1.10	11.40
甲醇	6.72	36.50	松节油	0.80	—
乙醇	3.28	18.95	氢	4.00	74.00
丙醇	2.55	13.50	一氧化碳	12.50	80.00
异丙醇	2.65	11.80	氨	15.50	27.00
甲醛	3.97	57.00	二氧化碳	1.25	50.00
糠醛	2.10	—	硫化氢	1.30	45.50
乙醚	1.85	36.50	氧硫化碳（COS）	11.90	28.50
丙酮	2.55	12.80	一氯甲烷	8.25	18.70
氢氰酸	5.60	47.00	溴甲烷	13.50	14.50
醋酸	4.05	—	苯胺	1.58	—

2. 爆炸危险度

可燃气体或蒸气的爆炸危险性还可以用爆炸危险度来表示。爆炸危险度是爆炸浓度极限范围与爆炸下限浓度之比值，其计算公式如下：

$$爆炸危险度 = \frac{爆炸上限浓度 - 爆炸下限浓度}{爆炸下限浓度}$$

爆炸危险度说明，气体或蒸气的爆炸浓度极限范围越宽，爆炸下限浓度越低，爆炸上限浓度越高，其爆炸危险性就越大。几种典型气体的爆炸危险度见表3—6。

表3—6　　　　　　　　典型气体的爆炸危险度

名称	爆炸危险度	名称	爆炸危险度
氨	0.87	汽油	5.00
甲烷	1.83	辛烷	5.32
乙烷	3.17	氢	17.78
丁烷	3.67	乙炔	31.00
一氧化碳	4.92	二硫化碳	59.00

3. 传爆能力

传爆能力是爆炸性混合物传播燃烧爆炸能力的一种度量参数，用最小传爆断面表示。当可燃性混合物的火焰经过两个平面间的缝隙或小直径管子时，如果其断面小到某个数值，由于游离基销毁的数量增加而破坏了燃烧条件，火焰即熄灭。这种阻断火焰传播的原理称为缝隙隔爆。

爆炸性混合物的火焰尚能传播而不熄灭的最小断面称为最小传爆断面。设备内部的可燃混合气被点燃后，通过 25 mm 长的接合面，能阻止将爆炸传至外部的可燃混合气的最大间隙，称为最大试验安全间隙。可燃气体或蒸气爆炸性混合物，按照传爆能力的分级见表3—7。

表3—7　可燃气体或蒸气爆炸性混合物按照传爆能力的分级

级别	1	2	3	4
间隙 δ (mm)	$\delta>1.0$	$0.6<\delta\leqslant 1.0$	$0.4<\delta\leqslant 0.6$	$\delta\leqslant 0.4$

4. 爆炸压力和威力指数

(1) 爆炸压力。可燃性混合物爆炸时产生的压力为爆炸压力，它是度量可燃性混合物将爆炸时产生的热量用于作功的能力。发生爆炸时，如果爆炸压力大于容器的极限强度，容器便发生破裂。

各种可燃气体或蒸气的爆炸性混合物，在正常条件下的爆炸压力，一般都不超过 1 MPa，但爆炸后压力的增长速度却是相当大的。几种可燃气体或蒸气的爆炸压力及其增长速度见表3—8。

表3—8　可燃气体或蒸气的爆炸压力及其增长速度

名称	爆炸压力 (MPa)	爆炸压力增长速度 (MPa·s^{-1})
氢	0.62	90
甲烷	0.72	—
乙炔	0.95	80
一氧化碳	0.7	—
乙烯	0.78	55
苯	0.8	3
乙醇	0.55	—
丁烷	0.62	15
氨	0.6	—

(2) 爆炸威力指数。气体爆炸的破坏性还可以用爆炸威力指数来表示。爆炸威力指数是反映爆炸对容器或建筑物冲击度的一个量，它与爆炸形成的最大压力有关，同时还与爆炸压力的上升速度有关。

典型气体和蒸气的爆炸威力指数见表3—9。

表3—9　　　　　　　　　典型气体和蒸气的爆炸威力指数

名　称	威力指数	名　称	威力指数
丁烷	9.30	氢	55.80
苯	2.4	乙炔	76.00
乙烷	12.13		

5. 自燃点

可燃气体的自燃点不是固定不变的数值，而是受压力、密度、容器直径、催化剂等因素的影响。

一般规律为受压越高，自燃点越低；密度越大，自燃点越低；容器直径越小，自燃点越高。可燃气体在压缩过程中（例如在压缩机中）较容易发生爆炸，其原因之一就是自燃点降低的缘故。在氧气中测定时，所得自燃点数值一般较低，而在空气中测定则较高。

同一物质的自燃点随一系列条件而变化，这种情况使得自燃点在表示物质火灾危险性上降低了作用，但在判定火灾原因时，就不能不知道物质的自燃点。所以，在利用文献中的自燃点数据时，必须注意它们的测定条件。测定条件与所考虑的条件不符时，应该注意其间的变化关系。在普通情况下，可燃气体和蒸气的自燃点如表3—10所示。

表3—10　　　　　　　　可燃气体和蒸气在普通情况下的自燃点

物质名称	自燃点（℃）	物质名称	自燃点（℃）	物质名称	自燃点（℃）
甲烷	650	苯	625	硝基甲苯	482
乙烷	540	甲苯	600	蒽	470
丙烷	530	乙苯	553	石油醚	246
丁烷	429	二甲苯	590	松节油	250
乙炔	406	苯胺	620	乙醚	180

物质名称	自燃点（℃）	物质名称	自燃点（℃）	物质名称	自燃点（℃）
丙酮	612	丁醇	337	醋酸甲酯	451
甘油	348	乙二醇	378	氨	651
甲醇	430	醋酸	500	一氧化碳	644
乙醇（96%）	421	醋酐	180	二硫化碳	112
丙醇	377	醋酸戊酯	451	硫化氢	216

爆炸性混合气处于爆炸下限浓度或爆炸上限浓度时的自燃点最高，处于完全反应浓度时的自燃点最低。在通常情况下，都是采用完全反应浓度时的自燃点作为标准自燃点。例如，硫化氢在爆炸上限时的自燃点为373℃，在爆炸下限时的自燃点为304℃，在完全反应浓度时的自燃点是216℃，故取用216℃作为硫化氢的标准自燃点。因此，应当根据爆炸性混合气的自燃点选择防爆电器的类型，控制反应温度，设计阻火器的直径，采取隔离热源的措施等。与爆炸性混合物接触的任何物体，如电动机、反应罐、暖气管道等，其外表面的温度必须控制在接触的爆炸性混合物的自燃点温度以下。

为了使防爆设备的表面温度限制在一个合理的数值上，将在标准试验条件下的爆炸性混合物按其自燃点分组，见表3—11。

表3—11　　　　　　　　爆炸性混合物按自燃点分组

组　别	爆炸性混合物自燃温度 T（℃）	组　别	爆炸性混合物自燃温度 T（℃）
T_a	$450 < T$	T_d	$135 < T \leqslant 200$
T_b	$300 < T \leqslant 450$	T_e	$100 < T \leqslant 135$
T_c	$200 < T \leqslant 300$		

6. 化学活泼性

（1）可燃气体的化学活泼性越强，其火灾爆炸的危险性越大。化学活泼性强的可燃气体在通常条件下即能与氯、氧及其他氧化剂起反应，发生火灾和爆炸。

（2）气态烃类分子结构中的价键越多，化学活泼性越强，火灾爆炸的危险性越大。例如，乙烷、乙烯和乙炔分子结构中的价键分别为单键（$H_3C—CH_3$）、双键（$H_2C=CH_2$）和叁键（$HC\equiv CH$），则它们的燃烧爆炸和自燃的危险性依次增加。

7. 相对密度

(1) 与空气密度相近的可燃气体，容易互相均匀混合，形成爆炸性混合物。

(2) 比空气重的可燃气体沿着地面扩散，并易窜入沟渠、厂房死角处，长时间聚集不散，遇火源则发生燃烧或爆炸。

(3) 比空气轻的可燃气体容易扩散，而且能顺风飘动，会使燃烧火焰蔓延、扩散。

(4) 应当根据可燃气体的密度特点，正确选择通风排气口的位置，确定防火间距值以及采取防止火势蔓延的措施。

(5) 可燃气体的相对密度是指可燃气体对空气质量之比，各种可燃气体对空气的相对密度可通过下式计算：

$$d = \frac{M}{29} \tag{3-1}$$

式中：M——可燃气体的摩尔质量；

29——空气的平均摩尔质量。

8. 扩散性

(1) 扩散性是指物质在空气及其他介质中的扩散能力。

(2) 可燃气体（蒸气）在空气中的扩散速度越快，火灾蔓延扩展的危险性就越大。气体的扩散速度取决于扩散系数的大小。几种可燃气体在相对密度和标准状态下的扩散系数见表3—12。

表3—12　　几种可燃气体的相对密度和标准状况下的扩散系数

气体名称	扩散系数 ($cm^2 \cdot s^{-1}$)	相对密度	气体名称	扩散系数 ($cm^2 \cdot s^{-1}$)	相对密度
氢	0.634	0.07	乙烯	0.130	0.79
乙炔	0.194	0.91	甲醚	0.118	1.58
甲烷	0.196	0.55	液化石油气（丙烷）	0.121	1.56
氨	0.198	0.59			

9. 可压缩性和受热膨胀性

(1) 气体与液体比较有很大的弹性。气体在压力和温度的作用下，容易改变其体积，受压时体积缩小，受热即体积膨胀。当容积不变时，温度与压力成正比，即气体受热温度越高，它膨胀后产生的压力也越大。

(2) 气体的压力、温度和体积之间的关系，可用理想气体状态方程式表示：
$$pV = nRT \tag{3—2}$$
式中：p——气体压力，MPa；

V——气体体积，m^3 或 L 等；

n——气体的摩尔数或 kg/mol；

R——气体常数，为 8.315 Pa·m^3·mol^{-1}·K^{-1} 或 0.008 205 MPa·L·mol^{-1}·K^{-1}；

T——热力学温度，K。

理想气体状态方程式的计算值与真实气体有一定的误差，而且随着压力升高，误差往往加大。

式（3—2）表明，盛装压缩气体或液体的容器（钢瓶）如受高温、日晒等作用，气体就会急剧膨胀，产生很大压力，当压力超过容器的极限强度时，就会引起容器的爆炸。

第二节　可燃液体

凡遇火、受热或与氧化剂接触能着火和爆炸的液体，都称为可燃液体。

一、燃烧形式和液体火灾

大部分液体的燃烧是由于受热气化形成蒸气以后，按气体的燃烧方式（扩散燃烧或动力燃烧）进行。

液面上的蒸气点燃后则产生火焰并出现热量的扩展，火焰向液面的传热主要靠辐射；而火焰向液体里层的传热方式主要是传导和对流。

1. 沸溢火灾

（1）储槽内的液体在燃烧过程中，如果延续的时间较长，除了表面被加热外，其里层也会逐渐被预热。对于沸腾温度比储槽侧壁温度高的可燃液体，其里层的加热是以传导方式进行的，随着离开液面距离的加大，里层的温度很快下降。因此，这类液体燃烧时里层预热的情况是不严重的。

（2）对于沸腾温度比储槽侧壁温度低的可燃液体，是以对流的方式沿整个深度进行加热的。这种在较大深度内进行的加热，可造成该液体（尤其是含有水分时）由于剧烈沸腾而溢出或溅落在附近地面，使火蔓延。

（3）由多种成分组成的液体在燃烧时液相和气相的成分发生变化。例如，重油、黑油等石油产品的燃烧，由于分馏的结果，液相上层逐渐积累起沥青质、树脂质及焦炭的产物。这些产物的密度都大于液体本身，因而就往下沉并加热深处的液体。如果油中含有水分，则有可能使水沸腾而使石油产品从槽中溢出，扩大火灾的危险性。

（4）图3—6所示为油罐沸溢火灾的过程。该图表明，在燃烧的作用下，使靠近液面的油层温度上升，油品黏度变小，在水滴向下沉积的同时，受热油的作用而蒸发变成蒸气泡，于是呈现沸腾现象，如图3—6a所示。蒸气泡被油膜包围形成大量油泡群，体积膨胀，溢出罐外，形成如图3—6b所示的沸溢。

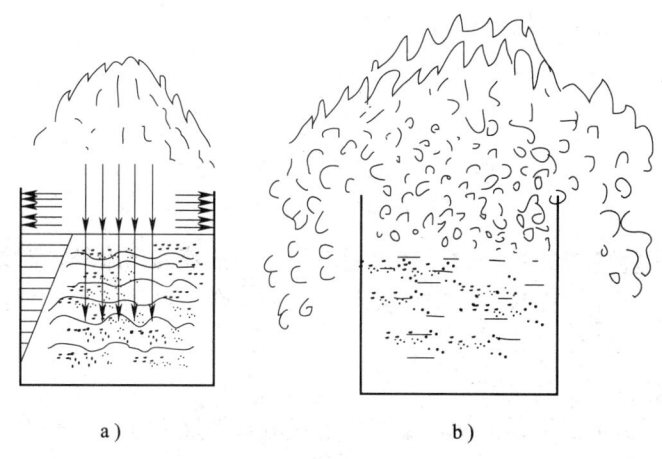

图3—6 油罐沸溢火灾示意图

2. 喷溅火灾

如图3—7所示，当储槽内有水垫时，上述沸腾温度比储槽温度低的可燃液体，或者由多种成分组成的可燃液体的分馏产物，将以对流的方式使高温层在较大深度内加热水垫，如图3—7a所示，水便气化产生大量蒸气，随着蒸气压力的逐渐增高，达到蒸气压力足以把其上面的油层抛向上空，而向四周喷溅，如图3—7b所示。

根据以上分析可以看出，油罐发生沸溢的原因是由于储存的液体的黏度较大、沸点较高及含有一定水分。油罐发生喷溅的原因是罐内液体的沸腾温度比储罐侧壁温度低，是以对流的方式沿整个深度进行加热，油罐底部有沉积水层，并且能被加热至沸点。

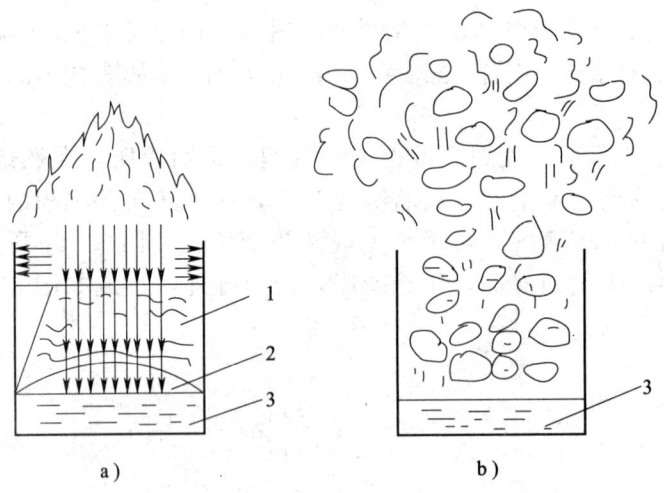

图 3—7 油罐喷溅火灾示意图
1—高温层 2—水蒸气 3—水垫

油罐火灾发生沸溢或喷溅时，使大量燃烧着的油液涌出罐外，四处流散，不但会迅速扩大火灾范围，而且还会威胁扑救人员的安全和毁坏灭火器材，具有很大的危险性。

3. 喷流火灾

(1) 处于压力下的可燃液体，燃烧时呈喷流式燃烧。如油井井喷火灾，高压燃油系统从容器、管道喷出的火灾等。

(2) 喷流式燃烧速度快，冲力大，火焰传播迅速，在火灾初起阶段如能及时切断气源（如关闭阀门等），则可较易扑灭；燃烧时间延长，能造成熔孔扩大、窑门或井口装置被严重烧损等，会迅速扩大火势，则较难扑灭。

二、可燃液体的分类

1. 按闪点分类

可燃液体的分类主要是按闪点的不同，根据 GB 6944—1986，将可燃液体分为：

(1) 低闪点液体——闪点低于 -18℃；

(2) 中闪点液体——闪点为 -18~23℃；

(3) 高闪点液体——闪点为 23~61℃。

绝大多数易燃液体是有机化合物，它们的分子量较小，这些分子易于挥发，特别是受热后挥发得更快。挥发出来的可燃气体遇到火花或受热，立即就与空气中的氧发生剧烈反应而燃烧，甚至引起爆炸。所以，易燃液体有很大的火灾爆炸危险性。

2. 按化学性质和商品类别不同分类

按化学性质和商品类别，易燃液体大致可分为下面几类：

(1) 化学化工原料及溶剂，如汽油、苯、乙醇、甲醚、丙酮等；
(2) 硅的有机化合物，如二乙基二氯硅烷、三氯硅烷等；
(3) 各种易燃性漆类，如硝基清漆、稀薄剂等；
(4) 各种树脂和黏合剂，如生松香和黏合剂等；
(5) 各种油墨和调色油，如影写板油墨和照相油色等；
(6) 含有易燃液体的物品，如擦铜水等；
(7) 盛放于易燃液体中的物品，如金属镧、铷、铈等盛放于易燃液体煤油中；
(8) 其他，如二硫化碳、胶棉液等。

三、可燃液体的爆炸极限

可燃液体的爆炸极限有两种表示方法：一是可燃蒸气的爆炸浓度极限，有上、下限之分，以"%"（体积分数）表示；二是可燃液体的爆炸温度极限，也有上、下限之分，以"℃"表示。因为可燃蒸气的浓度是可燃液体在一定温度下形成的，因此，爆炸温度极限体现着一定的爆炸浓度极限，两者之间有相对应的关系。例如，酒精的爆炸温度极限为 11～40℃，与此相对应的爆炸浓度极限为 3.3%～18%。液体的温度可随时方便地测出，与通过取样和化验分析来测定蒸气浓度的方法相比要简便得多。

几种可燃液体的爆炸温度极限和爆炸浓度极限见表 3—13。

表 3—13　　液体的爆炸温度极限和爆炸浓度极限

液体名称	爆炸浓度极限（%）	爆炸温度极限（℃）
酒精	3.3～18	11～40
甲苯	1.2～7.75	1～31
松节油	0.8～62	32～53
车用汽油	0.79～5.16	−39～−8
灯用煤油	1.4～7.5	40～86
乙醚	1.85～35.5	−45～13
苯	1.5～9.5	−14～12

四、评价可燃液体燃爆危险性的主要技术参数

评价可燃液体火灾爆炸危险性的主要技术参数包括闪点、饱和蒸气压力和爆炸极限。此外,还有液体的其他性能,如相对密度、流动扩散性、沸点和膨胀性等。

1. 饱和蒸气压力

饱和蒸气是指在单位时间内从液体蒸发出来的分子数与回到液体里的分子数相等的蒸气。在密闭容器中,液体都能蒸发成饱和蒸气。饱和蒸气所具有的压力叫做饱和蒸气压力,简称蒸气压力,以 p_z 表示。

可燃液体的蒸气压力越大,则蒸发速度越快,闪点越低,所以火灾危险性越大。蒸气压力是随着液体温度而变化的,即随着温度的升高而增加,超过沸点时的蒸气压力,能导致容器爆裂,造成火灾蔓延。表3—14列举了一些常见可燃液体的饱和蒸气压力。

表3—14　　几种可燃液体的饱和蒸气压力

液体名称＼温度℃ p_z/Pa	−20	−10	0	+10	+20	+30	+40	+50	+60
丙酮	—	5 160	8 443	14 705	24 531	37 330	55 902	81 168	115 510
苯	991	1 951	3 546	5 966	9 972	15 785	24 198	35 824	52 329
航空汽油	—	—	11 732	15 199	20 532	27 988	37 730	50 262	—
车用汽油	—	—	5 333	6 666	9 333	13 066	18 132	24 065	—
二硫化碳	6 463	11 199	17 996	27 064	40 237	58 262	82 260	114 217	156 040
乙醚	8 933	14 972	24 583	28 237	57 688	84 526	120 923	168 626	216 408
甲醇	836	1 796	3 576	6 773	11 822	19 998	32 464	50 889	83 326
乙醇	333	747	1 627	3 173	5 866	10 412	17 785	29 304	46 863
丙醇	—	—	436	952	1 933	3 706	6 773	11 799	18 598
丁醇	—	—	—	271	628	1 227	2 386	4 413	7 893
甲苯	232	456	901	1 693	2 973	4 960	7 906	12 399	18 598
乙酸甲酯	2 533	4 686	8 279	13 972	22 638	35 330	—	—	—
乙酸乙酯	867	1 720	3 226	5 840	9 706	15 825	24 491	37 637	55 369
乙酸丙酯	—	—	933	2 173	3 413	6 433	9 453	16 186	22 918

根据可燃液体的蒸气压力,就可以求出蒸气在空气中的浓度,其计算式为

$$C = \frac{p_z}{p_H} \tag{3-3}$$

式中:C——混合物中的蒸气浓度,%;

p_z——在给定温度下的蒸气压力,Pa;

p_H——混合物的压力,Pa。

如果 p_H 等于大气压力,即 101 325 Pa(760 mmHg),则可将计算式改写为

$$C = \frac{p_z}{101\ 325} \tag{3-4}$$

[例 1] 桶装甲苯的温度为 20℃,而大气压力为 101 325 Pa。试求甲苯的饱和蒸气浓度。

[解] 从表 3—14 查得甲苯在 20℃时饱和蒸气压力 p_z 为 2 973 Pa,代入式 (3—4) 即得:

$$C = \frac{2\ 973}{101\ 325} = 2.93\%$$

答:桶装甲苯在 20℃时的饱和蒸气浓度为 2.93%。从表 3—5 中可以查出甲苯的爆炸极限为 1.27%~7.75%,比较例题中求得甲苯的蒸气浓度,即可说明甲苯在 20℃时具有爆炸危险。

由于可燃液体的蒸气压力是随温度而变化的,因此,可以利用饱和蒸气压力来确定可燃液体在储存和使用时的安全温度和压力。

[例 2] 有一个储存苯的罐温度为 10℃,请确定是否有爆炸危险?如有爆炸危险,请问应选择什么样的储存温度比较安全?

[解] 先查出苯在 10℃时的蒸气压力为 5 960 Pa,代入式 (3—4),则

$$C = \frac{p_z}{101\ 325} = \frac{5\ 960}{101\ 325} = 5.89\%$$

苯的爆炸极限为 1.5%~9.5%,故苯在 10℃时具有爆炸危险。

消除形成爆炸浓度的温度有两个可能:一是低于闪点的温度;二是高于爆炸上限的温度。但苯的闪点为 −14℃,凝固点为 5℃,若储存温度低于闪点,苯就会凝固。因此,安全储存温度应采取高于爆炸上限的温度。已知苯的爆炸上限为 9.5%,代入下式:

$$p_z = 101\ 325\ C = 101\ 325 \times 0.095 = 9\ 625.8\ \text{Pa}$$

从表 3—14 查得苯的蒸气压力为 9 625.8 Pa 时,处于 10~20℃范围内,用内插法求得:

$$10 + \frac{(9\ 625.8 - 5\ 966) \times 10}{9\ 972 - 5\ 966} = 10 + 9 = 19℃$$

答：储存苯的安全温度应高于 19℃。

[例 3] 某厂在车间中使用丙酮作溶剂，操作压力为 500 kPa，操作温度为 25℃。请问丙酮在该压力和温度下有无爆炸危险？如有爆炸危险，应选择何种操作压力比较安全？

[解] 先求出丙酮的蒸气浓度。从表 3—14 查得丙酮在 25℃ 时的蒸气压力为 30 931 Pa，代入式（3—3）得出丙酮在 500 kPa 下的蒸发浓度：

$$C = \frac{p_z}{p_H} = \frac{30\ 931}{500\ 000} = 6.2\%$$

丙酮的爆炸极限为 2%～13%，说明在 500 kPa 压力下丙酮是有爆炸危险的。

如果温度不变，那么，为保证安全则操作压力可以考虑选择常压或负压。如选择常压，则浓度为

$$C = \frac{p_z}{101\ 325} = \frac{30\ 931}{101\ 325} = 30.5\%$$

如选择负压，假设真空度为 39 997 Pa，则浓度为

$$C = \frac{p_z}{p_H} = \frac{30\ 931}{101\ 325 - 39\ 997} = 50.4\%$$

显然，在常压或负压的两种压力下，丙酮的蒸气浓度都超过爆炸上限，无爆炸危险。但相比之下，负压生产比较安全。

2. 爆炸极限

可燃液体的着火和爆炸是蒸气而不是液体本身，因此，爆炸极限对液体燃爆危险性的影响和评价同可燃气体。

可燃液体的爆炸温度极限可以用仪器测定，也可利用饱和蒸气压力公式，通过爆炸浓度极限进行计算。

[例 4] 已知甲苯的爆炸浓度极限为 1.27%～7.75%，大气压力为 101 325 Pa。试求其爆炸温度极限。

[解] 先求出甲苯在 101 325 Pa 下的饱和蒸气压：

$$p_z = \frac{1.27 \times 101\ 325}{100} = 1\ 286.83\ \text{Pa}$$

从表 3—14 查得甲苯在 1 286.83 Pa 蒸气压力下，处于 0～10℃ 之间，利用内插法求得甲苯的爆炸温度下限：

$$\frac{(1\ 286.83 - 901) \times 10}{1\ 693 - 901} = \frac{3\ 858.3}{792} = 4.87℃$$

再利用式（3—3）求甲苯的爆炸温度上限：

$$p_z = \frac{7.75 \times 101\ 325}{100} = 7\ 852.69\ \text{Pa}$$

从表 3—14 查得甲苯在 6 839.43 Pa 蒸气压力下处于 30～40℃之间，利用内插法求得甲苯的爆炸温度上限：

$$30 + \frac{(7\ 582.69 - 4\ 960) \times 10}{7\ 906 - 4\ 960} = 30 + \frac{26\ 226.9}{2\ 946} = 38.9\ ℃$$

答：在 101 325 Pa 大气压力下，甲苯的爆炸温度极限为 4.87～38.9℃。

3. 闪点

可燃液体的闪点越低，则表示越易起火燃烧。因为在常温甚至在冬季低温时，只要遇到明火就可能发生闪燃，所以具有较大的火灾爆炸危险性。为便于闪点特性的讨论，现将几种常见可燃液体的闪点列于表 3—15。可燃液体的闪点随其浓度而变化。

两种可燃液体混合物的闪点，一般是位于原来两种液体的闪点之间，并且低于这两种可燃液体闪点的平均值。例如，车用汽油的闪点为 −36℃，灯用煤油的闪点为 40℃，如果将汽油和煤油按 1:1 的比例混合，那么混合物的闪点应低于

$$\frac{-36 + 40}{2} = 2\ ℃$$

在易燃的溶剂中掺入四氯化碳，其闪点即提高，加入量达到一定数值后，不能闪燃。例如，在甲醇中加入 41% 的四氯化碳，则不会出现闪燃现象，这种性质在安全上可加以利用。

表 3—15　　几种常见可燃液体的闪点

物质名称	闪点（℃）	物质名称	闪点（℃）	物质名称	闪点（℃）
甲醇	7	苯	−14	醋酸丁酯	13
乙醇	11	甲苯	4	醋酸戊酯	25
乙二醇	112	氯苯	25	二硫化碳	−45
丁醇	35	石油	−21	二氯乙烷	8
戊醇	46	松节油	32	二乙胺	26
乙醚	−45	醋酸	40	航空汽油	−44
丙酮	−20	醋酸乙酯	1	煤油	18
		甘油	160	车用汽油	−39

各种可燃液体的闪点可用专门仪器测定，也可用计算法求定。可燃液体的闪点利用饱和蒸气压力进行计算时，有以下几种计算方法。

(1) 利用爆炸浓度极限求闪点和爆炸温度极限。

[**例 5**] 已知乙醇的爆炸浓度极限为 $3.3\%\sim18\%$，试求乙醇的闪点和爆炸温度极限。

[**解**] 乙醇在爆炸浓度下限（3.3%）时的饱和蒸气压力为：

$$p_z = 101\ 325\ C = 101\ 325 \times 0.033 = 3\ 343.73\ \text{Pa}$$

从表 3—14 查得乙醇蒸气压力为 $3\ 343.73$ Pa 时，其温度处于 $10\sim20℃$ 之间，并且在 $10℃$ 和 $20℃$ 时的蒸气压力分别为 $3\ 173$ Pa 和 $5\ 866$ Pa。可用内插法求得闪点和爆炸温度下限：

$$10 + \frac{(3\ 343.73 - 3\ 173) \times 10}{5\ 866 - 3\ 173} = 10 + 0.6 = 10.6℃$$

再通过式（3—4）求出乙醇的爆炸温度上限：

$$C = \frac{p_z}{101\ 325}$$

$$p_z = 0.18 \times 101\ 325 = 18\ 238.5\ \text{Pa}$$

从表 3—14 中查得乙醇在 $18\ 238.5$ Pa 蒸气压力时的温度约等于 $40℃$。

答：乙醇的闪点约为 $10.6℃$，其爆炸温度极限为 $10.6\sim40℃$。

(2) 多尔恩顿公式。

$$p_s = \frac{p_H}{1 + (n-1) \times 4.76} \quad (3-5)$$

式中：p_s——与闪点相适应的液体饱和蒸气压力，Pa；

p_H——液体蒸气与空气混合物的总压力，通常等于 $101\ 325$ Pa；

n——燃烧 1 mol 液体所需氧的原子数，可通过燃烧反应式确定（常见可燃液体的 n 值见表 3—16）。

表 3—16　　　　　　　常见可燃性液体的 n 值

液体名称	分子量	n 值	液体名称	分子量	n 值
苯	C_6H_6	15	甲醇	CH_3OH	3
甲苯	$C_6H_5CH_3$	18	乙醇	C_2H_5OH	6
二甲苯	$C_6H_4(CH_3)_2$	20	丙醇	C_3H_7OH	9
乙苯	$C_6H_5C_2H_5$	21	丁醇	C_4H_9OH	12
丙苯	$C_6H_5C_3H_7$	24	丙酮	CH_3COCH_3	8
己烷	C_6H_{14}	19	二硫化碳	CS_2	6
庚烷	C_7H_{16}	22	乙酸乙酯	$CH_3COOC_2H_5$	10

[例6] 试计算苯在 101 325 Pa 大气压下的闪点。

[解] 根据燃烧反应式求出 n 值：
$$C_6H_6 + 7.5O_2 = 6CO_2 + 3H_2O$$
$$n = 15$$

根据式（3-5），计算在闪燃时的饱和蒸气压：
$$p_s = \frac{p_H}{1+(n-1)\times 4.76} = \frac{101\ 325}{1+(15-1)\times 4.76} = 1\ 498\ \text{Pa}$$

从表 3—14 查得苯在 1 498 Pa 蒸气压力下处于 $-20 \sim -10$℃ 之间，用内插法求得其闪点：
$$-20 + \frac{(1\ 498 - 991)\times 10}{1\ 951 - 991} = -14.7℃$$

答：苯在 101 325 Pa 的压力下闪点为 -14.7℃。

（3）布里诺夫公式。
$$p_s = \frac{Ap_H}{D_0 \beta} \tag{3-6}$$

式中：p_s——与闪点相对应的液体饱和蒸气压，Pa；

p_H——液体蒸气与空气混合的总压力，通常等于 101 325 Pa；

A——仪器的常数；

β——燃烧 1 mol 液体所需氧的物质的量；

D_0——液体蒸气在空气中标准状态下的扩散系数。

常见液体蒸气在空气中的扩散系数（D_0）见表 3—17。

运用式（3-6）进行计算时，需首先根据已知某一液体的闪点求出 A 值，然后再进行计算。

[例7] 已知甲苯的闪点为 5.5℃，大气压为 101 325 Pa，试求苯的闪点。

[解] 先根据甲苯的闪点求出 A 值。

从表 3—14 中算出甲苯在 5.5℃ 时的蒸气压力为 1 333.22 Pa。β 值等于 $n/2$，即 18/2=9。

表 3—17　　　　常见液体蒸气在空气中的扩散系数

液体名称	在标准状况下的扩散系数	液体名称	在标准状况下的扩散系数
甲醇	0.132 5	丙醇	0.085
乙醇	0.102	丁醇	0.070 3

续表

液 体 名 称	在标准状况下的扩散系数	液 体 名 称	在标准状况下的扩散系数
戊醇	0.058 9	乙酸乙酯	0.071 5
苯	0.77	乙酸丁酯	0.085
甲苯	0.007 9	二硫化碳	0.089 2
乙醚	0.778	丙酮	0.086
乙酸	0.105 4		

D_0 值为 0.070 9，代入式（3—6）：

$$A = \frac{p_s D_0 \beta}{101\ 325} = \frac{1\ 333.22 \times 0.070\ 9 \times 9}{101\ 325} \approx 0.008\ 4$$

再按式（3—6）求苯在闪燃时的蒸气压力：

$$p_s = \frac{A p_H}{D_0 \beta} = \frac{0.008\ 4 \times 101\ 325}{0.077 \times 7.5} \approx 1\ 473.8\ \text{Pa}$$

从表 3—14 查得苯在 1 473.8 Pa 蒸气压力下，处于 $-20 \sim -10$℃ 之间，用内插法求得苯的闪点为

$$-20 + \frac{(1\ 473.8 - 991) \times 10}{1\ 951 \times 991} \approx -15℃$$

答：在大气压力为 101 325 Pa 时，苯的闪点为 -15℃。

4. 受热膨胀性

热胀冷缩是一般物质的共性，可燃液体储存于密闭容器中，受热时由于液体体积的膨胀，蒸气压也会随之增大，有可能造成容器的鼓胀，甚至引起爆炸事故。可燃液体受热后的体积膨胀值，可用下式计算：

$$V_t = V_0(1 + \beta t) \tag{3—7}$$

式中：V_t，V_0——液体 t 和 0℃时的体积，L；

t——液体受热后的温度，℃；

β——体积膨胀系数，即温度升高 1℃时，单位体积的增量。

几种液体在 $0 \sim 100$℃ 的平均体积膨胀系数见表 3—18。

[例8] 玻璃瓶装乙醚，存放在暖气片旁。试问这样放乙醚玻璃瓶有无危险（玻璃瓶体积为 24 L，并留有 5%的空间。暖气片的散热温度平均为 60℃)？

[解] 从表 3—18 查得乙醚的体积膨胀系数为 0.001 6，根据式（3—7）求出乙醚受热达到 60℃时的总体积

$$V_t = V_0(1 + \beta t) = (24 - 24 \times 5\%) \times (1 + 0.001\ 6 \times 60)$$
$$= 22.8(1 + 0.096) = 24.988\ \text{L}$$

表 3—18　　　　　　　液体在 0～100℃ 之间的平均体积膨胀系数

液体名称	体积膨胀系数	液体名称	体积膨胀系数
乙醚	0.001 60	戊烷	0.001 60
丙酮	0.001 40	煤油	0.000 90
苯	0.301 20	石油	0.000 70
甲苯	0.001 10	醋酸	0.001 40
二甲苯	0.000 95	氯仿	0.001 40
甲醇	0.001 40	硝基苯	0.000 83
乙醇	0.001 10	甘油	0.000 50
二硫化碳	0.001 20	苯酚	0.000 89

乙醚的原体积为 22.8 L，实际增加的体积应为

$$24.988-22.8\approx 2.19\ \text{L}$$

而乙醚玻璃瓶原有 5% 的空间，体积为 24×5%＝1.2 L，显然膨胀增加的体积已超过预留空间：2.19－1.2＝0.99 L。同时，乙醚在 60℃ 时的蒸气压已达到 230 008 Pa。

答：乙醚玻璃瓶存放在暖气片旁有爆炸危险，应移放在其他安全地点。

通过以上分析可以看出，尽管液体分子间的引力比气体大得多，它的体积随温度的变化比气体小得多，而压力对液体的体积影响相对于气体来说就更小了，但是，对于液体具有的这种受热膨胀性质，从安全角度出发仍需加以注意并应采取必要的措施。如对盛装易燃液体的容器应按规定留出足够的空间，夏天要储存于阴凉处或用淋水降温法加以保护等。

5. 其他燃爆性质

(1) 沸点。液体沸腾时的温度（即蒸气压等于大气压时的温度）称为沸点。沸点低的可燃液体，蒸发速度快，闪点低，因而容易与空气形成爆炸性混合物。所以，可燃液体的沸点越低，其火灾和爆炸危险性越大。

低沸点的液体在常温下，其蒸气数量与空气能形成爆炸性混合物。

(2) 相对密度。同体积的液体和水的质量之比，称为相对密度。可燃液体的相对密度大多小于 1。相对密度越小，则蒸发速度越快，闪点也越低，因而其火灾爆炸的危险性越大。

可燃蒸气的相对密度是其摩尔质量和空气摩尔质量之比。大多数可燃蒸气都比

空气重,能沿地面漂浮,遇着火源能发生火灾和爆炸。

比水轻且不溶于水的液体着火时,不能用水扑救。比水重且不溶于水的可燃液体(如二硫化碳)可储存水中,既能安全防火,又经济方便。

(3)流动扩散性。流动性强的可燃液体着火时,会促使火势蔓延,扩大燃烧面积。液体流动性的强弱与其黏度有关,黏度以厘泊表示。黏度越低,则液体的流动扩散性越强,反之就越差。

可燃液体的黏度与自燃点有这样的关系:黏稠液体的自燃点比较低,不黏稠液体的自燃点比较高。例如,重质油料沥青是黏稠液体,其自燃点为280℃;苯是不黏稠透明液体,自燃点为580℃。黏稠液体的自燃点比较低是由于其分子间隔小,蓄热条件好。

(4)带电性。大部分可燃液体是高电阻率的电介质(电阻率在10~15 Ω·cm范围内),具有带电能力,如醚类、酮类、酯类、芳香烃类、石油及其产品等。有带电能力的液体在灌注、运输和流动过程中,都有因摩擦产生静电放电而发生火灾的危险。

醇类、醛类和羧酸类不是电介质,电阻率低,一般都没有带电能力,其静电火灾危险性较小。

(5)分子量。同一类有机化合物中,一般是分子量越小,沸点越低,闪点也越低,所以火灾爆炸危险性也越大。分子量大的可燃液体,其自燃点较低,易受热自燃,如甲醇、乙醇(见表3—19)。

表3—19　　　　几种醇类同系物分子量与闪点和自燃点的关系

醇类同系物	分子式	分子量	沸点(℃)	闪点(℃)	自燃点(℃)	热值(kJ·kg^{-1})
甲醇	CH_3OH	32	64.7	7	445	23 865
乙醇	C_2H_5OH	46	78.4	11	414	30 991
丙醇	C_3H_7OH	60	97.8	23.5	404	34 792

不饱和的有机化合物比饱和的有机化合物的火灾危险性大,例如,乙炔>乙烯>乙烷。

第三节　可燃固体

凡遇火、受热、撞击、摩擦或与氧化剂接触能着火的固体物质,统称为可燃固体。

一、固体燃烧过程和分类

熔点低的固体物质燃烧时,是受热后先熔化,再蒸发产生蒸气并分解、氧化而燃烧,如沥青、石蜡、松香、硫、磷等;复杂的固体物质燃烧时,为受热直接分解析出气态产物,再氧化燃烧,如木材、煤、纸张、棉花、塑料、人造纤维等;焦炭和金属等燃烧时呈炽热状态,无火焰发生,属于无焰燃烧。

复杂固体物质的燃烧,从防火角度出发,以木材的燃烧最值得注意。木材遇到火焰时,先是受热升温,在110℃以下只放出水分;130℃时开始分解,150~200℃以下分解出来的主要是水和二氧化碳,并不能燃烧;在200℃以上分解出一氧化碳、氢和碳氢化合物,此时木材开始燃烧,到300℃时析出的气体产物最多,燃烧也最强烈。

木材的燃烧除了产生气态产物的有火焰燃烧外,还有木炭的无火焰燃烧。在开始燃烧析出可燃气体时,木炭不能燃烧,因为火焰阻止氧接近木炭。随着木炭层的加厚,阻碍了火焰的热量传入里层的木材,因而减少了气态物质的分解,火焰变弱,于是木炭灼热而燃烧,木材表面的温度也随之升高,达到600~700℃。木炭的燃烧又使木炭层变薄,露出新的木材,进行分解,这样一直继续到全部木材分解完毕。此后就只有木炭的燃烧,再没有火焰发生。

木材的有火焰燃烧阶段对火灾发展起着决定的作用,该阶段所占的时间虽短,但所放出的热量大,火焰的高温与热辐射促使火灾蔓延。因此,在灭火工作中,与木材的有火焰燃烧作斗争最为重要。

固体按燃烧的难易程度分为易燃固体和可燃固体两类。在危险物品的管理上,对于熔点较高的可燃性固体,通常以燃点300℃作为划分易燃固体和可燃固体的界线。

易燃固体按危险性程度又可分为一、二两级。一级易燃固体的燃点低,易于燃烧和爆炸,燃烧速度快,并能放出剧毒的气体,如红磷、三硫化磷、五硫化磷、二硝基甲苯、闪光粉等;二级易燃固体的燃烧性能比一级易燃固体差,燃烧速度较慢,燃烧产物的毒性较小,例如硫磺、赛璐珞板、萘及镁粉、铝粉、锰粉等。

二、评价固体火灾危险性的主要技术参数

1. 燃点

燃点是表征固体物质火灾危险性的主要参数。燃点低的可燃固体在能量较小的

热源作用下，或者受撞击、摩擦等，会很快受热升温达到燃点而着火。所以，可燃固体的燃点越低，越容易着火，火灾危险性就越大。控制可燃物质的温度在燃点以下是防火措施之一。

2. 熔点

物质由固态转变为液态的最低温度称为熔点。通常熔点低的可燃固体受热时容易蒸发或气化，因此燃点也较低，燃烧速度则较快。某些低熔点的易燃固体还有闪燃现象，如萘、二氯化苯、聚甲醛、樟脑等，其闪点大都在100℃以下，所以火灾危险性大。可燃固体的燃点、熔点和闪点见表3—20。

表3—20　　　　　　　　可燃固体的燃点、熔点和闪点

物质名称	熔点（℃）	燃点（℃）	闪点（℃）	物质名称	熔点（℃）	燃点（℃）	闪点（℃）
萘	80.2	86	80	聚乙烯	120	400	
二氯化苯	53		67	聚丙烯	160	270	
聚甲醛	62		45	聚苯纤维	100	400	
甲基萘	35.1		101	硝酸纤维		180	
苊	96		108	醋酸纤维	260	320	
樟脑	174～179	70	65.5	黏胶纤维		235	
松香	55	216		锦纶—6	220	395	
硫磺	113	255		锦纶—66		415	
红磷		160		涤纶	250～265	390～415	
三硫化磷	172.5	92		二亚硝基间苯二酚	255～264	260	
五硫化磷	276	300		有机玻璃	80	158	
重氮氨基苯	98	150		石蜡	38～62	195	

3. 自燃点

可燃固体的自燃点一般都低于可燃液体和气体的自燃点，大体上介于180～400℃之间。这是由于固体物质组成中，分子间隔小，单位体积的密度大，因而受热时蓄热条件好。可燃固体的自燃点越低，其受热自燃的危险性就越大。

有些可燃固体达到自燃点时，会分解出可燃气体与空气发生氧化而燃烧，这类物质的自燃温度一般较低，例如，纸张和棉花的自燃温度为130～150℃。熔点高的可燃固体的自燃点比熔点低的可燃固体的自燃点低一些，粉状固体的自燃点比块状固体的自燃点低一些。可燃固体的自燃点见表3—21。

表 3—21　　　　　　　　　　　可燃固体的自燃点

名　　称	自燃温度（℃）	名　　称	自燃温度（℃）
黄（白）磷	60	木材	250
三硫化四磷	100	硫	260
纸张	130	沥青	280
赛璐珞	140	木炭	350
棉花	150	煤	400
布匹	200	蒽	470
赤磷	200	萘	515
松香	240	焦炭	700

此外，可燃固体与空气接触的表面积越大，其化学活性亦越大，越容易燃烧，并且燃烧速度也越快。所以，同样的可燃固体，如单位体积的表面积越大，其危险性就越大。例如，铝粉比铝制品容易燃烧，硫粉比硫块燃烧快等。由多种元素组成的复杂固体物质（如棉花、硝酸纤维等），其受热分解的温度越低，火灾危险性则越大。

粉状的可燃固体，飞扬悬浮在空气中并达到爆炸极限时，有发生爆炸的危险。

三、粉尘爆炸

粉尘爆炸的危险性存在于不少工业生产部门，目前已发现下述七类粉尘具有爆炸性：①金属，如镁粉、铝粉；②煤炭，如活性炭和煤；③粮食，如面粉、淀粉；④合成材料，如塑料、染料；⑤饲料，如血粉、鱼粉；⑥农副产品，如棉花、烟草；⑦林产品，如纸粉、木粉等。

1. 粉尘爆炸的机理和特点

（1）爆炸的机理。飞扬悬浮于空气中的粉尘与空气组成的混合物，也和气体或蒸气混合物一样，具有爆炸下限和爆炸上限。粉尘混合物的爆炸反应也是一种连锁反应，即在火源作用下，产生原始小火球，随着热和活性中心的发展和传播，火球不断扩大而形成爆炸。

（2）爆炸的特点。与气体混合物的爆炸相比较，粉尘混合物的爆炸有下列特点：①粉尘混合物爆炸时，其燃烧并不完全（这和气体或蒸气混合物有所不同），例如，煤粉爆炸时，燃烧的基本是所分解出来的气体产物，灰渣是来不及燃烧的；②有产生二次爆炸的可能性，因为粉尘初次爆炸的气浪会将沉积的粉尘扬起，在新的空间形成达到爆炸极限的混合物而产生二次爆炸，这种连续爆炸会造成严重的破坏；③爆炸的感应期较长，粉尘的燃烧过程比气体的燃烧过程复杂，有的要经过尘粒表面的分解或蒸发阶段，有的是要有一个由表面向中心延烧的过程，因而感应期较长，可达数十秒，为气体的数十倍；④粉尘点火的起始能量大，达 10 J 数量级，为气体的近百倍；⑤粉尘爆炸会产生两种有毒气体，一种是一氧化碳，另一种是爆炸物（如塑料）自身分解的毒性气体。

2. 爆炸极限

粉尘混合物的爆炸危险性是以其爆炸浓度下限（g/m^3）来表示的。这是因为粉尘混合物达到爆炸下限时，所含固体物已相当多，以云雾（尘云）的形状而存在，这样高的浓度通常只有设备内部或直接接近它的发源地的地方才能达到。至于爆炸上限，因为浓度太高，以致大多数场合都不会达到，所以没有实际意义，例如糖粉的爆炸上限为 13.5 kg/m^3。

粉尘混合物的爆炸下限不是固定不变的，它的变化与下列因素有关：分散度、湿度、火源的性质、可燃气含量、氧含量、惰性粉尘和灰分、温度等。一般来说，分散度越高，可燃气体和氧的含量越大，火源强度、原始温度越高，湿度越低，惰性粉尘及灰分越少，爆炸范围也就越大。

粒度越细的粉尘，其单位体积的表面积越大，越容易飞扬，所需点火能量越小，所以容易发生爆炸，如图 3—8 所示。随着空气中氧含量的增加，爆炸浓度范围则扩大，有关资料表明，在纯氧中的爆炸浓度下限能下降到只有在空气中的 1/4～1/3，如图 3—9 所示。当尘云与可燃气体共存时，爆炸浓度相应下降，而且点火能量也有一定程度的降低，因此，可燃气体的存在会大大增加粉尘的爆炸危险性，如图 3—10 所示。爆炸性混合物中的惰性粉尘和灰分有吸热作用，例如，煤粉中含 11% 的灰分时还能爆炸，而当灰分达 15%～30% 时，就很难爆炸了。空气中的水分除了吸热作用之外，水蒸气占据空间，稀释了氧含量而降低粉尘的燃烧速度，而且水分增加了粉尘的凝聚沉降，使爆炸浓度不易出现；当温度和压力增加，含水量减少时，爆炸浓度极限范围扩大，所需点火能量减小，如图 3—11 所示。

粉尘的爆炸压力是由两种原因产生的：一是生成气态产物，其分子数在多数场合下超过原始混合物中气体的分子数；二是气态产物被加热到高温。

各种粉尘的爆炸特性，包括它们的自燃点、爆炸下限及爆炸最大压力，见表 3—22。

粉尘防爆的原则是缩小粉尘扩散范围，清除积尘，控制火源，适当增湿，还可采用抑爆装置等。

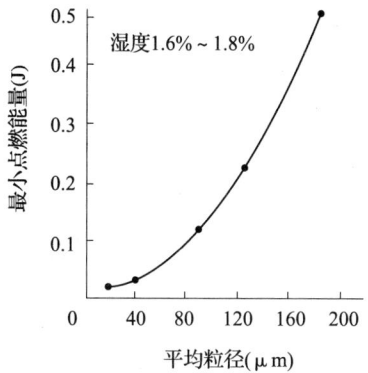

图 3—8 粒度与点燃能量的关系

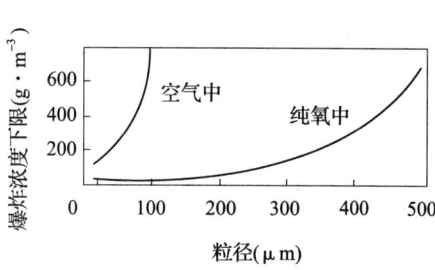

图 3—9 爆炸下限与氧含量及粒径的关系

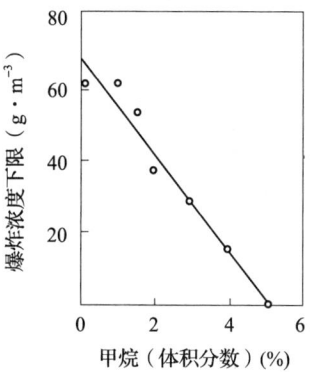

图 3—10 甲烷含量对粉尘
爆炸下限的影响

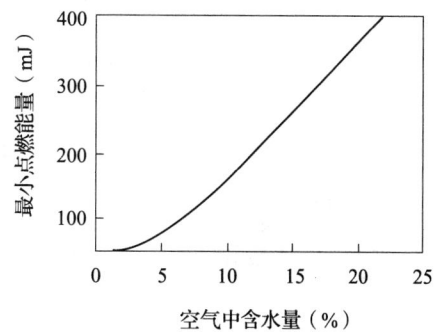

图 3—11 空气中含水量对粉尘爆炸
的最小点燃能量的影响

表 3—22　　　　　　　粉尘的自燃点、爆炸下限及爆炸最大压力

粉尘类别	云状粉尘的自燃点（℃）	爆炸下限（g·m⁻³）	最大爆炸压力（MPa）
金属：铝	645	35	0.603
铁	315	120	0.197
镁	520	20	0.441
锌	680	500	0.088
塑料：醋酸纤维	320	25	0.557
α—甲基丙烯酸酯	440	20	0.388

续表

粉尘类别	云状粉尘的自燃点（℃）	爆炸下限（g·m^{-3}）	最大爆炸压力（MPa）
六次甲基四胺	410	15	0.428
石炭酸树脂	460	25	0.415
邻苯二甲酸酐	650	15	0.333
聚乙烯塑料	—	25	0.564
聚苯乙烯	490	20	0.299
其他：棉纤维	530	100	0.449
玉蜀黍淀粉	470	45	0.49
烟煤	670	35	0.312
煤焦油沥青	—	80	0.333
硫	190	35	0.279
木粉	430	40	0.421

第四节　其他危险物品

一、遇水燃烧物质

凡与水或潮气接触能分解产生可燃气体，同时放出热量而引起可燃气体的燃烧或爆炸的物质，称为遇水燃烧物质。

遇水燃烧物质还能与酸或氧化剂发生反应，而且比遇水发生的反应更为剧烈，其着火爆炸的危险性更大。

1. 分类

遇水燃烧物质都具有遇水分解，产生可燃气体和热量，能引起火灾或爆炸的危险性。这类物质引起着火有以下两种情况。

一种是遇水发生剧烈的化学反应，释放出的高热能把反应产生的可燃气体加热至自燃点，不经外来火源也会着火燃烧，如金属钠、碳化钙等。碳化钙与水化合的反应式如下：

$$CaC_2 + 2H_2O = C_2H_2 + Ca(OH)_2 + Q$$

反应的热量在积热不散的条件下，能引起乙炔自燃爆炸：

$$2C_2H_2 + 5O_2 = 4CO_2 + 2H_2O + Q$$

另一种是遇水能发生化学反应，但释放出的热量较少，不足以把反应产生的可燃气体加热至自燃点。不过，当可燃气体一旦接触火源也会立即着火燃烧，如氢化钙、保险粉（连二亚硫酸钠）等。

遇水燃烧物质引起爆炸有下列两种情况。

一种是遇水燃烧物质在容器内与水（或吸收空气中的水蒸气）作用，放出可燃气体和热量，与容器内空气形成爆炸性混合气而发生爆炸；或由于气体体积膨胀，使压力逐渐增大，或在受热、翻滚、撞击、摩擦、震动等外力作用下，造成胀裂而引起爆炸，如电石桶的爆炸。

另一种是由于燃烧物质与水相互作用，发生剧烈的化学反应，释放出的可燃气体迅速与周围空气混合达到爆炸极限，由于自燃（反应释放出热量的加热）或遇明火而引起爆炸，如金属钠、钾等。

根据遇水或受潮后发生反应的剧烈程度和危险性大小，遇水燃烧物质可分为两级。

一级遇水燃烧物质，遇水发生剧烈反应，单位时间内产生可燃气体多而且放出大量热量，容易引起燃烧爆炸。属于一级遇水燃烧物质的主要有活泼金属（如锂、钠、钾、铷、锶、铯、钡等金属）及其氢化物，硫的金属化合物、磷化物和硼烷等。

二级遇水燃烧物质，遇水发生的反应比较缓慢，放出的热量比较少，产生的可燃气体一般需在火源作用下才能引起燃烧。属于二级遇水燃烧物质的有金属钙、锌粉、亚硫酸钠、氢化铝、硼、氢化钾等。

在生产、储存中，将所有遇水燃烧物质均划为甲类火灾危险。

2. 遇水燃烧物质的火灾爆炸危险性

各类遇水燃烧物质与水接触后，除了反应的剧烈程度和释放出的热量不同之外，所产生的可燃气体的性质也有所不同，主要有以下几类。

第一，生成氢的燃烧或爆炸。有些遇水燃烧物质在与水作用的同时，放出氢气和热量，由于自燃或外来火源作用引起氢气的着火或爆炸。具有这种性质的遇水燃烧物质有活泼金属及其合金、金属氢化物、硼氢化物、金属粉末等。例如，金属钠与水的反应：

$$2Na + 2H_2O = 2NaOH + H_2 \uparrow + 371.8 \text{ kJ}$$

这类遇水燃烧物质除了存在氢气的着火或爆炸危险之外，那些尚未来得及反应的金属会随之燃烧或爆炸。又如锌粉与水的反应：

$$Zn + H_2O = ZnO + H_2 \uparrow$$

此反应放出的热量较少，不致于直接引起氢气的燃烧爆炸。

第二，生成碳氢化合物的着火爆炸。有些遇水燃烧物质与水作用时，生成碳氢化合物，由反应热引起受热自燃，或外来火源作用下造成碳氢化合物的着火爆炸。具有这种性质的遇水燃烧物质主要有金属碳化合物、有机金属化合物等。例如，甲基钠与水的反应：

$$CH_3Na + H_2O = NaOH + CH_4\uparrow + Q$$

第三，生成其他可燃气体的燃烧爆炸。还有一些遇水燃烧物质如金属磷化物、金属氧化物、金属硫化物和金属硅的化合物等，与水作用时生成磷化氢、氰化氢、硫化氢和四氢化硅等。例如，磷化钙与水的反应：

$$Ca_3P_2 + 6H_2O = 3Ca(OH)_2 + 2PH_3\uparrow + Q$$

由于磷化氢的自燃点低（45～60℃），能在空气中自燃。

从以上讨论可以看出，遇水燃烧物质的类别多，遇水生成的可燃气体不同，因此其危险性也有所不同。总的来说，遇水燃烧物质的危险性主要有以下几方面。

（1）遇水或遇酸燃烧性。这是遇水燃烧物质共同的危险性。因此，在储存、运输和使用时，应注意防水、防潮、防雨雪。遇水燃烧物质着火时，不准用水或酸碱泡沫灭火剂及泡沫灭火剂扑救。因为酸碱泡沫灭火剂是利用碳酸氢钠溶液和硫酸溶液的作用，产生二氧化碳气体进行灭火的。其反应式为：

$$2NaHCO_3 + H_2SO_4 = Na_2SO_4 + 2H_2O + 2CO_2\uparrow$$

泡沫灭火剂是利用碳酸氢钠溶液和硫酸铝溶液的作用，产生二氧化碳进行灭火的，其反应式为

$$6NaHCO_3 + Al_2(SO_4)_3 = 3Na_2SO_4 + 2Al(OH)_3 + 6CO_2\uparrow$$

从以上反应式可以看出，这些灭火剂是以溶液为药剂的。溶液中含有大量的水，所以用这两种灭火剂来扑救遇水燃烧物质的火灾是不适宜的。

此外，不少遇水燃烧物质能够与酸起反应生成可燃气体，而且反应剧烈。例如，把少量锌粉撒到水里去，并不会发生剧烈反应，但是如果把少量锌粉撒到酸中，即使是较稀的酸，也会立即有大量氢气泡冒出，反应非常剧烈。又如，金属钠、氢化钡等与硫酸反应生成氢气，碳化钙和硫酸反应生成乙炔等，它们的反应式如下：

$$2Na + H_2SO_4 = Na_2SO_4 + H_2\uparrow$$
$$BaH_2 + H_2SO_4 = BaSO_4 + 2H_2\uparrow$$
$$CaC_2 + H_2SO_4 = CaSO_4 + C_2H_2\uparrow$$

由酸碱灭火器和泡沫灭火器喷射出来的喷液中，多少都含有尚未作用的残酸，因此，用这类灭火剂来扑救遇水燃烧物质的火灾，犹如火上加油，会引起更大危险。

遇水燃烧物质引起的火灾应用干砂、干粉灭火剂、二氧化碳灭火剂等进行

扑救。

(2) 自燃性。有些遇水燃烧物质（如碱金属、硼氢化合物）放置于空气中即具有自燃性。有的遇水燃烧物质（如氢化钾）遇水能生成可燃气体，放出热量且具有自燃性。因此，这类遇水燃烧物质的储存必须与水及潮气等可靠隔离。由于锂、钠、钾、铷、铯和钠钾合金等金属不与煤油、汽油、石蜡等作用，所以，可把这些金属浸没于矿物油或液体石蜡等不吸水分物质中严密储存。采取这种措施就能使这些遇水燃烧物质与空气和水蒸气隔离，免除变质和发生危险。

(3) 爆炸性。有些遇水燃烧物质（如电石等），由于与水作用生成可燃气体，与空气形成爆炸性混合物，或盛装遇水燃烧物质的容器由于气体膨胀或装卸、搬运的振动撞击，及受其他外界因素的影响，有发生爆炸的危险性，因此，装卸作业时不得翻滚、撞击、摩擦、倾倒等，必须轻装轻卸。如发现容器有鼓包等可疑现象，应及时妥当处理，将鼓包的电石桶移至室外，把桶内气体放出，修复后方可库存。

(4) 其他。有的遇水燃烧物质遇水作用的生成物（如磷化物）除易燃性外，还有毒性；有的虽然与水接触反应不很剧烈，放出热量不足以使产生的可燃气着火，但遇外来火源还是有着火爆炸的危险性。因此，搬运场所应当通风散热良好并严禁火源接近。

二、自燃性物质

凡是无需明火作用，由于本身氧化反应或受外界温度、湿度的影响，就能升温达到自燃点而自行燃烧的物质，称为自燃性物质。

1. 自燃性物质的分类

自燃性物质都是比较容易氧化的，在着火之前氧化作用是缓慢进行的，而着火时氧化反应是剧烈进行的。根据自燃的难易程度及危险性大小，自燃性物质可分为两级。

(1) 一级自燃物质。此类物质与空气接触极易氧化，反应速度快；同时，它们的自燃点低，易于自燃，火灾危险性大。例如黄磷、铝铁溶剂等。

(2) 二级自燃物质。此类物质与空气接触时氧化速度缓慢，自燃点较低，如果通风不良，积热不散也能引起自燃。例如油污、油布等带有油脂的物品。

2. 自燃性物质的燃烧性质

自燃性物质由于化学组成不同，以及影响自燃的条件（如温度、湿度、助燃物、含油量、杂质、通风条件等）不同，因此有各自不同的特征。

(1) 化学性质活泼、极易氧化而引起自燃的自燃性物质。例如黄磷，它是一种淡黄色蜡状的半透明固体，非常容易氧化，自燃点很低，只有34℃左右。即使在通常温度下，置于空气中也能很快引起自燃，燃烧后生成五氧化二磷烟雾。

$$4P+5O_2=2P_2O_5+3\,098.2\text{ kJ}$$

五氧化二磷是有毒物质，遇水还能生成剧毒的偏磷酸。

由于黄磷不与水发生作用，所以通常都把黄磷浸没在水里储存和运输。如果在运输时发现包装容器破损渗漏，或水位减小不能浸没全部黄磷时，应立即加水并换装处理，否则会很快引起火灾。如遇有黄磷着火情况，可用长柄铁夹等工具把燃着的黄磷投入盛有水的桶中即可消除事故，但不可用高压水枪冲击着火的黄磷，以防被水冲散的黄磷扩大火势。

(2) 化学性质不稳定、容易发生分解而导致自燃的自燃性物质。例如，硝化纤维及其制品。由于本身含有硝酸根（NO_3^-），化学性质很不稳定，在常温下就能于空气中缓慢分解，阳光作用及受潮会加快氧化速度，析出一氧化氮（NO）。一氧化氮不稳定，会在空气中与氧化合生成二氧化氮，而二氧化氮会与潮湿空气中的水分化合生成硝酸或亚硝酸。

$$3NO_2+H_2O=2HNO_3+NO$$

硝酸或亚硝酸会进一步加速硝化纤维及其制品的分解，放出的热量也就越来越多，当温度达到自燃点（120~160℃）时，即发生自燃。燃烧速度极快，并能产生有毒和刺激性气体。

硝化纤维及其制品着火时，可用泡沫和水进行扑救，但表面的火扑灭后，物质内部因有大量氧还会继续分解，仍有复燃的可能性，所以应及时将灭火后的物质深埋。

(3) 分子具有高的键能、容易在空气中与氧产生氧化作用的自燃性物质。某些自燃性物质的分子中，含有较多的不饱和双键（—C=C—），因而在空气中容易与氧气发生氧化反应，并放出热量，如果通风不良，热量聚集不散，就会逐渐达到自燃点而引起自燃。例如，桐油的主要成分是桐油酸甘油酯，其分子含有3个双键，化学性质很不稳定，经制成油纸、油布、油绸等自燃性物质之后，桐油与空气中氧接触的表面积大大增加，在空气中缓慢氧化析出的热量增多，加上堆放、卷紧的油纸、油布、油绸等散热不良，造成积热不散，温度升高到自燃点而引起自燃，尤其是空气潮湿的情况下，更易促使自燃的发生。因此，自燃性物质中的二级自燃物质常用分格的透风笼箱作包装箱，目的是把自燃物品中经氧化而释放出的热量不断地散逸掉，不至于造成热量的聚积不散，避免发生自燃而引起火灾。

三、氧化剂

凡能氧化其他物质，亦即在氧化－还原反应中得到电子的物质称为氧化剂。

在无机化学反应中，可以由电子的得失或化合价的变化来判断氧化还原反应。但在有机化学反应中，由于大多数有机化合物都是以共价键组成的，它们分子内的原子间没有明显的电子得失，很少有化合价的变化，所以，在有机化学反应中常把与氧的化合或失去氢的反应称为氧化反应，而将与氢的化合或失去氧的反应称为还原反应，把在反应中失去氧或获得氢的物质称为氧化剂。例如，过氧乙酸（氧化剂）和甲醛（还原剂）的化学反应。

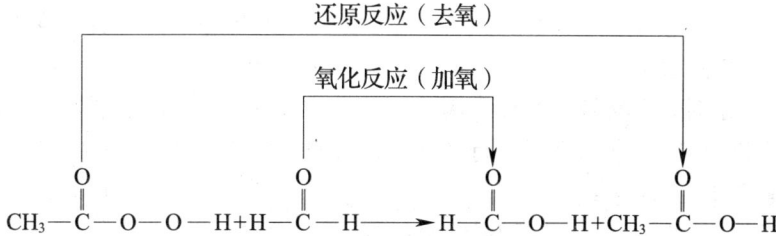

1. 氧化剂的分类

各种氧化剂的氧化性能强弱有所不同，有的氧化剂很容易得到电子，有的则不容易得到电子。氧化剂按化学组成分为无机氧化剂和有机氧化剂两大类。

（1）无机氧化剂。按氧化能力的强弱分为两级。

一级无机氧化剂主要是碱金属或碱土金属的过氧化物和盐类，如过氧化钠、高氯酸钠、硝酸钾、高锰酸钾等。这些氧化剂的分子中含有过氧基（—O—O—）或高价态元素（N^{+5}、Cl^{+7}、Mn^{+7}等），极不稳定，容易分解，氧化性能很强，是强氧化剂，能引起燃烧或爆炸。例如，过氧化钠遇水或酸的时候，便立即发生反应，生成过氧化氢；过氧化氢更容易分解为水和原子氧。其反应如下：

$Na_2O_2 = Na_2O + [O]$ $Na_2O_2 + 2H_2O = 2NaOH + H_2O_2$

$Na_2O_2 + H_2SO_4 = Na_2SO_4 + H_2O_2$ $H_2O_2 = H_2O + [O]$

原子氧有很强的氧化性，遇易燃物质或还原剂很容易引起燃烧或爆炸，如果不与其他物质作用，原子氧便自行结合，生成氧气：

$$[O] + [O] = O_2$$

氧气的助燃作用会引起火灾或爆炸。

二级无机氧化剂虽然也容易分解，但比一级氧化剂稳定，是较强氧化剂，能引起燃烧。除一级无机氧化剂外的所有无机氧化剂均属此类,如亚硝酸钠、亚氯酸钠、连二硫酸钠、重铬酸钠、氧化银等。

(2) 有机氧化剂。按照氧化能力的强弱分为两级。

一级有机氧化剂主要是有机物的过氧化物或硝酸化合物,这类氧化剂都含有过氧基(—O—O—)或高价态氮原子,极不稳定,氧化性能很强,是强氧化剂,如过氧化苯甲酰、硝酸胍等。

二级有机氧化剂是有机物的过氧化物,如过氧醋酸、过氧化环己酮等。这类氧化剂虽然也容易分解出氧,但化学性质比一级氧化剂稳定。

无机氧化剂和有机氧化剂中都有不少过氧化物类的氧化剂。有机氧化剂由于含有过氧基,受到光和热的作用,容易分解析出氧,常因此发生燃烧和爆炸。例如,过氧化苯甲酰 $(C_6H_5CO)_2O_2$ 受热、摩擦、撞击就发生爆炸,与硫酸能发生剧烈反应,引起燃烧并放出有毒气体。又如,硝酸钾受热时分解为亚硝酸钾和原子氧,遇易燃品或还原剂时容易发生燃烧或爆炸,并且还可以促使硝酸盐的进一步分解,从而扩大其危险性。原子氧在不进行其他反应时便立即自行结合为氧,硝酸钾的分解反应方程式如下:

$$2KNO_3 = 2KNO_2 + O_2 \uparrow$$

氧化剂氧化性强弱的规律,对于元素来说,一般是非金属性越强,其氧化性就越强,因为非金属元素具有获得电子的能力,如 I_2、Br_2、Cl_2、F_2 等物质的氧化性依次增强。离子所带的正电荷越多,越容易获得电子,氧化性也就越强,如 4 价锡离子(Sn^{4+})比 2 价锡离子(Sn^{2+})具有更强的氧化性。化合物中若含有高价态的元素,而且这个元素化合价越高,其氧化性就越强,如氨(NH_3)中的氮是 -3 价,亚硝酸钠($NaNO_2$)中的氮是 $+3$ 价,硝酸钠($NaNO_3$)中的氮是 $+5$ 价,则它们的氧化性依次增强。

2. 危险性和防护

(1) 危险性。

①氧化性或助燃性。氧化剂具有强烈的氧化性能,在接触易燃物、有机物或还原剂时,能发生氧化反应,剧烈时会引起燃烧。

②燃烧爆炸性。许多氧化剂,特别是无机氧化剂,当它们受热、撞击、摩擦等作用时,容易迅速分解,产生大量气体和热量,因此有引起爆炸的危险。大多数有机氧化剂是可以燃烧的,在遇明火或其他爆炸力作用下,容易引起火灾。

③毒害性和腐蚀性。许多氧化剂不仅本身有毒,而且在发生变化后能产生毒害性气体,例如三氧化铬(铬酸酐)既有毒性也有腐蚀性。活泼金属的过氧化物、各

种含氧酸等，有很强的腐蚀性，能够灼伤皮肤和腐蚀其他物品。

（2）防护。氧化剂的防护措施主要有以下几方面：

①氧化剂在储存和运输时，应防止受热、摩擦、撞击，还应注意通风降温，不摔碰、不拖拉、不翻滚、不剧烈摩擦，远离热源、电源等。

②有些氧化剂遇水（如过氧化物遇水）、遇酸（如含氧酸盐遇酸）能降低它们的稳定性并增强其氧化性，对此类氧化剂在储运时应注意通风、防潮湿，并且与酸、碱、还原剂、可燃粉状物等隔离，防止发生火灾和爆炸。

四、爆炸性物质

凡是受到高热、摩擦、撞击或受到一定物质激发能在瞬间引起单分解或复分解的化学反应，并以机械功的形式在极短时间内放出能量的物质，统称为爆炸性物质。

1. 分类

爆炸性物质按组成分为爆炸化合物和爆炸混合物两大类。

（1）爆炸化合物。这类爆炸性物质具有一定的化学组成，它们的分子中含有一种爆炸基团（如叠氮化合物的爆炸基团 —N=N=N— ，乙炔化合物的爆炸基团 —C≡C— 等），这种基团很不稳定，容易被活化，当受到外界能量的作用时，它们的键很容易破裂，从而激发起爆炸反应。根据这类物质的化学结构或爆炸基团，可分为10种，见表3—23。

表3—23　　　　爆炸化合物按化学结构的分类

序号	爆炸化合物名称	爆炸性原子团	举例
1	硝基化合物	—NO$_2$	三硝基甲苯
2	硝酸酯	—O—NO$_2$	硝化甘油、硝化棉
3	硝胺	>N—NO$_2$	黑索金、特屈儿
4	叠氮化合物	—N=N=N—	叠氮铅、叠氮化钠
5	重氮化合物	—N=N—	二硝基重氮酚

续表

序　号	爆炸化合物名称	爆炸性原子团	举　例
6	雷酸盐	—N=C	雷汞、雷酸银
7	乙炔化合物	—C≡C—	乙炔银、乙炔汞
8	过氧化物和臭氧化物	—O—O—和—O—O—O—	过氧化二苯、臭氧
9	氮的卤化物	—NX$_2$	氯化氮、溴化氮
10	氯酸盐和高氯酸盐	$-\text{O}-\overset{\text{O}}{\underset{\text{O}}{\text{Cl}}}$ 和 $-\text{O}-\overset{\text{O}}{\underset{\text{O}}{\text{Cl}}}=\text{O}$	氯酸铵、高氯酸铵

（2）爆炸混合物。它是由两种或两种以上的爆炸组分和非爆炸组分经机械混合而成的，例如硝铵炸药、黑色火药等。

爆炸性物质按用途分为起爆药、爆破药、发射药和烟火剂四种。起爆药主要作为引爆剂，用来激发次级炸药的爆轰，其特点是感度较高，在很小的能量作用下就容易爆轰，而且从燃烧到爆炸的时间非常短。常用的起爆药有雷汞、叠氮铅和二硝基重氮酚。爆破药是用来破坏障碍物的炸药，对外力作用的感度较低，一般都需要起爆药来引爆。常用的爆破药有梯恩梯、黑索金、硝铵炸药等。发射药主要用作爆竹、枪弹或火箭的推进剂，它们的主要变化形式是迅速燃烧，如黑火药和硝化棉火药等。烟火剂是一些成分不定的混合物，其主要成分有氧化剂、可燃剂和显现颜色的添加剂。它们的主要变化形式是燃烧，在特殊情况下也能爆轰。常用的烟火剂有照明剂、信号剂、燃烧剂、发烟剂等，用来装填照明弹、燃烧弹、信号弹、烟幕弹等。

2. 炸药的爆炸性能

炸药的爆炸性能主要有感度、威力、猛度、殉爆、安定性等。

（1）感度。炸药的感度又称敏感度，是指炸药在外界能量（如热能、电能、光能、机械能及起爆能等）的作用下发生爆炸变化的难易程度，是衡量爆炸稳定性大小的一个重要标志。通常以引起爆炸变化的最小外界能量来表示，这个最小的外界能量习惯上称之为引爆冲能。很显然，所需的引爆冲能越小，其敏感度越高；反之则越低。

影响炸药敏感度的因素很多，主要有以下几种：

①化学结构。一般的规律是：炸药分子中爆炸基团越活泼，数目越多，其感度越大。如—O—NO$_2$，=N—NO$_2$，—NO$_2$ 的稳定性顺序为：—NO$_2$>=N—NO$_2$>—O—NO$_2$，所以炸药感度就表现为：硝酸酯>硝胺>硝基化合物。

②物态。这是指炸药所处的"相"状态。同一炸药在熔融状态的感度普遍要比固态高得多，这是因为炸药从固相转变为液相时要吸收熔化潜热，它的内能较高。

另外,在液态时具有较高的蒸气压,很小的外界能量即可激发炸药爆炸,因此,在操作过程中应特别注意安全。

③温度。它能全面地影响炸药的感度,随着温度的升高,炸药的各种感度指标都升高。这是因为在高温下炸药的活化能降低了,极小的外界冲量即可使原子键破裂,引起爆炸变化。

④密度。随着炸药密度的增大,其敏感度通常是降低的。这是由于密度增加后,孔隙率减小,结构结实,不易于吸收能量,这对热点的形成和火焰的传播是不利的。

⑤细度。粉碎得很细的炸药,其敏感度提高,易于起爆。这是因为炸药颗粒越小,比表面越大,接受的冲击波能量越多,容易产生更多的热点,所以易于起爆。

⑥杂质。它对炸药的感度有很大的影响,不同的杂质有不同的影响。一般来说,固体杂质,特别是硬度大、有尖棱和高熔点的杂质,如沙子、玻璃屑和某些金属粉末等,能增加炸药的感度。因为这种杂质能使外界冲击能量集中在尖棱上,形成强烈的摩擦中心而产生热点。因此,在生产、储存和运输炸药时,一定要防止硬性杂质混入,还要防止撞击。相反,松软的或液态的杂质混入炸药,则降低其敏感度。因而在储运过程中,还要注意防止炸药受潮或雨淋,否则将使炸药失效、报废。

(2) 威力。它是指炸药爆炸时做功的能力,亦即对周围介质的破坏能力。爆炸时产生的热量越大,气态产物生成量越多,爆温越高,其威力也就越大。

测定炸药的威力,通常采用铅铸扩大法。即以一定量(10 g)的炸药,装于铅铸的圆柱形孔内爆炸,测量爆炸后圆柱形孔体积的变化,即体积增量(单位:mL)作为炸药的威力数值。

(3) 猛度。它是炸药在爆炸后爆轰产物对周围物体破坏的猛烈程度,用来衡量炸药的局部破坏能力。猛度越大,则表示该炸药对周围介质的粉碎破坏程度越大。猛度的测量是用50 g炸药放置在铅柱上,以铅柱在爆炸后被压缩而减小的高度数值(单位:mm)表示。

(4) 殉爆。这是指当一个炸药药包爆炸时,可以使位于一定距离处,与其没有联系的另一个炸药药包也发生爆炸的现象。起始爆炸的药包称为主发药包,受它爆炸影响而爆炸的药包称为被发药包。因主发药包爆炸而引起被发药包爆炸的最大距离,称为殉爆距离。引起殉爆的主要原因是主发药包爆炸而引起的冲击波的传播作用。离药包的爆炸点越近,冲击波的强度越高;反之,则冲击波的强度越弱。

(5) 安定性。这是指炸药在一定储存期间内不改变其物理性质、化学性质和爆炸性质的能力。

本章小结

本章综合燃烧和爆炸的基本理论知识,讨论可燃易爆危险品的燃爆特性,并且据此着重讨论可燃气体的燃烧方式、影响可燃气体爆炸极限的因素,评估可燃气体和可燃液体燃爆危险性的主要技术参数。

复习思考题

1. 简述可燃气体、可燃液体和可燃固体的燃烧特点。
2. 影响可燃气体焊炸极限的主要因素有哪些?
3. 评估可燃气体燃爆危险性有哪些主要技术参数?
4. 减压生产为何能降低可燃气体的燃爆危险性?
5. 可燃液体爆炸极限的表示方法有何特点?
6. 简述可燃液体沸溢火灾和喷溅火灾的特点及其原因。
7. 简述可燃固体的燃烧方式的特点,并举例说明。
8. 可燃粉尘的燃爆有哪些特点?
9. 影响可燃粉尘燃爆危险性的因素有哪些?
10. 什么是遇水燃烧物质,为何属于燃爆危险品,如何防护?

第四章　危险化学品安全

本章学习目标

1. 掌握危险化学品的概念、类别及其危害特点。
2. 学习危险化学品生产单位的特点及其生产安全职责、生产单位安全组织管理保障，重点掌握其生产的防火防爆技术。
3. 掌握危险化学品包装、储存、运输安全的基本要求。
4. 掌握民用爆破器材与烟花爆竹的分类、危险特性、事故原因和安全措施。

第一节　概　　述

一、危险化学品的概念及分类

1. 化学品和危险化学品

化学品指由各种化学元素组成的化合及混合物（无论是天然的还是人造的）。化学品中具有爆炸、易燃、毒害、腐蚀、放射性等性质，容易造成人身伤亡和财产损毁而需特别防护的物质称为危险化学品。

2. 危险化学品的分类

目前常见的危险化学品有数千种，其性质各不相同，每种危险化学品往往具有多种危险性，但是在多种危险性中，通常有一种主要的即对人类危害最大的危险性。因此在对危险化学品分类时，应掌握"择重归类"的原则，根据化学品的主要危险性来进行分类。

国家标准《常用危险化学品的分类及标志》（GB 13690—1992），按主要危险特性把危险化学品分为八类，并规定了常用危险化学品的包装标志二十七种（主标志十六种,副标志十一种)。

第1类:爆炸品

第2类:压缩气体和液化气体

第3类:易燃液体

第4类:易燃固体、自燃物品和遇湿易燃物品

第5类:氧化剂和有机过氧化物

第6类:有毒品

第7类:放射性物品

第8类:腐蚀品

为了更好地搞好危险化学品的经营管理,掌握各类危险化学品的具体特性和有关知识是非常必要的,下面重点对易燃易爆危险品和有毒品进行简单介绍。

(1)爆炸品。指在外界作用下(如受热、受压、撞击等),能发生剧烈的化学反应,瞬时产生大量的气体和热量,使周围压力急骤上升,发生爆炸,对周围环境造成破坏的物品,也包括无整体爆炸危险,但具有燃烧、抛射及较小爆炸危险的物品。

(2)压缩气体和液化气体。指压缩、液化或加压溶解的气体,按危险特性可以分为:

①易燃气体。该类气体在温度为20℃、标准压力101.3 kPa条件下,当占与空气混合物总体积的13%或更低时能够点燃;不管最低燃烧极限是多少,与空气的燃烧范围至少有12个百分点。比如,压缩或液化的氢气、乙炔气、一氧化碳、碳五以下的烷烃和烯烃,无水的一甲胺、二甲胺、三甲胺、环丙烷、环丁烷、环氧乙烷,四氢化硅、液化石油气等。

②非易燃无毒气体。指在20℃、压力不低于280 kPa条件下运输或以冷冻液体状态运输的气体,并且是:窒息性气体(会稀释或取代在空气中的氧气的气体)、氧化性气体(通过提供氧气比空气更能引起或促进其他材料燃烧的气体)或不属于其他项别的气体。如氧气、压缩空气、氮气、氩气、二氧化碳、氖气、氙气等。

③毒性气体。包括已知对人类具有的毒性或腐蚀性强到对健康造成危害的气体;或半数致死浓度LC_{50}值不大于$5\,000\ mL/m^3$,因而推定为对人类具有毒性或腐蚀性的气体。比如:氟气、氯气等有毒氧化性气体,无水溴化氢、砷化氢、无水硒化氢、煤气、氮甲烷、溴甲烷等有毒易燃气体。

当存在两种或两种以上的气体或气体混合物时,在比较危险性时,毒性气体优先于易燃气体和非易燃无毒气体,易燃气体优先于非易燃无毒气体。

(3) 易燃液体。本类化学品系指易燃的液体、液体混合物或含有固体物质的液体，但不包括由于其危险特性已列入其他类别的液体。其闭杯试验闪点等于或低于61℃。

按闪点可分为：

①闪点低于－18℃的低闪点类液体。比如：汽油、正戊烷、环戊烷、乙醛、乙醇、二硫化碳等。

②闪点为－18℃至23℃（不含23℃）的中闪点类液体。比如：石油醚、辛烷、苯、甲醇、噻吩、吡啶、庚烷、香蕉水等。

③闪点为23℃至61℃（包括61℃）的高闪点类液体。比如：煤油、壬烷、松节油、刹车油、医用碘酒等。

(4) 易燃固体、自燃物品和遇湿易燃物品。该类物质又可细分为以下三类：

①易燃固体。易燃固体系指燃点低，对热、撞击、摩擦敏感，易被外部火源点燃，燃烧迅速，并可能散发出有毒烟雾或有毒气体的固体，但不包括已列入爆炸品的物品。比如：红磷、硫磷化合物、硫、镁、钛、锰、铁等元素的粒、粉或片，硝化纤维的漆纸、漆片、漆布，松香、火柴、棉花、亚麻、木棉等。

②自燃物品。自燃物品系指自燃点低，在空气中易发生氧化反应，放出热量，而自行燃烧的物品。比如：黄磷、钙粉、三氯化钛、烷基铝、烷基铝氢化物、烷基铝卤化物，油纸、油布、油绸及其制品，动物、植物油和植物纤维及其制品，赛璐珞碎屑、潮湿的棉花等。

③遇湿易燃物品。遇湿易燃物品系指遇水或受潮时，发生剧烈化学反应，放出大量的易燃气体和热量的物品。其特点是：遇水、酸、碱、潮湿能发生剧烈的化学反应，放出可燃气体和热，当热量达到可燃气体的自燃点或接触外来火源时，会着火或爆炸。常见的有：锂、钠、钾、钙、铷、锶、钡等碱金属、碱土金属，钠汞齐，钾汞齐，活泼金属的氢化物、碳化物（电石）、硅化物（硅化钠）、磷化物（磷化钙、磷化锌），锂、钠、钾等金属的硼氢化物，镁粉等轻金属粉末。

(5) 氧化物质和有机过氧化物。氧化物质系指处于高氧化态、具有强氧化性、易分解并放出氧和热量的物质，包括含有过氧基的无机物，其本身不一定可燃，但能导致可燃物的燃烧，与粉末状可燃物能组成爆炸性混合物，对热、震动或摩擦较敏感。比如：氯酸钾、氯酸钠、硝酸铵、硝酸钾、高锰酸钾、高氯酸铵、过氧化钾、过氧化钠。

有机过氧化物系指分子组成中含有过氧基－O－O－的有机物。有机过氧化物是遇热不稳定的物质，它可发热并自加速分解，从而发生分解爆炸、燃烧。常见的有：氢过氧化物类，如异丙基苯氢过氧化物、二异丙基苯过氧化物；二烃基过氧化物，如二叔丁基过氧化物、二异丙苯基过氧化物；二酰基过氧化物；过氧化酯，如过氧化苯甲基叔丁基酯；过二碳酸酯，如过氧化二异丙基碳酸酯；酮过氧化物，如甲基乙基酮过氧化物等。

(6) 有毒品。本类化学品系指进入肌体后，累积达一定的量，能与体液和器官组织发生生物化学作用或生物物理学作用，扰乱或破坏肌体的正常生理功能，引起某些器官和系统暂时性或持久性的病理改变，甚至危及生命的物品。比如氰化物、溴甲烷、苯胺、三氧化二砷、甲基对硫磷等有机磷化合物、氯苯乙酮等。

毒害品引起人体及其他动物中毒的主要途径是：呼吸道、消化道和皮肤三个方面。

(7) 放射性物质。系指放射性比活度大于 7.4×10^4 Bq/kg 的物质。

(8) 腐蚀品。系指能灼伤人体组织并对金属等物品造成损坏的固体或液体，包括酸性、碱性腐蚀品和其他腐蚀品三类。

二、危险化学品危害特点

危险化学品的危害主要包括燃爆危害、健康危害和环境危害。燃爆危害是指危险化学品能引起燃烧、爆炸的危害程度；健康危害是指接触危险化学品后能对人体产生危害的大小；环境危害是指化学品对环境影响的危害程度。本课程着重讨论燃爆危害。

1. 燃爆危害

危险化学品中的爆炸品、压缩气体、液化气体、易燃液体、易燃固体、自燃固体、遇湿易燃物品、氧化物质和有机过氧化物都属于易燃易爆危险物品，而且有相当多的有毒品和腐蚀品也容易发生燃烧或爆炸。这些物品在生产或使用过程中，往往处于高温或低温、高压或低压等温度、压力的非常状态条件，如果在生产、储存、经营、运输、使用时管理不当，失去控制，很容易引起火灾、爆炸事故，导致燃爆危害，其危害后果可能是巨大的人员伤亡和财产损失。

2. 健康危害

由于危险化学品的毒性、刺激性、致癌性、致畸性、致突变性、腐蚀性、麻醉性、窒息性等特性，导致人员中毒的事故频繁发生，而且后果非常严重。

化学品灼伤也是生产中常见的健康危害，比如硫酸、盐酸等的灼伤，是化学物质对皮肤、黏膜刺激、腐蚀及化学反应热引起的急性损害。某些化学品在致伤的同时，可经过皮肤、黏膜吸收引起中毒。

3. 环境危害

在危险化学品的生产、使用、储存、销售和运输,直至作为废弃物进行处理的过程中,由于操作失误或处理不当等因素,不仅会损害人类健康,而且还会对环境造成污染。

以上可见,危险化学品事故的发生不仅会导致巨大的经济损失,还可能导致灾难性的后果,不仅生产、储存以及运输设施会遭受破坏,而且邻近地区人员的生命与财产都将遭受巨大损失和危害,尤其是对生态环境的不可逆性损害将无法挽回。因此加强对存有危险化学品的作业场所和设施设备的安全性和危险化学品的生产、储存、使用、经营、处置全生产周期的安全监督与管理非常重要。

第二节　危险化学品生产单位安全

一、危险化学品生产单位的特点及其生产安全职责

1. 危险化学品生产单位的特点

危险化学品生产过程中存在着许多不安全因素和职业危害,与其他产品生产相比具有以下特点:

(1) 生产中的物料多数属于危险化学品。危险化学品生产单位所用的原料、中间体和产品种类繁多,绝大多数具有易燃易爆、有毒有害、腐蚀等危险性。

例如,生产聚氯乙烯所用的原料乙烯、氯气及中间产品二氯乙烷和氯乙烯都是易燃易爆物质;氯气、二氯乙烷、氯乙烯还具有较强毒性,并且氯乙烯有致癌作用;氯气和氯化氢在有水分存在时有强烈的腐蚀性。

在梯恩梯的合成过程中需要用到易燃易爆的甲苯以及腐蚀性很强的浓硫酸、硝酸。这些潜在的危险性对危险化学品的生产过程提出了特殊要求,稍有不慎就会酿成事故。

(2) 危险化学品生产工艺过程复杂,工艺条件苛刻。危险化学品生产从原料到产品,一般都需要经过许多生产工序和复杂的加工单元,通过多次反应或分离才能完成。而且有些产品涉及高温高压条件下的化学反应,生产的工艺参数前后变化很大,再加上许多介质具有强烈腐蚀性,在温度应力、交变应力等作用下,受压容器常常因此而遭受破坏。

例如,用丙烯和空气直接氧化生产丙烯酸的反应,各种物料比就处于爆炸范围附近,且反应温度超过中间产物丙烯醛的自燃点,控制上稍有偏差就有发生爆炸的

危险。

(3) 生产规模大型化、生产过程连续化。为降低单位产品的成本,提高经营效益,现代化工生产装置规模越来越大,例如,我国炼油装置最大规模已达年产1 000万吨,乙烯年生产能力已达70万吨,生产规模越大,涉及的危险物料的量越多,潜在的危险能量也越大,一旦发生事故,造成的后果将非常严重。

危险化学品的生产从原料输入到产品输出具有高度的连续性,前后单元相互制约,息息相关,某一环节发生故障常常会影响到整个生产的正常进行。由于设备、装置规模大且工艺流程长,使用的设备种类和数量都相当多。例如,年产30万吨乙烯装置有裂解炉、加热炉、反应器、换热器、塔、泵、槽、压缩机等设备共500多台件,管道上千根,还有各种控制和检测仪表。这些设备如维修保养不良很容易引起事故的发生。

2. 危险化学品生产单位的生产安全职责

由于危险化学品生产具有自身的特点,发生事故的可能性及其后果较其他行业大,甚至会给社会带来灾难性破坏,因此安全是危险化学品生产的前提和关键,为确保人类、环境的安全,危险化学品生产单位负有以下主要安全职责。

(1) 企业各级领导、管理干部、工程技术人员和操作工人都必须将安全生产始终放到首位,严格遵守、执行国家安全生产法令和相关标准、规范,做到"安全第一,预防为主"。

(2) 积极采用先进、安全可靠的技术装备,不断改进工艺技术,淘汰陈旧、老化的设备、设施和工艺。新建、改建、扩建生产项目必须做到安全卫生设施与主体工程同时设计、同时施工安装、同时投入生产和使用。设计、运行期间应按照有关规定进行安全评价。

(3) 建立健全安全生产责任制度和安全生产管理机构,尤其要结合企业的实际情况制定可操作的安全生产责任制、工艺技术规程、安全操作规程、特种设备管理制度、设备装置维修保养制度、员工安全教育制度等,并严格执行。企业领导人和安全部门负责人应经培训取得上岗资格,特种作业人员应持证上岗。

(4) 主动对所生产的危险化学品进行登记,废弃危险化学品前,应将无害化处理方案报环保部门,经批准后方可按方案进行废弃处理。停产、停业前须报安全主管部门,不得遗留危险化学品。

(5) 建立事故应急救援预案,并经常演练,对重大危险源要建立档案,责任到人,全方位24小时监控。

二、危险化学品生产单位的防火防爆技术

火灾与爆炸事故应以预防为主,前面有关章节已讨论了防火防爆的基本技术措施,这里着重讨论限制危险化学品火灾、爆炸事故蔓延扩散的措施。

1. 限制火灾、爆炸事故蔓延扩散的基本原则

在考虑限制火灾爆炸蔓延扩散的措施中,不仅要研究物料的燃烧、爆炸性质、设备装置情况、工艺操作条件等,而且要注意生产过程中由于工艺参数的变化所带来的新问题。因为各种情况的发生,都将会给阻火和灭火的效果带来新的困难,所以限制火灾、爆炸蔓延扩散的措施应该是整个工艺装置的重要组成部分。

安全生产,首先应当强调防患于未然,把预防放在第一位,万一发生事故,则从安全的角度,设法制止燃烧、爆炸,不使事故扩大,然后采取灭火措施。限制措施在开始设计时就要重点考虑,对工艺装置的设计布局、建筑结构以及防火区域的划分,不仅要有利于工艺要求、运行管理,而且要符合预防事故灾害,把事故限制在局限范围内。

例如,出于投资上的考虑,布局紧凑为好,但这样对防止火灾蔓延、切断事故区域可能不利,有可能使事故后果扩展,所以两者要统筹兼顾,一定要留有必要的防火间距。对槽罐距离、防火堤、防火壁、耐火构造及阻火灭火设施,大量物料泄漏的处理和灭火措施,以及紧急情况时的指挥系统等都要统筹加以考虑。

2. 爆炸破坏作用的预防

根据工艺、设备的要求采用安全液封、阻火器和单向阀等,防止外部火焰窜入有燃烧、爆炸危险的设备、管道、容器,或阻止火焰在设备和管道间的扩展。采用安全阀、爆破片、防爆门和放空管防止爆炸。

3. 分区隔离、露天安装、远距离操作

在危险化学品生产中,某些设备与装置由于危险性较大,应采用分区隔离、露天安装和远距离操作等措施。

(1) 分区隔离。总体设计时,应慎重考虑危险车间的布置位置。按照国家有关规定,危险车间与其他车间或装置应保持一定的间距,充分估计到相邻车间建、构筑物可能引起的相互影响,采用相应的建筑材料和结构形式等。例如合成氨生产中,合成车间压缩岗位的布置;焦化、炼焦和副产品回收车间的间隔;染料厂的原料仓库和生产车间的间隔;高压加氢装置的间隔;厂区、厂前区、生活区等的划分,都必须合理分区。

在同一车间的各个工段,应视其生产性质和危险程度而予以隔离,各种原料、

成品、半成品的储藏，亦应按其性质、储量不同而进行隔离。对个别有危险的过程，也可采用隔离操作和防护屏的方法，使操作人员和生产设备隔离。

（2）露天安装。为了有利于有害气体的散发，减少因设备泄漏造成易燃气体在厂房中积聚，一般将这类设备和装置露天或半露天放置。如氮肥厂的煤气发生炉及其附属设备，加热炉、炼焦炉、气柜、精馏塔等。石油化工生产的大多数设备都是放在露天的。露天安装的设备密闭性应考虑气象条件对生产设备、工艺参数及工作人员健康的影响。注意冬季防冻保温，夏季防暑降温，防潮气腐蚀等，并应有合理的夜间照明。

（3）远距离操作。远距离操作不但能使操作人员与危险工作环境隔离，同时也提高了管理效率，消除人为的误差。对大多数连续生产过程，主要是根据反应进行情况和程度来调节各种阀门，特别是某些阀门操作人员难以接近、开启又较费力，或要求迅速启闭的阀门，都应该进行远距离操作。另外对于辐射热高的反应设备以及某些危险性大的反应装置，也可以采用远距离操作。远距离操作和自动调节一样，可以通过机动、气动、液动、电动和联动等方式来传递动作。不同之处在于远距离操作需要人去动作，而自动调节则是根据预先规定的条件自动进行。

1）机械传动。只能在很短的距离内，在使用中要注意传动构架要有足够的机械强度，以免使用中折断。

2）气压传动。是目前危险化学品生产中最常用的操作方法。这种操作方法管理简单，系统不易受腐蚀，没有爆炸危险（但要注意可燃气体窜入系统），但能量消耗大。

3）液压传动。使用的液体一般为水或矿物油，传递动作的液体用泵输送，用后收集在槽内，循环使用。

4）电动操作。所达距离可以很远，控制设备普通是电气开关和按钮，使用电动机开动阀门。电动闸阀是由电动机的转动通过螺杆传到阀杆上，必要时（如电传动失灵）也可以用手轮直接操作。用电动机开动闸阀时，阀门上升或下降到了终点时都有极限断电装置，有的把极限断电器和信号装置并用。电动操作可用于直径较大的阀门，可以达到启闭迅速。在用于小管径阀门时，电动操作可以用电磁铁。电动操作的所有控制开关可以集中于控制台上，并采用生产线路图以符号表示工艺过程中的各种设备及彼此间的关系，符号上的信号灯以明暗、颜色及闪光等表示设备和管内部的运转状况。

4. 厂房的防爆泄压措施

要建造能够耐爆炸最高压力的厂房和仓库是不现实的，因为可燃气体、蒸气和粉尘等物质与空气混合形成的爆炸性混合物,其爆炸最高压力可达数百至数千千帕,而30 cm厚砖墙只能耐压几千帕。通常在具有爆炸危险厂房设置轻质板制成的屋顶、外墙或泄压窗,发生爆炸时这些薄弱部位首先遭受破坏,瞬时向外释放大量气体和热量,室内爆炸产生的压力骤然下降,从而减轻承重结构受到的爆炸压力的破坏。

5. 可燃物大量泄漏的处理

大量可燃性物质的泄漏对生产安全威胁很大,许多重大的火灾、爆炸事故都是起源于泄漏。为了防止可燃物大量泄漏引起燃烧、爆炸事故,必须设置完善的检测报警系统,并尽可能与生产调节系统和事故处理装置联锁,尽量减少事故损失。

大量可燃气体及蒸气泄漏的处理措施大体有以下内容:

①装置区设置可燃气体检测仪,一旦物料泄漏立即报警;

②中央控制室的操作人员立即进行停车处理,开动灭火喷水器,将蒸气冷凝,液态烃可以用事故处理槽回收,并用惰性介质保护;

③大量喷水系统在装置周围和内部形成水幕,不仅可以冷却有机物蒸气,而且还能防止泄漏到没有爆炸危险的装置中;自动洒水系统可以由火焰或温度引发动作;或者采用蒸气幕进行灭火;

④中央控制室的操作人员控制工艺变化,工艺控制如果达到了临界温度、临界压力等危险值时,操作人员能够正确地进行处理;

⑤如果仪表系统的压缩空气出了故障,此系统应当与氮气系统接通,并与紧急氮气加压储罐接通,做到紧急情况下有序停车。

三、危险化学品生产单位安全组织管理保障

1. 安全生产责任制度

安全生产责任制度是生产单位中一项最为核心的、最基本的管理制度,根据"安全生产,人人有责"的原则,"纵向到底,横向到边",明确单位每个部门、每个职工的安全职责。其内容主要包括:单位最高行政领导的安全职责;单位主要负责人对本单位的安全生产工作全面负责;其他负责人,在各自职责范围内协助主要负责人做好本单位的安全生产工作。本着"管生产必须管安全"的原则,主管生产的副职负责具体的安全生产管理工作。

2. 安全教育制度

安全教育必须贯彻"全员、全面、全过程"的原则。安全教育要有针对性、科学性。

(1) 危险化学品生产单位主要负责人和安全管理人员的培训考核。按照《安全

生产法》的规定要求，涉及危险化学品单位的主要负责人和安全生产管理人员，必须进行安全资格培训，经安全生产监督管理部门或法律法规规定的有关主管部门考核合格，并取得安全资格证书后，方可任职。安全培训包括相关法律法规、安全管理、安全技术理论和实际安全管理技能培训。

（2）生产单位各职能部门和各级生产单位负责人及管理人员、生产班组长的教育培训考核。生产单位各职能部门和各级生产单位负责人及管理人员、生产班组长，由生产单位组织实施安全教育培训，经考核合格后，方可上岗任职。主要内容包括：职业安全卫生法律法规；劳动安全、职业卫生知识与技能；本单位的危险、危害因素及其防范措施；各个岗位的安全生产职责；事故抢救与应急救援措施；典型事故案例等。

（3）职工的安全教育培训。

①新职工的安全教育培训。所有新职工（包括所有用工形式职工及实习人员）上岗前必须进行三级（厂级、车间级、班组级）安全教育培训，经考核合格后，方可上岗。

②职工调整工作岗位或者离岗1年以上重新上岗时，必须进行教育培训。危险化学品生产单位的新职工入厂应进行车间级、班组级安全生产教育培训。

单位实施新工艺、新技术或者使用新设备、新材料时，应对相关职工进行有针对性的安全生产教育培训。

③特种作业人员的安全技术培训考核。由于特种作业人员操作危险性较大，容易发生事故，因此对他们的安全教育培训有较为严格的要求：特种作业人员必须接受与本工种相适应的、专门的安全技术培训，经安全理论考核和实际操作技能考核合格，取得特种作业操作证后方可上岗作业。未经培训或者培训不合格者，不得上岗作业。

对职工的安全教育培训不能一劳永逸，生产单位在安全教育制度中应对经常性的安全教育培训做出规定要求。

3. 安全生产许可证制度

国家对危险化学品生产企业实行安全生产许可制度。企业未取得安全生产许可证的，不得从事生产活动。企业取得安全生产许可证，应当具备相应的安全生产条件。

4. 安全检查制度

安全检查是生产单位安全管理的重要手段之一。要坚持领导与群众相结合、普遍检查与专业检查相结合、检查与整改相结合的原则，做到制度化、经常化。

安全检查的主要内容是查领导、查思想、查制度、查纪律（包括劳动纪律、工艺纪律、工作纪律和施工纪律等）、查管理、查隐患、查整改等。单位安全检查有以下几种形式：

（1）综合性安全检查；

（2）专业性安全检查；

（3）季节性安全检查；

（4）日常安全检查；

（5）不定期安全检查。

5. 事故管理制度

为了及时报告、调查处理和统计事故，进一步采取预防措施，防止同类事故再次发生，生产单位必须根据有关法律法规并结合本单位实际情况，制定"事故管理制度"。其主要内容包括：事故分类和性质（严重程度）分级；事故报告；事故调查；事故处理；事故统计分析。

6. 安全用火管理制度

安全用火管理制度的主要内容包括：危险化学品生产单位用火管理范围；用火分级管理；用火审批权限；安全用火的基本原则。

第三节 危险化学品包装、储存、运输安全

一、危险化学品包装安全要求

1. 危险化学品包装的作用

危险化学品包装的作用首先在于防止因接触雨、雪、阳光、潮湿空气和杂质，使物品变质或发生剧烈的化学变化而造成事故；其次是减少物品在储存和运输过程中所受的撞击、摩擦和挤压，使其在包装的保护下处于完整和相对稳定的状态；再次是防止渗（撒）漏、挥发以及性质相互抵触的物品直接接触而发生事故；最后是便于装卸、搬运和储存保管。

2. 危险化学品包装的基本要求

（1）危险化学品的包装应结构合理，具有一定强度，防护性能好。包装的材质、型式、规格、方法和单件质量（重量），应与所装危险化学品的性质和用途相适应，并便于装卸、运输和储存。

（2）包装质量良好，其构造和封闭形式应能承受正常储存、运输条件下的各种

作业风险，不应因温度、湿度或压力的变化而发生任何渗（撒）漏；包装表面清洁，不允许黏附有害的危险物质。

（3）包装与内装物直接接触部分，必要时应有内涂层或进行防护处理，包装材质不得与内装物发生化学反应而形成危险产物或导致削弱包装强度。

（4）内容器应予以固定。如属易碎性的应使用与内装物性质相适应的衬垫材料或吸附材料衬垫妥实。

（5）盛装液体的容器，应能经受在正常储存、运输条件下产生的内部压力。灌装时必须留有足够的膨胀余量（预留容积），一般应保证其在55℃时内装液体不致完全充满容器。

（6）包装封口应根据内装物性质采用严密封口、液密封口或气密封口。

（7）盛装需浸湿或加有稳定剂的物质时，其容器封闭形式应能有效地保证内装液体（水、溶剂和稳定剂）的百分比，在储运期间保持在规定的范围以内。

（8）有降压装置的包装，其排气孔设计和安装应能防止内装物泄漏和外界杂质进入，排出的气体量不得造成危险和污染环境。

（9）复合包装的内容器和外包装应紧密贴合，外包装不得有擦伤内容器的凸出物。

（10）所有包装（包括新型包装、重复使用的包装和修理过的包装）均应符合有关危险化学品包装性能试验的要求。

（11）包装所采用的防护材料及防护方式，应与内装物性能相容且符合运输包装件总体性能的需要，能经受运输途中的冲击与震动，保护内装物与外包装，当内容器破坏、内装物流出时也能保证外包装安全无损。

（12）危险化学品的包装内应附有与危险化学品完全一致的化学品安全技术说明书，并在包装（包括外包装件）上加贴或者拴挂与包装内危险化学品完全一致的化学品安全标签。

（13）盛装爆炸品的包装，除符合上述要求外，还应满足下列的附加要求：

①盛装液体爆炸品容器的封闭形式，应具有防止渗漏的双重保护；

②除内包装能充分防止爆炸品与金属物接触外，铁钉和其他没有防护涂料的金属部件不得穿透外包装；

③双重卷边接合的钢桶、金属桶或以金属做衬里的包装箱，应能防止爆炸物进入隙缝。钢桶或铝桶的封闭装置必须有合适的垫圈；

④包装内的爆炸物质和物品，包括内容器必须衬垫妥实，在运输中不得发生危险性移动。

⑤盛装有对外部电磁辐射敏感的电引发装置的爆炸物品，包装应具备防止所装物品受外部电磁辐射源影响的功能。

3. 危险化学品包装容器及其安全要求

不同的包装容器，除应满足包装的通用技术要求外，还要根据其自身的特点，满足各自的安全要求。常用的包装容器材料有金属、木材、各种纤维板、塑料、编织材料、多层纸、玻璃、陶瓷以及柳条、竹篾等。其中作为危险化学品包装容器的材质，钢、铝、塑料、玻璃、陶瓷等用得较多。容器的形状也多为桶、箱、罐、瓶、坛等形状。在选取危险化学品容器的材质和形状时，应充分考虑所包装的危险化学品的特性，例如腐蚀性、反应活性、毒性、氧化性和包装物要求的包装条件，例如压力、温度、湿度、光线等，同时要求选取的包装材质和所形成的容器要有足够的强度，在搬运、堆叠、震动、碰撞中不能出现破坏而造成包装物的外泄。

二、危险化学品运输安全要求

危险化学品在从生产领域向消费领域转移过程中，一般都要经过运输阶段。据有关部门估计，危险化学品的运输量占世界总货运量的20%以上。危险化学品的运输方式有公路、铁路、水路、民航和管道五种。选择何种运输方式，一般根据所运危险化学品的理化性质、所处的位置、地理条件、运途的长短和运量的大小而定。公路、铁路、水路是目前我国最主要的运输方式。不管何种运输，由于危险物化学品本身的特性，极易发生火灾等安全事故。因此，要搞好危险化学品的安全运输，必须要抓好包装检查，正确装卸、隔离，选用技术状态良好的运输工具，搞好编组隔离，安全行驶和采取正确的应急措施等几个中心环节。

1. 危险化学物品运输防火的一般要求

易燃易爆危险化学品安全运输涉及许多因素，不同物品有不同的要求，但就易燃易爆危险化学品的总体而言，其主要共同要求有如下几方面。

（1）包装要完好。要保证运输的安全，首先要求包装要完好。成品出厂就要包装完好。内包装的材质即使和内容物长期接触，也不能起化学反应，也不能有溶解、溶胀、软化、强度降低等物理效应。

（2）并装禁忌。无论何种运输方式，并装禁忌的原理都是一样的，即两者相混能发生放热反应的物质，以及灭火方法不同的物质，均不能混装，其原则如下：

①爆炸品应单独运输，并须经公安机关批准。

②压缩气体和液化气体若在封闭运输工具内（如船舱）运输，则氮气钢瓶与氯

气钢瓶、氢气钢瓶与氨气钢瓶、液氯钢瓶与液氨钢瓶不可同舱运输,乙炔气体钢瓶除与惰性气体钢瓶外,应单独装运。

③易燃液体、易燃固体不可与氧化剂、氧化性酸类、氧气钢瓶、自燃物品混装。

④自燃物品不可与氧化剂、易燃固体、遇湿易燃物品、易燃液体、腐蚀性物品混装。遇湿易燃物品不可与氧化剂、含水物品、酸性腐蚀品混装。

⑤氧化剂最好能单独装运。严禁与金属钠、钾、氢、硼、电石、金属氢化物类、易燃液体、易燃固体、强酸性腐蚀品(尤其是散发酸性气体的物品),以及还原剂等混装,与不属于危险物品的易燃、可燃性有机物也不可混装。

还应注意,一级无机氧化剂不可与有机氧化剂混装;亚硝酸盐类、亚氯盐类不可与其他氧化剂混装,以免一旦接触,发生反应,引起火灾爆炸危险。

⑥毒害品和感染性物品。其中氰化物类不可与散发酸性气体的腐蚀品混装,有机毒害品不得与氧化剂混装,一般以单独装运为宜。

⑦放射性物品应单独装运。

⑧腐蚀品中的有机物不得与硝酸、氧化剂等混装,漂白粉不宜与各类有机物混装。

(3) 气象条件。

①遇湿易燃物品与遇水会分解的物品不宜在雨天、雾天运输,实在不得不运输时,必须使用确保不漏水的车箱,装卸过程不得在露天进行。

②沸点低、遇热易挥发的一级易燃液体,应根据当地气温情况合理安排运输,一般当气温超过30℃时,丙酮、石油醚、二硫化碳、乙醚、乙腈、丙烯腈、苯、环氧丙烷、醋酸乙酯等应安排夜运。

③低温下易凝固或发生变化的物质在气温低时,运输中应该保温。对凝固时体积膨胀的物质,尤其要注意保温,以免遇冷固化,将容器胀裂,或遇热液化,使危险品流出,引起危险。

④雪地运输易爆危险物品时应特别小心,以防车辆制动困难而撞击翻车,引起危险。

⑤如遇大雾天,除管道运输外,不但遇湿易燃、易分解的危险品不宜运输,其他危险品也不宜运输。因为大雾天能见度太低,车船运输事故率高,若为汽车运输,再加上雾天路面湿滑的不安全因素,尤其危险,不过对铁路运输的影响不大。

2. 危险化学物品运输防火的具体要求

(1) 机动车运输。

①配备消防器材。凡是运输危险化学物品的机动车辆必须有明显的标志,必须

配备与品种适合的消防器材。

②导除静电。车辆在运行中由于摩擦、颠震会产生和积聚大量静电，应及时导除。常用方法是在车身后面拖一条铁链或有色金属链。

③控制车速。若为汽车运输，应根据路面情况控制车速，5～40 km/h 不等，若路面平坦，又不易打滑，车速可以适当加快，但不宜超过 40 km/h。

④装运液体物料的槽车，槽内应分隔，以减轻液体在运输过程的震荡，减少静电产生。槽车上的槽罐顶部应装置呼吸阀，不宜装设放空管。应设双道放料阀门以防中途阀门渗漏。

汽车运输危险化学品时，应严格控制装货高度，如用 150 L 的铁桶装易燃液体，则不可叠放。挂有拖斗的汽车不可运输危险化学品。一般来说，拖拉机也不能运输危险物品。火车装运危险化学物品，应按铁道部有关规定办理。

（2）船运。散装量大的易燃液体宜用特殊设计的船舶运输。船运危险物品时，应注意检查包装，注意并装禁忌，并根据危险化学品的性质，配备消防器材，配置温度指示仪显示舱温，防止自燃或爆炸。遇湿易燃物品应防湿、防水。

船运时应注意船舱清洁，防止非危险物品受海水腐蚀、受潮、闷热、日照等影响，自动发热蓄热而引起事故。

三、危险化学品储存安全要求

1. 危险化学品的储存方式

危险化学品的储存方式，分为隔离储存、隔开储存和分离储存三种：

（1）隔离储存，是指在同一房间或同一区域内，不同的物料之间分开一定距离，非禁忌物料（禁忌物料系指化学性质相抵触或灭火方法不同的化学物料）间用通道保持空间的储存方式。

（2）隔开储存，是指在同一建筑或同一区域内，用隔板或墙，将其与禁忌物料分离开的储存方式。

（3）分离储存，是指在不同的建筑物或远离所有建筑的外部区域内的储存方式。

2. 储存安全要求

（1）分类、分库储存，化学性质相抵触或灭火方法不同的各类危险化学品，不得混合储存。

①爆炸物品不准和其他类物品同储，必须单独隔离限量储存。

②压缩气体和液化气体必须与爆炸物品、氧化剂、易燃物品、自燃物品、腐蚀性物品隔离储存。

③易燃气体不得与助燃气体、剧毒气体同储,氧气不得与油脂混合储存。

④易燃液体、遇湿易燃物品、易燃固体不得与氧化剂混合储存,具有还原性的氧化剂应单独存放。

⑤腐蚀性物品,包装必须严密,不允许泄漏,严禁与液化气体和其他物品共存。

⑥有毒物品应储存在阴凉、通风干燥的场所,不能接近酸类物质。如氰化钾、氰化钠等氰化物,与酸类接触后会产生剧毒的氰化氢气体,引起附近人员中毒死亡。

(2) 危险化学品的存放应符合防火、防爆的安全要求。

①爆炸物品、一级易燃物品、有毒物品以及遇火、遇热、遇潮能引起燃烧、爆炸或发生化学反应,产生有毒气体的危险化学品不得在露天或在潮湿、积水的建筑物中储存;

②受日光照射能发生化学反应引起燃烧、爆炸、分解、化合或能产生有毒气体的危险化学品应储存在一级建筑物中,其包装应采取避光措施。

(3) 危险化学品的储存量及储存安排,应符合表4—1的要求。

表4—1　　　　　　　　危险化学品的储存量及储存安排

储存要求	储存类别			
	露天储存	隔离储存	隔开储存	分离储存
平均单位面积储存量,t/m²	1.0～1.5	0.5	0.7	0.7
单一储存区最大储量,t	2 000～2 400	200～300	200～300	400～600
垛距限制,m	2	0.3～0.5	0.3～0.5	0.3～0.5
通道宽度,m	4～6	1～2	1～2	5
墙距宽度,m	2	0.3～0.5	0.3～0.5	0.3～0.5
与禁忌品距离,m	10	不得同库储存	不得同库储存	7～10

(4) 凡是经雨淋、日晒而受影响及损坏,但对气温、湿度的作用不受显著影响的可存放在料棚内,如氢氧化钾、硫化钠等;封口密闭的铁桶包装或一般箱装、袋装危险化学品,地下必须垫起15～30 cm的高度。凡是对雨淋、日晒和温度、湿度的作用不发生或较少发生影响及损坏的危险化学品,可存放于露天料场,但必须根据其不同性质,配备苫垫、遮盖设备以及其他确保安全的措施,包括消防设施的布局、日常检查制度等。

(5) 堆垛不得过高、过密,堆垛之间以及堆垛与墙壁之间,要留出一定的空间距离,以利人员通过和良好通风。货物的堆码高度,应符合表4—2的要求。

表 4—2　　　　　　　　　　货物堆码的高度（m）

包装形式	最高	最低	一般
铁桶	4.2	2	3.5
玻璃瓶	1.8	0.74	1.65
麻袋	4.5	2.5	3
木箱	4.2	1.8	3.6
瓷坛	1.8	—	1.2

（6）对特别危险或剧毒化学品的保管，如爆炸物品、氰化钾、氰化钠等，必须选派思想素质和技术素质过硬的人员负责，并实行双人双锁保管制度，加强检查。

第四节　民用爆破器材与烟花爆竹安全

一、民用爆破器材与烟花爆竹分类

1. 民用爆破器材分类

民用爆破器材是指用于非军事目的的各种炸药（起爆药、猛炸药、火药、烟火药）及其制品和火工品的总称。是广泛用于矿山爆破、开山辟路、水利工程和地质探矿等许多工业领域的重要消耗材料。但由于这类器材本身存在着燃烧爆炸特性，在生产、储运、经营、使用过程中具有火灾爆炸危险性，因而以防火、防爆为主要内容的安全生产工作具有特殊的重要性。

民用爆破器材包括工业炸药、起爆器材、传爆器材、专用民爆器材。

（1）工业炸药：如铵梯炸药、乳化炸药、粉状乳化炸药、水胶炸药等。

（2）起爆器材：如火雷管、电雷管、毫秒延期雷管等。

（3）传爆器材：如导火索、导爆索、导爆管等。

（4）专用民爆器材：如油气井用起爆器、射孔弹、复合射孔弹修井爆破器材、点火药盒、地震勘探用震源药柱、特种爆破用矿岩破碎器材、中继起爆具、平炉出钢口穿孔弹、果林增效爆破具等。

2. 烟花爆竹分类

烟花爆竹是利用烟火药（通常指烟火剂和黑火药）通过引燃产生燃烧或爆炸进而发生色、光、声响等效果，以供观赏的一种火工产品。可分为烟花（也叫焰火）、爆竹（也称炮竹）两大类。

烟花是烟火剂燃烧时所产生的光、色、音响和运动等效果的总称。一般都是包扎品，内装药剂，点燃后升腾高空，喷射出绚丽夺目的诸色火花，或显现各种形象。主要有：喷花类、吐珠类、旋转类、纸香类、火箭类、小礼花类、大型礼花类和玩具烟花类等。

爆竹，是一种用密闭的纸筒做外壳，内装烟火药的火工品，其被能量激发后，爆炸纸筒壳并发出强烈的爆炸声，同时具有一定的爆炸威力。主要有：黑火药炮、电光炮、拉炮和击炮四类。

二、民用爆破器材与烟花爆竹的主要危险性

1. 原材料的危险性

民用爆破器材和烟花爆竹从原料、半成品到成品，从产品储存、运输到使用，工作对象均为易燃、易爆或爆炸品，其中相当一部分还具有较大的毒性。比如雷管制造要用到最敏感的起爆药（二硝基重氮酚、硝酸肼镍等）、延期药、猛炸药（黑索金、太安等）；导火索的制造需要用到黑火药；导爆索中装填黑索金、太安等猛炸药；工业炸药中用到氧化剂（硝酸铵、硝酸钾等）、可燃剂（柴油、木粉），有时还用梯恩梯等猛炸药作为敏化剂。

用于生产烟花鞭炮的主要原料有：

(1) 氧化剂：氯酸钾、过氯酸钾、硝酸钾、硝酸钡、硝酸钠、硝酸锶、硝酸铵、氯酸钡、硫酸钙、硫酸钡、氧化钡等。

(2) 可燃物：铝、镁、硅、赤磷、碳（石墨）、硫、铁、梯、氢、锌、结晶硼等。

(3) 火焰着色物质：硝酸锶、硝酸钡、草酸钠、碱式碳酸铜、硫化亚铜等。

上述物质有很多在受热、摩擦、震动、撞击、接触火源、遇水受潮以及与性能相抵触的物质混合在一起等外界因素的影响下，会引起燃烧、爆炸、腐蚀、灼伤和中毒等危害性事故。

2. 生产过程中的危险性

生产、储存过程中的高温（比如有些乳化炸药的基质需在140℃条件下制备）、原料的粉碎、烟火药造粒、雷管装药和压合等过程中撞击、摩擦不可避免。另外电气和静电火花、雷电以及运输与存储方面的危险性也经常存在。当这些热、机械、电火花的强度足够时会引起民爆器材发生燃烧、爆炸。

3. 运输与储存方面的危险性

民用爆破器材和烟花爆竹中的药剂多是亚稳态的物质，在储存过程中会发生分

解反应并放出热量,当热量得不到及时散发,温度会升高,若达到爆发点则可引起燃烧或爆炸。

运输民用爆破器材和烟花爆竹时可能发生的翻车、撞车、坠落、碰撞及摩擦等险情,可能导致的后果是引起危险化学品的燃烧或者爆炸。

三、民用爆破器材与烟花爆竹事故的一般原因

1. 民用爆破器材事故的一般原因

综合民用爆破器材生产企业的各类事故的原因,主要有以下几种:

(1) 从业人员安全意识淡薄,安全素质差。具体表现为:职工对安全重视不够,在实际生产过程中,没有把安全放在重要位置,总是认为安全是别人的事情,与自己无关,却不知一旦因自己违章发生事故,所伤害的不仅仅是自己,还可能伤害他人,或因他人违章,自己也会被伤害。

(2) 明知故犯。从事故调查中可以发现,出现违章行为时违章者很清楚自己的行为是违章的,只是图省事省力。或者存在侥幸心理,见别人这样做没有发生事故,认为自己这样做也不会发生事故。据有关统计资料表明,80%的事故是人的违章行为造成的。

(3) 愚昧无知,盲目蛮干。具体地讲,一种是生产指挥人员对安全知识和安全制度无知,在生产过程中违反安全生产的客观规律,瞎指挥,强迫命令,冒险蛮干;另一种是操作者没有接受相关的安全知识教育,对安全操作一知半解,自我保护能力差,在生产过程中违章操作,随便进入危险区域等,从而导致人身伤害事故。

(4) 习惯性违章。习惯性违章的原因主要有三个方面:一是新工人入厂没有进行严格的"三级"安全教育和安全技术培训,使之不能规范操作,久而久之就形成了习惯性违章操作行为;二是作业现场安全管理不严,责任制没有落到实处,规章制度没有约束力,使操作者对违章操作习以为常;三是检查不及时,使违章行为不能得以纠正。

(5) 安全资金投入不足,设备设施达不到安全要求,本质安全可靠性低。还有就是民用爆破器材生产的专用设备长时间运转,得不到有效的检查和维护,产生设备故障,从而引发事故,造成人员伤亡。

2. 烟花爆竹事故的一般原因

烟花爆竹内部装填的烟火剂是易燃易爆药物,其热感度和机械感度都很高,生产企业的绝大多数带有药物的工序都具有危险性,其中烟火剂的制配工序最为危险。对78起重大烟花爆竹生产事故发生工序进行分析,结果如表4—3所示。

表 4—3　　　　　　　　重大烟花爆竹生产事故发生工序分析

主工序	事故数量（起）	事故比例（%）	子工序	事故数量（起）	事故比例
生产准备	9	11.54	分发药	3	3.85
			清理	3	3.85
			管理	3	3.85
配药与混合	34	43.59	配药	8	10.26
			搓药	5	6.41
			混药	9	11.54
			制药、筛药	12	15.38
造粒	2	2.56	手工造粒	1	1.28
			机械造粒	1	1.28
烟火剂干燥	3	3.85	日晒	1	1.28
			火室干燥	1	1.28
			采暖	1	1.28
引线加工	8	10.26	手工制引	3	3.85
			机械制引	3	3.85
			切引	2	2.56
成品制作	12	15.38	扎眼	3	3.85
			插芯	4	5.13
			冲炮	5	6.41
其他	10	12.82	明火、照明、吸烟	7	8.97
			点药	3	3.85

从管理实践来看，非法生产、违规操作、从业人员安全文化素质低是导致烟花爆竹事故的主要原因。烟花爆竹生产需要有特定的生产和作业条件，需要有严格的管理制度。但非法生产的作坊，很多根本不具备起码的生产条件，没有正规的厂房，没有安全生产设备，没有安全生产规章制度。有的生产场地狭窄，设备简陋，有的住房就是厂房，庭院、杂屋就是切引、配药、和药、装药的场所。药物原材料、半成品、成品堆放在一起。无安全通道、无消防设施。闲杂人员可随意进入工场，甚至在烟花鞭炮生产场所生火做饭、烧水。总之生产条件不符合安全生产的要求，加之非法生产烟花爆竹的从业人员大都没有参加过任何培训学习，对安全操作一无所知，是导致烟花爆竹企业事故频发的重要原因。

四、民用爆破器材安全措施

（1）民用爆破器材的生产工艺技术应是成熟、可靠或经过技术鉴定的。

（2）凡从事民用爆破器材生产、储存的企业，应制定能指导正常生产作业的工艺技术规程和安全操作规程。

（3）可能引起燃烧事故的机械化作业，应根据危险程度设置自动报警、自动停机、自动卸爆、应急等措施。

（4）所有与危险化学品接触的设备、器具、仪表均应相容。

（5）有危及生产安全的专用设备应按有关规定进行安全鉴定。

（6）在生产、储存、运输时，不允许使用明火，不得接触明火或表面高温物体；特殊情况需要使用时，在工艺资料中应作出明确说明，并应限制在一定的安全范围内，且遵守用火细则。

（7）在生产、储存、运输等过程中，要预防火（炸）药生产中混入杂质，防止摩擦、撞击和避免空气受到绝热压缩。

（8）生产厂房内要有防止静电产生和积累的措施，所有电气设备都应采取防爆电气设备，生产、储存工房均应设置避雷设施，所有建筑物都必须在避雷针的保护范围内。

（9）生产用设备在停工检修时，要彻底清理残存的火（炸）药；需要电焊时，除采取相应的安全措施外，还要采取消除杂散电流的措施。

五、烟花爆竹安全措施

（1）烟火药原材料应符合质量标准。

（2）粉碎应在单独工房进行，粉碎前后应筛掉机械杂质，筛选时不得使用铁质、塑料等易产生火花和静电的工具。

（3）黑火药原料的粉碎，应将硫磺和木炭两种原料混合粉碎。

（4）铝粉、镁铝合金粉、氯酸盐、赤磷等高感度原料的粉碎必须在专用工房中，使用专用设备和专用工具，并由专人操作。

（5）粉碎和筛选原料时应坚持做到：

①三固定：固定工房、固定设备、固定最大粉碎药量。

②四不准：不准混用工房、不准混用设备和工具、不准超量投料、不准在工房内存放粉碎好的药物。

③所有粉碎和筛选设备均应可靠接地，电气设备必须是防爆型的，要做到远距

离操作，进出料时必须停机停电，工房应注意通风。

本 章 小 结

　　本章介绍了危险化学品的分类及其危害特点；危险化学品生产单位的特点及其生产安全职责、生产的防火防爆技术、生产单位安全组织管理保障；危险化学品包装、储存、运输安全。由于民用爆破器材与烟花爆竹与其他危险化学品相比有一定的特殊性，本章对其危险特性和防火防爆技术进行了专门叙述。

　　本章涉及的内容较多，学习过程中应注意与前面章节相关知识的结合，同时借助参考书巩固所学知识。

复习思考题

1. 什么是危险化学品？危险化学品有哪些类型？
2. 危险化学品有何危害特点？
3. 限制危险化学品火灾、爆炸事故蔓延扩散的措施主要有哪些？
4. 对危险化学品包装、运输、储存分别有何特殊要求？
5. 什么是民用爆破器材与烟花爆竹？有何危险特性？
6. 简述民爆器材和烟花爆竹的事故原因和预防措施。

第五章　危险源安全

本章学习目标

1. 了解危险、危害因素的定义，掌握危险、危害因素的分类。
2. 理解重大危险源的定义、类别，掌握重大危险源控制系统的组成。
3. 了解安全评价方法的定义，掌握常用的安全评价方法。
4. 理解事故应急救援的重要意义，掌握编制事故应急预案的步骤和现场事故应急救援预案的主要内容，理解场外事故应急救援预案的主要内容。

第一节　危险、危害因素分类

一、危险、危害因素

危险因素是指能对人造成伤害或对物造成突发性损害的因素。

危害因素是指能影响人的身体健康，导致疾病，或对物造成慢性损害的因素。通常情况下，二者并不加以区分而统称为危险、危害因素。危险、危害因素主要指客观存在的危险、有害物质或能量超过一定限值的设备、设施和场所等。

二、危险、危害因素分类

对危险、危害因素进行分类，是为了便于对危险、危害因素进行分析与识别。危险、危害因素分类的方法有多种，下面简要介绍危险、危害因素的分类方法。

根据《生产过程危险和有害因素分类与代码》（GB/T 13861—1992）的规定，将生产过程中的危险、危害因素分为以下 6 类。

1. 物理性危险、危害因素

(1) 设备、设施缺陷（强度不够、刚度不够、稳定性差、密封不良、应力集中、外形缺陷、运动件外露、操纵器缺陷、制动器缺陷、控制器缺陷、设备设施其他缺陷等）；

(2) 防护缺陷（无防护、防护装置和设施缺陷、防护不当、支撑不当、防护距离不够、其他防护缺陷等）；

(3) 电危害（带电部位裸露、漏电、雷电、静电、电火花、其他电危害等）；

(4) 噪声危害（机械性噪声、电磁性噪声、流体动力性噪声、其他噪声等）；

(5) 振动危害（机械性振动、电磁性振动、流体动力性振动、其他振动危害等）；

(6) 电磁辐射（电离辐射，包括 X 射线、γ 射线、α 粒子、β 粒子、质子、中子、高能电子束等；非电离辐射，包括紫外线、激光、射频辐射、超高压电场等）；

(7) 运动物危害（固体抛射物，液体飞溅物，坠落物，反弹物，土、岩滑动，料堆、料垛滑动，气流卷动，冲击地压、其他运动物危害等）；

(8) 明火；

(9) 能造成灼伤的高温物质（高温气体、液体、固体，其他高温物质等）；

(10) 能造成冻伤的低温物质（低温气体、液体、固体，其他低温物质等）；

(11) 粉尘与气溶胶（不包括爆炸性、有毒性粉尘与气溶胶）；

(12) 作业环境不良（基础下沉，安全过道缺陷，采光照明不良，有害光照，缺氧，通风不良，空气质量不良，给、排水不良，涌水，强迫体位，气温过高，气温过低，气压过高，气压过低，高温高湿，自然灾害，其他作业环境不良等）；

(13) 信号缺陷（无信号设施，信号选用不当，信号位置不当，信号不清、显示不准及其他信号缺陷等）；

(14) 标志缺陷（无标志，标志不清晰、不规范，标志选用不当，标志位置缺陷及其他标志缺陷等）；

(15) 其他物理性危险和有害因素。

2. 化学性危险、有害因素

(1) 易燃易爆性物质（易燃易爆性气体、液体、固体、粉尘与气溶胶及其他易燃易爆性物质等）；

(2) 自燃性物质；

(3) 有毒物质（有毒气体、液体、固体、粉尘与气溶胶及其他有毒物质等）；

(4) 腐蚀性物质（腐蚀性气体、液体、固体及其他腐蚀性物质等）；

(5) 其他化学性危险、有害因素。

3. 生物性危险、有害因素

(1) 致病微生物（细菌、病毒及其他致病性微生物等）；
(2) 传染病媒介物；
(3) 致害动物；
(4) 致害植物；
(5) 其他生物性危险、有害因素。

4. 心理、生理性危险、有害因素

(1) 负荷超限（体力、听力、视力及其他负荷超限）；
(2) 健康状况异常；
(3) 从事禁忌作业；
(4) 心理异常（情绪异常、冒险心理、过度紧张，其他心理异常）；
(5) 辨别功能缺陷（感知延迟、辨识错误，其他辨别功能缺陷）；
(6) 其他心理、生理性危险和有害因素。

5. 行为性危险、有害因素

(1) 指挥错误（指挥失误、违章指挥，其他指挥错误）；
(2) 操作错误（误操作、违章作业、其他操作错误）；
(3) 监护错误；
(4) 其他错误；
(5) 其他行为性危险和有害因素。

6. 其他危险、有害因素

(1) 搬举重物；
(2) 作业空间；
(3) 工具不合适；
(4) 标识不清。

第二节　重大危险源辨识与控制

一、重大危险源概念

根据《重大危险源辨识标准》（GB 18218—2000），重大危险源是指长期或临时生产、加工、搬运、使用或储存危险物质，且危险物质的数量等于或超过临界量的单元。

二、重大危险源辨识

重大危险源辨识应从是否存在一旦发生泄漏就可能导致火灾、爆炸和中毒等重大危险物质出发进行分析。目前，国际上是根据危险、有害物质的种类及其限量来确定重大危险、有害因素的。例如在欧盟塞维索指令中列出了180种危险、有害物质及其限量。我国制定的《重大危险源辨识标准》中，列出了142种危险、危害物质及其限量。重大危险源依据该标准分为七大类：易燃、易爆、有害物质的储罐区（储罐），易燃、易爆、有毒物质的库区（库），具有火灾、爆炸、中毒危险的生产场所，企业危险建（构）筑物，压力管道，锅炉，压力容器，如图5—1所示。

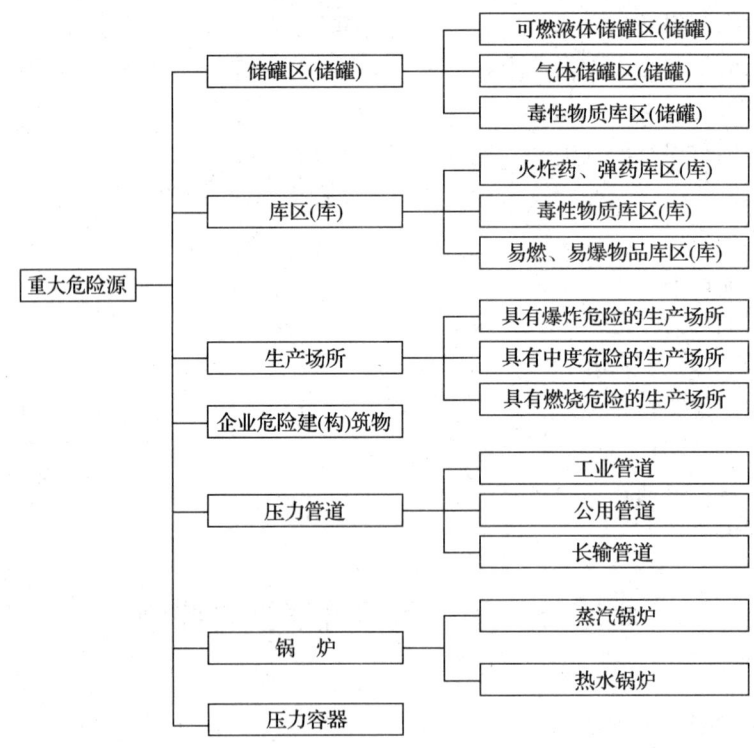

图5—1 重大危险源分类图

三、重大危险源控制系统

重大危险源控制的目的，不仅是预防重大事故发生，而且要做到一旦发生事故，能将事故危害限制到最低程度。一般来说，重大危险源总是涉及易燃、易爆或有毒性的危险物质，并且在一定范围内使用、生产、加工或储存了超过临界数量的这些物质。由于工业活动的复杂性，有效地控制重大危险源需要采用系统工程的思想和方法。

重大危险源控制系统主要由以下几个部分组成。

1. 重大危险源的辨识

防止重大工业事故发生的第一步，是辨识或确认高危险性的工业设施（危险源）。由政府主管部门和权威机构在物质毒性、燃烧、爆炸特性基础上，制定出危险物质及其临界量标准。通过危险物质及其临界量标准，可以确定哪些是可能发生事故的潜在危险源。

国际劳工组织认为，各国应根据具体的工业生产情况制定合适的危险物质及其临界量标准。该标准应能代表本国优先控制的危险物质，并便于根据新的知识和经验进行修改和补充。

2. 重大危险源的评价

根据危险物质及其临界量标准进行重大危险源辨识和确认后，就应对其进行风险分析评价。一般来说，重大危险源的风险分析评价包括下述几个方面：

（1）辨识各类危险因素及其原因与机理；

（2）依次评价已辨识的危险事件发生的概率；

（3）评价危险事件的后果；

（4）进行风险评价，即评价危险事件发生概率和发生后果的联合作用；

（5）风险控制，即将上述评价结果与安全目标值进行比较，检查风险值是否达到可接受水平，否则需进一步采取措施，降低危险水平。

3. 重大危险源的管理

企业应对工厂的安全生产负责。在对重大危险源进行辨识和评价后，应对每一个重大危险源制定出一套严格的安全管理制度，通过技术措施（包括化学品的选用，设施的设计、建造、运行、维修以及有计划的检查）和组织措施（包括对人员的培训与指导、提供保证其安全的设备，工作人员水平、工作时间、职责的确定，以及对外部合同工和现场临时工的管理），对重大危险源进行严格控制和管理。

4. 重大危险源的安全报告

企业应在规定的期限内，对已辨识和评价的重大危险源向政府主管部门提交安全报告。如属新建的有重大危险的设施，则应在其投入运转之前提交安全报告。安全报告应详细说明重大危险源的情况，可能引发事故的危险因素以及前提条件、安全操作和预防失误的控制措施、可能发生的事故类型、事故发生的可能性及后果、限制事故后果的措施、现场应急计划等。

安全报告应根据重大危险源的变化以及新知识和技术进展的情况进行修改和增补，并由政府主管部门经常进行检查和评审。

5. 应急计划

应急计划是重大危险源控制系统的重要组成部分。企业应负责制定现场应急计划，并且定期检验和评估现场应急计划和程序的有效程度，以及在必要时进行修订。场外应急计划由政府主管部门根据企业提供的安全报告和有关资料制定。应急计划的目的是抑制突发事件，减少事故对工人、居民和环境的危害。因此，应急计划应提出详尽、实用、明确和有效的技术与组织措施。政府主管部门应保证将发生事故时要采取的安全措施和正确做法的有关资料散发给可能受事故影响的公众，并保证公众充分了解发生重大事故时的安全措施，一旦发生重大事故，应尽快报警。每隔适当的时间应修订和重新散发应急计划宣传材料。

6. 工厂选址和土地使用规划

政府有关部门应制定综合性的土地使用政策，确保重大危险源与居民区和其他工作场所、机场、水库、其他危险源和公共设施安全隔离。

7. 重大危险源的监察

政府主管部门必须派出经过培训的、考核合格的技术人员定期对重大危险源进行监察、调查、评估和咨询。

第三节 安全评价方法

一、安全评价方法及其分类

安全评价方法是对系统的危险因素、有害因素及其危险、有害程度进行分析、评价的方法。安全评价的内容十分丰富，安全评价的目的和对象不同，安全评价的内容和指标也不同。目前，安全评价方法有很多种，每种评价方法都有其适用范围和应用条件，在进行安全评价时，应根据安全评价的对象和要达到的评价目的，选择适用的安全评价方法。

安全评价方法分类的目的是为了根据安全评价对象选择适用的评价方法。安全评价方法的分类方法有很多种，常用的有按评价结果的量化程度、按评价的逻辑推理过程、按评价所针对的对象、按评价要达到的目的等分类方法。

(1) 按评价结果的量化程度分类。按照安全评价结果的量化程度，安全评论方法可分为定性安全评价方法和定量安全评价方法。

1) 定性安全评价方法。定性安全评价方法主要是根据经验和直观判断能力，对生产系统的工艺、设备、设施、环境、人员和管理等方面的状况进行定性分析，安全评价的结果是一些定性的指标，如是否达到了某项安全指标、事故类别和导致事故发生的因素等。属于定性安全评价的有安全检查表、专家现场询问观察法、因素图分析法、事故引发和发展分析、作业条件危险性评价法（格雷厄姆—金尼法或 LEC 法）、故障类型和影响分析、危险可操作性研究等。定性安全评价方法的特点是容易理解，便于掌握，评价过程简单。

2) 定量安全评论方法。定量安全评价方法是运用基于大量的实验结果和广泛的事故统计资料分析获得的指标或规律（数学模型），对生产系统的工艺、设备、设施、环境、人员和管理等方面的状况进行定量的计算，安全评价的结果是一些定量的指标，如事故发生的概率、事故的伤害（或破坏）范围、定量的危险性、事故致因因素的事故关联度或重要度等。

按照安全评价给出的定量结果类别的不同，定量安全评价方法还可以分为概率风险评价法、伤害（或破坏）范围评价法和危险指数评价法。

(2) 其他安全评价方法。按照安全评价的逻辑推理过程，安全评价方法可分为归纳推理评价法和演绎推理评价法。按照安全评价要达到的目的，安全评价方法可分为事故致因因素安全评价法、危险性分级安全评价法和事故后果安全评价法。

二、常用安全评价方法简介

在安全评价中，常用的安全评价方法有十多种。但并不是任何一种方法都适用于每个被评价的系统，有些方法更适用于对一般工艺危险性的研究，并且通常适用于工艺系统寿命的早期（安全预评价阶段）评价。例如要对一套复杂的工艺装置的固有危险性大致有所了解，用某些方法，如安全检查、安全检查表分析、危险等级比较、预先危险性分析及故障假设分析，可能更为有效；在生产系统验收之前，用这些方法进行评价（安全验收评价、现状评价），可得到较好的评价结果。

1. 安全检查（Safety Review，SR）

安全检查可以说是第一个安全评价方法，它有时也称为工艺安全审查或"设计审查"及"损失预防审查"。它可以用于建设项目的任何阶段。对现有装置（在役装置）进行评价时，传统的安全检查主要包括巡视检查、正规日常检查或安全检查。例如，如果工艺尚处于设计阶段，项目设计小组可以对一套图纸进行审查。

安全检查的目的是辨识可能导致事故、引起伤害、重要财产损失或对公共环境产生重大影响的装置条件或操作规程。一般安全检查人员主要包括与装置有关的人员，即操作人员、维修人员、工程师、管理人员、安全员等，具体视工厂的组织情况而定。安全检查目的是为了提高整个装置的安全操作度，而不是干扰正常操作或对发现的问题采取处罚。完成了安全检查后，评价人员对亟待改进的地方应提出具体的措施、建议。

2. 安全检查表分析（Safety Checklist Analysis，SCA）

为了查找工程、系统中各种设备设施、物料、工件、操作、管理和组织措施中的危险、有害因素，事先把检查对象加以分解，将大系统分割成若干小的子系统，以提问或打分的形式，将检查项目列表逐项检查，避免遗漏，这种表称为安全检查表。

3. 危险指数方法（Risk Rank，RR）

危险指数方法是一种评价方法。通过评价人员对几种工艺现状及运行的固有属性（以作业现场危险度、事故概率和事故严重度为基础，对不同作业现场的危险性进行鉴别）进行比较计算，确定工艺危险特性重要性大小，并根据评价结果，确定进一步评价的对象。

危险指数评价可以运用在工程项目的各个阶段（可行性研究、设计、运行等），或在详细的设计方案完成之前，或在现有装置危险分析计划制定之前。当然，它也可用于在役装置，作为确定工艺及操作危险性的依据。

4. 预先危险性分析方法（Preliminary Hazard Analysis，PHA）

预先危险性分析方法是一种起源于美国军用标准安全计划要求方法。预先危险性分析方法是在某项工作开始之前，为实现系统安全而对系统进行的初步或初始的分析，包括设计、施工和生产前，首先对系统中存在的危险性类别、出现条件、导致事故的后果进行分析，其目的是识别系统中的潜在危险，确定其危险等级，防止危险发展成事故。

预先危险性分析可以达到以下目的：①大体识别与系统有关的主要危险；②鉴别产生危险的原因；③预测事故发生对人员和系统的影响；④判别危险等级，并提出消除或控制危险性的对策措施。

预先危险性分析方法通常用于对潜在危险了解较少和无法凭经验觉察的工艺项目的初期阶段，通常用于初步设计或工艺装置的研究和开发阶段。当分析一个庞大的现有装置或无法使用更为系统的方法时，常优先考虑 PHA 法。

5. 事故树分析（Fault Tree Analysis，FTA）

事故树（Fault Tree）是一种描述事故因果关系的有方向的"树"，是安全系统工程中重要的分析方法之一。它能对各种系统的危险性进行识别评价，既适用于定性分析，又能进行定量分析。它具有简明、形象化的特点，体现了以系统工程方法研究安全问题的系统性、准确性和预测性。FTA 不仅能分析出事故的直接原因，而且能深入提示事故的潜在原因。因此在工程或设备的设计阶段、在事故查询或编制新的操作方法时，都可以使用 FTA 对它们的安全性作出评价。

6. 事件树分析

事件树分析是用来分析普通设备故障或过程波动（称为初始事件）导致事故发生的可能性。

事故是典型设备故障或工艺异常（称为初始事件）引发的结果。与故障树分析不同，事件树分析是使用归纳法（而不是演绎法）。事件树可提供记录事故后果的系统性的方法，并能确定导致事件后果事件与初始事件的关系。

事件树分析适合用来分析那些产生不同后果的初始事件。事件树强调的是事故可能发生的初始原因以及初始事件对事件后果的影响，事件树的每一个分支都表示一个独立的事故序列。对一个初始事件而言，每一独立事故序列都清楚地界定了安全功能之间的功能关系。

7. 作业条件危险性评价法（Job Risk Analysis，LEC）

美国的 K·J·格雷厄姆（Keneth. J. Graham）和 G·F·金尼（Gilbert. F. Kinney）研究了人们在具有潜在危险环境中作业的危险性，提出了以所评价的环境与某些作为参考环境的对比为基础，将作业条件的危险性作为因变量（D），事故或危险事件发生的可能性（L）、暴露于危险环境的频率（E）及危险严重程度（C）作为自变量，确定了它们之间的函数式。根据实际经验，他们给出了 3 个自变量的各种不同情况的分数值，采取对所评价的对象根据情况进行"打分"的办法，然后根据公式计算出其危险性分数值，再按危险性分数值划分的危险程度等级表，查出其危险程度的一种评价方法。这是一种简单易行的评价作业条件危险性的方法。

第四节　事故应急救援预案

一、事故应急救援的意义

随着社会的进步，科学技术的发展，人类社会面临的事故和灾害种类越来越复杂，所造成的损失也越来越严重。惨痛的生产事故教训使人们清醒地认识到，在防范生产事故工作中，主动预测可能发生的重大生产事故，制订相应的生产安全事故应急救援预案，建立和完善生产安全应急救援体系，一旦在重大生产安全事故发生时，就能够沉着应对，及时采取必要的措施，按照正确的方法和程序对事故进行快速响应与有效控制，救助和疏散人员，最大限度地减少损失，降低事故的危害后果。

二、编制事故应急救援预案的方法和步骤

企业对每一个重大危险源都应有一套现场应急预案。现场应急预案应由企业管理部门准备并应包括对重大事故潜在后果的评估。

通常企业编制事故应急预案的步骤如下：
(1) 成立预案编制小组；
(2) 收集资料并进行初始评估；
(3) 辨识危险源并评价风险；
(4) 评价能力与资源；
(5) 建立应急反应组织；
(6) 选择合适类型的应急计划方案；
(7) 编制各级应急计划。

三、现场（内部）事故应急救援预案

现场事故应急救援预案由生产经营单位制定，主要依据或参照相关导则进行编写。内容主要包括：
(1) 单位基本情况；
(2) 危险目标及其危险特性，危险目标对周围的影响；
(3) 危险目标周围可利用的安全、消防、个体防护的设备、器材及其分布；
(4) 营救救援组织机构、组成人员和职责划分；

(5) 报警、通讯联络方式；

(6) 事故发生后应采取的处理措施；

(7) 人员紧急疏散、撤离；

(8) 危险区的隔离；

(9) 检测、抢险、救援及控制措施；

(10) 受伤人员现场救护、救治与医院救治；

(11) 现场保护与现场洗消；

(12) 应急救援保障；

(13) 预案分级响应条件；

(14) 事故应急救援终止程序；

(15) 演练计划；

(16) 附件等。

现场预案包含总体预案和各危险单元预案。通常应包含：针对重大危险源的预案，针对关键生产装置、重点生产部位的预案，针对不同事故类型的预案。

四、场外（外部）事故应急救援预案

场外预案，由县级以上地方各级人民政府组织有关部门制定。

场外预案的主要内容包括：

(1) 应急救援信息。在应急救援体系中，针对各类重大危险源建立相应的专家组。专家组应对区域内潜在重大危险的评估、应急救援资源的配备、事态及发展趋势的预测、应急力量的重新调整和部署、个人防护、公众疏散、抢险、监测、清消、现场恢复等行动提出决策性的建议。

(2) 医疗救治。应与医疗救治组织建立畅通的联系渠道，制定抢救措施，储备一定的医疗物资。

(3) 抢险救援。场外预案应与公安消防队、专业抢险队、有关工程建设公司组织的工程抢险队、军队防化兵和工程兵等建立联系方式并确定调度方案。

(4) 监测。环保监测部门、卫生防疫部门、军队防化侦察分队、气象部门等应对事故的危害区域、范围及危害性质、事故影响区域的空气、水事务、设备（施）的污染情况进行监测。收集事故状态的气候条件、天气预报、水文和地理资料等。

(5) 公众疏散和安置。根据现场指挥部发布的警报和防护措施，指导部分高层住宅居民实施隐蔽;引导必须撤离的居民有秩序地撤至安全区或安置区,组织好特殊人群的疏散安置工作;引导受污染的人员前往洗消去污点;维护安全区或安置区的秩序和治安。

(6)警戒与治安。对危害区外围的交通通道实行交通管制,阻止事故危害区外的公众进入;指挥、调度撤出危害区的人员和车辆顺利地通过通道,及时疏散交通阻塞;对重要目标实施保护,维护社会治安。

(7)洗消去污。开设洗消点(站),对受污染的人员或设备、器材等进行消毒;组织地面洗消队实施地面消毒,开辟通道或对建筑物表面进行消毒;组成喷雾分队,降低事故区域有毒有害的空气浓度,减小扩散范围。

(8)后勤保障。计划部门、交通部门、电力、通讯、市政、民政部门、物资供应等部门应提供应急救援所需的各种设施、设备、物资以及生活、医药等后勤保障。

(9)信息发布。宣传部门、新闻媒体、广播电视等部门负责事故和救援信息的统一发布,及时准确地向公众发布有关保护措施的紧急公告等。

(10)其他。包括参加现场救援的志愿者的协调和指挥,收集同类事故救援训练和演习,检查和评价预案落实状况,检查本地区场外预案与现场预案的接口,调整场外预案等。

本 章 小 结

本章通过介绍危险、有害因素的定义及其分类,认识造成事故发生和人身伤害的各种致因因素。通过介绍重大危险源的定义、辨识、控制系统,认识我国制定的《重大危险源辨识标准》(GB 18218—2000)及重大危险源控制系统的组成。通过介绍安全评价方法的定义和常用的安全评价方法,掌握对危险、有害因素程度进行分析的方法。通过介绍事故应急救援的意义、方法和步骤、现场和场外事故应急救援预案,认识事故应急救援预案已成为快速响应与有效控制事故的重要手段,学会编制事故应急预案。

复习思考题

1. 什么是危险和有害因素?
2. 简述危险、危害因素的分类。

3. 什么是重大危险源？
4. 重大危险源控制系统是由那几部分组成的？
5. 常用的安全评价方法有那些？
6. 编制事故应急预案的步骤有那些？
7. 现场（内部）事故应急救援预案的内容有那些？

第六章 工业建筑消防安全

本章学习目标

1. 了解和掌握建筑物消防安全的基本知识。
2. 熟悉工业建筑物火灾危险性分类。
3. 掌握建筑物构件的燃烧性能和耐火极限以及建筑物的耐火等级。
4. 熟悉和掌握建筑物防火分隔，防火间距、厂房泄压的基本概念、应用的基本原则、基本规定。
5. 掌握安全疏散、火场逃生的基本知识和技术。

第一节 工业建筑火灾危险性分类

一、意义

对工业建筑进行火灾危险性分类，是为了在建筑设计时，根据不同的火灾危险性，对厂房、库房的防火设计提出不同要求，使工业建筑的防火设计既有利于节约投资，又有利于确保安全。

生产过程的火灾危险性是厂房防火设计的主要依据；储存物品的火灾危险性是库房防火设计的主要依据。根据生产火灾危险性类别可以相应确定厂房建筑或库房建筑的耐火等级及其他防火、防爆措施。

生产过程的火灾危险性类别主要由生产过程中所使用的材料、中间产品和成品的物理、化学性质和某些危险特性（如燃爆性等）、危险物品的数量、生产中采用的设备类型、温度、压力等工艺条件以及其他可能导致火灾爆炸危险的条件所决定。储存物品的火灾危险性是根据储存物品本身的火灾危险性，参照生产过程火灾危险性分类方法与仓库储存管理特点划分的。

二、工业建筑火灾危险性分类

在《建筑设计防火规范》中规定了生产的火灾危险性分类。其中甲类最危险，乙、丙、丁、戊类火灾危险性依次降低。

将生产车间和库房按使用、生产或储存物质的燃爆危险性进行分类，是采取有效防火与防爆措施的重要依据。

（1）生产过程的火灾危险性分类见表6—1。

表6—1　　　　　　　　　　生产过程的火灾危险性分类

生产类别	火灾与爆炸危险性的特征
甲	使用或产生下列物质的生产 （1）闪点低于28℃的易燃液体 （2）爆炸下限<10%的可燃气体 （3）常温下能自行分解或在空气中氧化即能导致迅速自燃或爆炸的物质 （4）常温下受到水或空气中水蒸气的作用，能产生可燃气体并引起燃烧或爆炸的物质 （5）遇酸、受热、撞击、摩擦以及遇有机物或硫磺等易燃的无机物，极易引起燃烧或爆炸的强氧化剂 （6）受撞击、摩擦或与氧化剂、有机物接触时能引起燃烧或爆炸的物质 （7）在压力容器内物质本身温度超过自燃点的生产
乙	使用或产生下列物质的生产 （1）闪点28～60℃的易燃、可燃液体 （2）爆炸下限≥10%的可燃气体 （3）助燃气体和不属于甲类的氧化剂 （4）不属于甲类的化学易燃危险固体 （5）生产中排出的浮游状态的纤维、粉尘、闪点≥60℃的液体雾滴
丙	使用或产生下列物质的生产 （1）闪点≥60℃的可燃液体 （2）可燃固体
丁	具有下列情况的生产 （1）对非燃烧物质进行加工，并在高热或熔化状态下经常产生辐射热、火花或火焰的生产 （2）利用气体、液体、固体作为燃料或将气体、液体进行爆炸作其他用的各种生产 （3）常温下使用或加工难燃烧物质的生产
戊	常温下使用或加工非燃烧物质的生产

(2) 储存物品的火灾危险性分类见表 6—2。

表 6—2　　　　　　　　储存物品的火灾危险性分类

储存物品类别	火灾与爆炸危险性的特征	举　　例
甲	(1) 常温下能自行分解或在空气中氧化即能导致迅速自燃或爆炸的物质 (2) 常温下受到水或空气中水蒸汽的作用，能产生可燃气体并引起燃烧或爆炸的物质 (3) 撞击、摩擦与氧化剂、有机物接触时能引起燃烧或爆炸的物质 (4) 闪点<28℃的易燃液体 (5) 爆炸下限<10%的可燃气体，以及受到水或空气中水蒸气的作用，能产生爆炸下限<10%的可燃气体的固体物质 (6) 遇酸、受热、撞击、摩擦以及遇有机物或硫磺等易燃的无机物，以及极易引起燃烧或爆炸的强氧化剂	(1) 硝化棉、硝化纤维胶片、溃漆棉、火胶棉、赛璐珞棉、黄磷 (2) 钾、钠、锂、钙、氢化锂、四氢化锂铝、氢化钠 (3) 赤磷、五硫化磷 (4) 己烷、戊烷、石脑油、环戊烷、二硫化碳、二甲苯、甲醇、乙醇、乙醚、蚁酸甲酯、醋酸甲酯、硝酸乙酯、汽油、丙酮、丙烯、乙醛 (5) 乙炔、氢、甲烷、乙烯、丙烯、丁二烯、环氧乙烷、煤气、硫化氢、氯乙烯、液化石油气、电石 (6) 氯酸钾、氯酸钠、过氧化钠、过氧化钾
乙	(1) 不属于甲类的化学易燃危险固体 (2) 闪点 28～60℃的易爆、可燃液体 (3) 不属于甲类的氧化剂 (4) 助燃气体 (5) 爆炸下限≥10%的可燃气体 (6) 常温下与空气接触能缓慢氧化、积热不散易引起燃烧的危险物品	(1) 硫磺、镁粉、铝粉、赛璐珞板(片)、樟脑、萘、生松香、硝化纤维漆布、硝化纤维色片 (2) 煤油、松节油、丁烯醇、异戊醇、丁醚、醋酸、丁酯、硝酸戊酯、乙酰丙酮、环己胺、溶剂油、樟脑油、蚁酸、糠醛 (3) 硝酸铜、铬酸、亚硝酸钾、重铬酸钠、铬酸钾、硝酸、硝酸汞、硝酸钴、发烟硝酸、漂白粉 (4) 氧气、氟气 (5) 氨气 (6) 桐油漆布及其制品，漆布及其制品，油纸及其制品，油绸及其制品，浸油金属屑

续表

储存物品类别	火灾与爆炸危险性的特征	举 例
丙	(1) 闪点≥60℃的可燃液体 (2) 可燃固体	(1) 动物油、植物油、沥青、蜡、润滑油、机油、重油、闪点≥60℃的柴油 (2) 化学、人造纤维及其织物,纸张,棉、毛、丝、麻及其织物,谷物及面粉,天然橡胶及其制品,竹、木及其制品
丁	难燃烧物品	酚醛塑料及其制品,水泥刨花板
戊	非燃烧物品	钢材、玻璃及其制品,搪瓷制品,不燃气体

(3) 根据生产、储存火险分类采取的防灾措施举例见表6—3。

表6—3　　根据生产、储存火险分类采取的防灾措施举例

措施举例	火险类别				
	甲	乙	丙	丁	戊
建筑耐火等级	一、二级	一、二级	一至三级	一至四级	一至四级
防爆泄压面积（$m^2 \cdot m^{-3}$）	0.05~0.10	0.05~0.10	通常不需要	通常不需要	通常不需要
安全疏散距离（多层厂房）(m)	≤25	≤50	≤50	≤50	≤75
室外消防用水量（1 500 m^3库房一次灭火用量）($L \cdot s^{-1}$)	15	15	15	10	10
通风	空气不应循环使用,排、送风机防爆	空气不应循环使用,排、送风机防爆	空气净化后可循环使用	不作专门要求	不作专门要求
采暖	热水蒸汽或热风采暖不得用火炉	热水蒸汽或热风采暖不得用火炉	不作具体要求	不作具体要求	不作具体要求
灭火器设置（库房）	1个/80 m^2,但至少2个	1个/80 m^2,但至少2个	1个/100 m^2,但至少2个	不作具体要求	不作具体要求

第二节 建筑物构件的燃烧性能和耐火极限

一、建筑材料的燃烧性能及分级

在建筑物中使用的材料统称为建筑材料。建筑材料的燃烧性能是指其燃烧或遇火时所发生的一切物理和化学变化,这项性能由材料表面的着火性和火焰传播性、发热、发烟、炭化、失重,以及毒性生成物的产生等特性来衡量。我国国家标准《建筑材料燃烧性能分级方法》(GB 8624—1997)将建筑材料的燃烧性能分为以下几种等级:

A级:不燃性建筑材料;B1级:难燃性建筑材料;B2级:可燃性建筑材料;B3级:易燃性建筑材料。

二、建筑构件的燃烧性能

建筑物是由建筑构件组成的,诸如基础、墙壁、柱、梁、板、屋顶、楼梯等。建筑构件是由建筑材料构成,其燃烧性能取决于所使用建筑材料的燃烧性能,我国将建筑构件的燃烧性能分为三类:

1. 不燃烧体(非燃烧体)

金属、砖、石、混凝土等不燃性材料制成的构件,称为不燃烧体(以前也称非燃烧体)。这种构件在空气中遇明火或高温作用下不起火、不微燃、不炭化。如砖墙、钢屋架、钢筋混凝土梁等构件都属于非燃烧体,常被用作承重构件。

2. 难燃烧体

用难燃性材料制成的构件或用可燃材料制成而用不燃性材料作保护层制成的构件。其在空气中遇明火或在高温作用下难起火、难微燃、难炭化,且当火源移开后燃烧和微燃立即停止。如沥青混凝土,水泥刨花板等。

3. 燃烧体

用可燃性材料制成的构件。这种构件在空气中遇明火或在高温作用下会立即起火或发生微燃,而且当火源移开后,仍继续保持燃烧或微燃。如木柱、木屋架、木梁、木楼梯、木格栅、纤维板吊顶等构件都属于燃烧体构件。

三、建筑构件的耐火极限

1. 火灾标准升温曲线

建筑构件的耐火极限是指构件在标准耐火试验中,从受到火的作用时起,到失去稳定性或完整性或绝热性止的这段抵抗火作用的时间,一般以小时计。

建筑物发生火灾时,其内部的温度是随着时间变化的,分别取时间和温度作为横、纵坐标,即可绘制出火灾过程中的时间—温度曲线。在实际的火灾中,每一起火灾的时间—温度曲线是各不相同的,但为了对建筑构件进行耐火实验,进而对其耐火极限进行度量,必须人为规定一种能反映、模拟一般火灾规律的标准温升条件,把它绘制成曲线就称为时间—温度标准曲线。

对构件进行标准耐火试验,测定其耐火极限是通过燃烧试验炉进行的。耐火试验采用明火加热,使试验构件受到与实际火灾相似的火焰作用。为了模拟一般室内火灾的全面发展阶段,试验时,炉内温度随时间推移而上升并按下列关系式控制:

$$T - T_0 = 345 \lg(8t + 1) \tag{6—1}$$

式中:t——试验经历的时间,min;

T——在 t 时间时的炉内温度,℃;

T_0——试验开始时的炉内温度,℃;T_0 应在 5~40℃ 范围内。

式(6—1)表示的曲线称为火灾标准升温曲线,如图 6—1 所示。

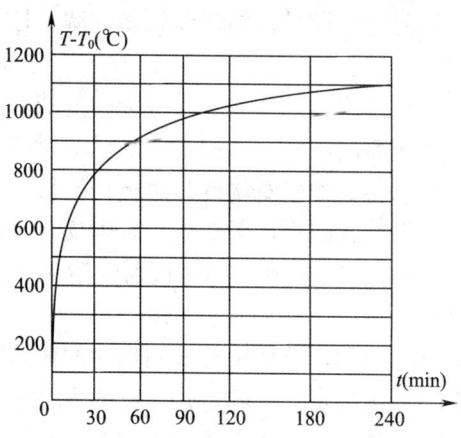

图 6—1 火灾标准升温曲线

2. 耐火极限的概念和判定条件

对任一建筑构件按时间—温度标准曲线进行耐火实验，从受到火的作用时起，到失去支持能力或完整性被破坏或失去绝热作用时止的这段时间称为耐火极限，以小时表示。

耐火极限的判定条件：①失去完整性；②失去绝热性；③失去承载能力和抗变形能力。

3. 影响耐火极限的因素

(1) 材料的燃烧性能。材料的燃烧性能好，构件耐火极限就低。

(2) 构件的截面尺寸。构件的截面尺寸大，构件的耐火极限就高。

(3) 保护层的厚度。构件的保护层厚，构件的耐火极限就高。

第三节　工业建筑物的耐火等级

一、建筑物的耐火等级

1. 建筑物的耐火等级的划分基准和依据

为了保证建筑物的安全，必须采取必要的防火措施，使之具有一定的耐火性，即使发生了火灾也不至于造成太大的损失，通常用耐火等级来表示建筑物所具有的耐火性。一座建筑物的耐火等级不是由一两个构件的耐火性决定的，是由组成建筑物的所有构件的耐火性决定的，即是由组成建筑物的墙、柱、梁、楼板等主要构件的燃烧性能和耐火极限决定的。

我国现行规范选择楼板作为确定耐火极限等级的基准，因为对建筑物来说楼板是最具代表性的一种至关重要的构件。在制定分级标准时首先确定各耐火等级建筑物中楼板的耐火极限，然后将其他建筑构件与楼板相比较，在建筑结构中所占的地位比楼板重要的，可适当提高其耐火极限要求，否则反之。根据我国国情，并参照其他国家的标准，《建筑设计防火规范》将建筑物的耐火等级分为一、二、三、四级，一级最高，四级最低。

确定建筑物耐火等级的目的，主要是使不同用途的建筑物具有与之相适应的耐火性能，从而实现安全与经济的统一。确定建筑物的耐火等级的依据主要有以下几个方面：①建筑物的火灾危险性；②建筑物的火灾荷载；③建筑物的重要性：发生火灾的政治影响、可能造成的人员伤亡及经济损失。

2. 建筑物的耐火等级

《建筑设计防火规范》规定的工业与民用建筑物构件的燃烧性能和耐火极限见表6—4。

表6—4　　　　　　　　　　建筑物构件的耐火等级

构件名称	燃烧性能和耐火极限（h）			
	一级	二级	三级	四级
承重墙、楼梯间、电梯井的墙	非燃烧体 3.00	非燃烧体 2.50	非燃烧体 2.50	难燃烧体 0.50
支承多层的柱	非燃烧体 3.00	非燃烧体 2.50	非燃烧体 2.50	非燃烧体 0.50
支承单层的柱	非燃烧体 2.50	非燃烧体 2.00	非燃烧体 2.00	非燃烧体
梁	非燃烧体 2.00	非燃烧体 1.50	非燃烧体 1.00	非燃烧体 0.50
楼板	非燃烧体 1.50	非燃烧体 1.00	非燃烧体 0.50	非燃烧体 0.25
吊顶（包括吊顶搁栅）	非燃烧体 0.25	非燃烧体 0.25	非燃烧体 0.15	非燃烧体
屋顶的承重构件	非燃烧体 1.50	非燃烧体 0.50	非燃烧体	非燃烧体
疏散楼梯	非燃烧体 1.50	非燃烧体 1.00	非燃烧体 1.00	非燃烧体
框架充填墙	非燃烧体 1.00	非燃烧体 1.00	非燃烧体 0.50	非燃烧体 0.25
隔墙	非燃烧体 0.75	非燃烧体 0.50	非燃烧体 0.50	非燃烧体 0.25
防火墙	非燃烧体 4.00	非燃烧体 4.00	非燃烧体 4.00	非燃烧体 4.00

注：①以木柱承重且以非燃烧材料作为墙体的建筑物，其耐火等级应按四级确定。
②高层工业建筑的预制钢筋混凝土装配式结构，其节点缝隙或金属承重构件节点的外露部位，应做防火保护层，其耐火极限不应低于本表相应构件的规定。
③二级耐火等级的建筑物吊顶，如采用非燃烧体时，其耐火极限不限。
④在二级耐火等级的建筑中，面积不超过100 m² 的房间隔墙，如执行本表的规定有困难时，可采用耐火极限不低于0.3 h的非燃烧体。
⑤一、二级耐火等级民用建筑疏散通道两侧的隔墙，按本表规定执行有困难时，可采用0.75 h非燃烧体。
⑥建筑构件的燃烧性能和耐火极限，可按《建筑设计防火规范》附录二确定。

二、工业建筑物的耐火等级、层数和占地面积

1. 厂房的耐火等级、层数和占地面积

厂房的耐火等级、层数和面积应与生产的火灾危险性类别相适应。例如，甲、乙类生产应采用一、二级耐火等级的建筑物；丙类生产厂房的耐火等级不应低于三级；丁、戊类生产厂房的耐火等级不应低于四级。

在层数方面，如果采用的是一、二级耐火等级，因其防火条件较好，可对不同火灾危险性类别的厂房提出不同的要求。对甲乙类生产厂房来说，除生产上必须采用多层者外，最好采用单层建筑，但严禁将甲乙类生产设在地下室或半地下室内。丙类生产的火灾危险性还是比较大的，虽可采用三级耐火等级的建筑物，但其层数按照疏散和灭火的要求，不应超过二层。丁、戊类生产厂房在选用三级耐火等级的建筑物时，可以建到三层，以适应当前中、小城市消防设备的灭火能力。

从减少火灾损失出发，对各类生产的各级耐火等级建筑物防火墙间的占地面积也要有不同的限制，根据火场经验，甲类生产在采用一级耐火等级单层建筑物时，防火墙间的占地面积为 4 000 m^2；多层可为 3 000 m^2。其他类生产，各级耐火等级建筑物的占地面积都要符合表 6—5 的要求。

2. 库房的耐火等级、层数和建筑面积

库房是物资集中的地方，在设计库房时，要按照储存物品的火灾危险性类别及储存要求，慎重地选择库房建筑的耐火等级，进而在此基础上采取其他防火技术措施。《建筑设计防火规范》中的具体要求见表 6—5，库房的耐火等级、层数和占地面积见表 6—6。

表 6—5　　　　　厂房的耐火等级、层数和占地面积

生产类别	耐火等级	最多允许层数	防火分区最大允许占地面积（m^2）			
			单层厂房	多层厂房	高层厂房	厂房的地下室和半地下室
甲	一级 二级	除生产必须采用多层者外，宜采用单层	4 000 3 000	3 000 2 000	— —	— —
乙	一级 二级	不限 6	5 000 4 000	4 000 3 000	2 000 1 500	— —

续表

生产类别	耐火等级	最多允许层数	防火分区最大允许占地面积（m²）			
			单层厂房	多层厂房	高层厂房	厂房的地下室和半地下室
丙	一级	不限	不限	6 000	3 000	500
	二级	不限	8 000	4 000	2 000	500
	三级	2	3 000	2 000	—	—
丁	一、二级	不限	不限	不限	4 000	1 000
	三级	3	4 000	2 000	—	—
	四级	1	1 000	—	—	—
戊	一、二级	不限	不限	不限	6 000	1 000
	三级	3	5 000	3 000	—	—
	四级	1	1 500	—	—	—

注：①防火分区间，应用防火墙分隔。一、二级耐火等级的单层厂房（甲类厂房除外）如面积超过本表规定，设置防火墙有困难时，可用防火水幕带或防火卷帘加水幕分隔。
②一级耐火等级的多层及二级耐火等级的单层、多层纺织厂房（麻纺厂除外）可按本表的规定增加50%，但上述厂房的原棉开包、清花车间均应设防火墙分隔。
③一、二级耐火等级的单层、多层造纸生产联合厂房，其防火分区最大允许占地面积可按本表的规定增加1.5倍。
④甲、乙、丙类厂房装有自动灭火设备时，防火分区最大允许占地面积可按本表的规定增加1倍；丁、戊类厂房装有自动灭火设备时，其占地面积不限，局部设置时，增加面积可按该局部面积的1倍计算。
⑤一、二级耐火等级的容物仓工作塔，每层人数不超过2人时，最多允许层数可不受本表限制。

表6—6　　　　　　　　库房的耐火等级、层数和建筑面积

储存物品类别		耐火等级	最多允许层数	最大允许占地面积（m²）						
				单层库房		多层库房		高层库房		库房的地下室和半地下室
				每座库房	防火墙间	每座库房	防火墙间	每座库房	防火墙间	防火墙间
甲	（3）、（4）项	一级	1	180	60	—	—	—	—	—
	（1）、（2）、（5）、（6）项	一、二级	1	750	250	—	—	—	—	—
乙	（1）、（3）、（4）项	一、二级	3	2 000	500	900	300	—	—	—
		三级	1	500	250	—	—	—	—	—

续表

储存物品类别		耐火等级	最多允许层数	最大允许占地面积（m²）						库房的地下室和半地下室
				单层库房		多层库房		高层库房		
				每座库房	防火墙间	每座库房	防火墙间	每座库房	防火墙间	防火墙间
乙	(2)、(5)、(6)项	一、二级	5	2 800	700	1 500	500	—	—	—
		三级	1	900	300	—	—	—	—	—
丙	(1)项	一、二级	5	4 000	1 000	2 800	700	—	—	150
		三级	1	1 200	400	—	—	—	—	—
	(2)项	一、二级	不限	6 000	1 500	4 800	1 200	4 000	1 000	300
		三级	3	2 100	700	1 200	400	—	—	—
丁		一、二级	不限	不限	3 000	不限	1 500	4 800	1 200	500
		三级	3	3 000	1 000	1 500	500	—	—	—
		四级	1	2 100	700	—	—	—	—	—
戊		一、二级	不限	不限	不限	不限	2 000	6 000	1 500	1 000
		三级	3	3 000	1 000	2 100	700	—	—	—
		四级	1	2100	700	—	—	—	—	—

注：①高层库房、高架仓库和筒仓的耐火等级不应低于二级。储存特殊贵重物品的库房，其耐火等级宜为一级。
②独立建造的硝酸铵库房、电石库房、聚乙烯库房、尿素库房、配煤库房以及车站、码头、机场内的中转仓库，其占地面积可按本表的规定增加1倍，但耐火等级不应低于二级。
③装有自动灭火设备的库房，其占地面积可按本表及注②的规定增加1倍。
④石油库内桶装油品库房面积可按《石油库设计规范》执行。
⑤煤均化库防火分区最大允许建筑面积可为 12 000 m²，但耐火等级不应低于二级。
⑥占地面积均指建筑面积。

第四节 防火分隔

一、防火分区

1. 防火分区的概念

所谓防火分区是指采用防火分隔措施划分出的、能在一定时间内防止火灾向同一建筑物的其余部分蔓延的局部区域（空间单元）。在建筑物内采用划分防火分区这一措施，可以在建筑物一旦发生火灾时，有效地把火势控制在一定的范围内，减少火灾损失，同时可以为人员安全疏散、消防扑救提供有利条件。

按照防止火灾向防火分区以外扩大蔓延的功能，防火分区可分为两类：其一是竖向防火分区，用以防止多层或高层建筑物层与层之间竖向发生火灾蔓延；其二是水平防火分区，用以防止火灾在水平方向扩大蔓延。

竖向防火分区是指用耐火性能较好的楼板及窗间墙（含窗下墙），在建筑物的垂直方向对每个楼层进行的防火分隔。

水平防火分区是指用防火墙或防火门、防火卷帘等防火分隔物将各楼层在水平方向分隔出的防火区域。它可以阻止火灾在楼层的水平方向蔓延。防火分区一般应用防火墙分隔，如确有困难时，可采用防火卷帘加冷却水幕或闭式喷水系统，或采用防火分隔水幕分隔。

从防火的角度看，防火分区划分得越小，越有利于保证建筑物的防火安全。防火分区面积大小的确定应考虑建筑物的使用性质、重要性、火灾危险性、建筑物高度、消防扑救能力以及火灾蔓延的速度等因素。

2. 防火分区的划分

（1）厂房每个防火分区面积的最大允许占地面积应符合表6—5的要求。多层厂房表中最大允许占地面积系指每层允许最大建筑面积。

（2）库房每个防火墙间面积及最大允许占地面积应符合表6—6的要求。

（3）高层厂房防火分区的划分。高层厂房是指建筑高度超过24 m的两层及两层以上的厂房。高层厂房每个防火分区的最大允许建筑面积应符合表6—6的要求。甲类厂房不能设在高层厂房内。高层厂房的耐火等级不应低于二级。

（4）高层库房防火分区的划分。高层库房是指建筑高度超过24 m的二层及二层以上的库房。甲、乙类物品及丙类可燃液体不应储存在高层库房内。高层库房的耐火等级不应低于二级。

高层库房每个防火分区防火墙间的最大允许建筑面积应符合表6—6的要求。

二、防火分隔物

1. 防火分隔物的概念

防火分隔物是指能在一定时间内阻止火势蔓延，且能把建筑物内部空间分隔成若干小防火空间的物体。

常用防火分隔物有防火墙、防火门、防火卷帘、防火水幕带、防火阀和排烟防火阀等。

2. 防火墙

防火墙是由不燃烧材料构成的，为减小或避免建筑、结构、设备遭受热辐射危害和防止火灾蔓延，设置的竖向分隔体或直接设置在建筑物基础上或钢筋混凝土框架上具有耐火性的墙。防火墙是防火分区的主要建筑构件。通常防火墙有内防火墙、外防火墙和室外独立墙几种类型。

3. 防火门

防火门是指在一定时间内，连同框架能满足耐火稳定性、完整性和隔热性要求的门。它是设置在防火分区间、疏散楼梯间、垂直竖井等且具有一定耐火性的活动的防火分隔物。防火门除具有普通门的作用外，更重要的是还具有阻止火势蔓延和烟气扩散的特殊功能。它能在一定时间内阻止或延缓火灾蔓延，确保人员安全疏散。

4. 防火窗

防火窗是指在一定的时间内，连同框架能满足耐火稳定性和耐火完整性要求的窗。防火窗一般安装在防火墙或防火门上。防火窗的分类，按安装方法可分为固定窗扇防火窗和活动窗扇防火窗。防火窗的作用，一是隔离和阻止火势蔓延，此种窗多为固定窗；二是采光，此种窗有活动窗扇，正常情况下可以采光通风，火灾时起防火分隔作用。活动窗扇的防火窗应具有手动和自动关闭功能。

5. 防火卷帘

防火卷帘是指在一定时间内，连同框架能满足耐火稳定性和耐火完整性要求的卷帘。

防火卷帘是一种活动的防火分隔物，平时卷起放在门窗上口的转轴箱中，起火时将其放下展开，用以阻止火势从门窗洞口蔓延。防火卷帘设置部位一般在消防电梯前室、自动扶梯周围、中庭与每层走道、过厅、房间相通的开口部位、代替防火墙需设置防火分隔设施的部位等。

6. 防火阀

防火阀是指在一定时间内能满足耐火稳定性和耐火完整性要求，用于通风、空调管道内阻火的活动式封闭装置。

第五节 防火间距

所谓防火间距就是当一幢建筑物起火时，其他建筑物在热辐射的作用下，没用任何保护措施时，也不会起火的最小距离。

一、影响防火间距的因素

火灾不仅能在建筑物内部蔓延,而且还可能向相接甚至相隔一段距离的建筑物蔓延。造成火灾蔓延的主要因素有以下几种。

1. 辐射热

辐射热是影响防火间距的主要因素,辐射热的传导作用范围较大,在火场上火焰温度越高,辐射热强度越大,引燃一定距离内的可燃物时间也越短。辐射热伴随着热对流和飞火则更危险。

2. 热对流

这是火场冷热空气对流形成的热气流,热气流冲出窗口,火焰向上升腾而扩大火势蔓延。由于热气流离开窗口后迅速降温,故热对流对邻近建筑物来说影响较小。

3. 建筑物外墙开口面积

建筑物外墙开口面积越大,火灾时在可燃物的质和量相同的条件下,由于通风好、燃烧快、火焰强度高,辐射热强,相邻建筑物接受辐射热也较多,就容易引起火灾蔓延。

4. 建筑物内可燃物的性质、数量和种类

可燃物的性质、种类不同,火焰温度也不同。可燃物的数量与发热量成正比,与辐射热强度也有一定关系。

5. 风速

风的作用能加强可燃物的燃烧并促使火灾加快蔓延。

6. 相邻建筑物高度的影响

相邻两栋建筑物,若较低的建筑着火,尤其当火灾发生时它的屋顶结构倒塌,火焰蹿出时,对相邻的较高的建筑危险很大,因较低建筑物对较高建筑物的辐射角在30°至45°之间时,辐射热强度最大。

7. 建筑物内消防设施的水平

如果建筑物内火灾自动报警和自动灭火设备完整,不但能有效地防止和减少建筑物本身的火灾损失,而且还能减小对相邻建筑物蔓延的可能。

8. 灭火时间的影响

火场中的火灾温度,随燃烧时间有所增长。火灾延续时间越长,辐射热强度也会有所增加,对相邻建筑物的蔓延可能性增大。

二、确定防火间距的基本原则

影响防火间距的因素很多,除考虑建筑物的耐火等级、建(构)筑物的使用性质、生产或储存物品的火灾危险性等因素外,还应考虑到消防人员能够及时到达并迅速扑救这一因素。通常根据下述情况确定防火间距。

1. 热辐射的作用

火灾资料表明,一、二级耐火等级的低层民用建筑,保持 7～10 m 的防火间距,在有消防队进行扑救的情况下,一般不会蔓延到相邻的建筑物。

2. 灭火作战的实际需要

建筑物的建筑高度不同,需使用的消防车也不同。对低层建筑,普通消防车即可;而对高层建筑,则还要使用曲臂、云梯等登高消防车。为此,考虑登高消防车操作场地的要求,也是确定防火间距的因素之一。

3. 节约用地

在进行总平面规划时,既要满足防火要求,又要考虑节约用地。在有消防扑救的条件下,能够阻止火灾向相邻建筑物蔓延为原则。

三、库房的防火间距

(1) 甲类物品库房之间的防火间距不应小于 20 m。乙、丙、丁、戊类物品库房之间的防火间距不应小于表 6—7 的规定。

(2) 高层库房之间以及高层库房与其他建筑之间的防火间距应按表 6—7 的要求增加 3 m,单层、多层戊类库房之间的防火间距可按表 6—7 的要求减少 2 m。

(3) 甲类物品库房与其他建筑物的防火间距不应小于表 6—7 的规定。乙、丙、丁、戊类物品库房与其他建筑之间的防火间距、与甲类物品库房的防火间距按表 6—7 的规定执行;与甲类厂房之间的防火间距应按表 6—7 的规定增加 2 m。

(4) 乙类物品库房(乙类 6 项物品除外)与重要的公共建筑之间的防火间距不宜小于 30 m,与其他民用建筑不宜小于 25 m。

四、厂房的防火间距

(1) 厂房之间的防火间距不应小于表 6—7 的规定。

(2) 丙、丁、戊类厂房与民用建筑之间的防火间距,不应小于表 6—7 的规定,但单层、多层戊类厂房与民用建筑之间的防火间距,可按表 6—7 单层、多层民用建筑之间的防火间距的要求执行。甲、乙类厂房与民用建筑之间的防火间距,不应小于 25 m，距重要的公共建筑不宜小于 50 m，甲类厂房与明火或散发火花地点的防火间距不应小于 30 m（明火地点是指室内外有外露火焰或赤热表面的固定地点。散发火花地点是指有飞火的烟囱或室外砂轮、电焊、气焊、气割、非防爆的电气开关等固定地点）。

（3）厂房与甲类物品库房之间的防火间距不小于表 6—7 的规定，但高层厂房与甲类物品库房的防火间距不应小于 13 m。

（4）除高层厂房和甲类厂房外，数座厂房的占地面积总和不超过规范规定的防火分区最大允许占地面积时，可成组布置。组内厂房之间的间距，当厂房高度不超过 7 m 时，不应小于 4 m；超过 7 m 时，不应小于 6 m。组与组或组与相邻建筑之间的防火间距应符合表 6—7 的规定。

表 6—7　　　　　　　　厂房的防火间距（m）

耐火等级	一、二级	三级	四级
一、二级	10	12	14
三级	12	14	16
四级	14	16	18

注：①防火间距应按相邻建筑物外墙的最近距离计算，如外墙有凸出的燃烧构件，则应从其凸出部分外缘算起。
②甲类厂房之间及其与其他厂房之间的防火间距，应按本表增加 2 m，戊类厂房之间的防火间距，可按本表减少 2 m。
③高层厂房之间及其与其他厂房之间的防火间距，应按本表增加 3 m。
④两座厂房相邻较高一面的外墙为防火墙时，其防火间距不限，但甲类厂房之间不应小于 4 m。
⑤两座一、二级耐火等级厂房，当相邻较低一面外墙为防火墙且较低一座厂房的屋盖耐火极限不低于 1 h 时，其防火间距仍可适当减小，但甲、乙类厂房不应小于 6 m；丙、丁、戊类厂房不应小于 4 m。
⑥两座一、二级耐火等级厂房，当相邻较高一面外墙的门窗等开口部位设有防火门窗或防火卷帘和水幕时，其防火间距可适当减小，但甲、乙类厂房不应小于 6 m；丙、丁、戊类厂房不应小于 4 m。
⑦两座丙、丁、戊类厂房相邻两面的外墙均为非燃烧体，如无外露的燃烧体屋檐，当每面外墙上的门窗洞口面积之和各不超过该外墙面积的 5%，且门窗洞口不正对开设时，其防火间距可按本表减小 25%。
⑧耐火等级低于四级的原有厂房，其防火间距可按四级确定。

（5）室外变、配电站与建筑物、堆物、储罐之间的防火间距不应小于表 6—8 的规定。

表 6—8　　室外变、配电站与建筑物、堆场、储罐之间的防火间距　　（m）

建筑物、堆场、储罐名称			变压器总油量（t）		
			5～10	10～50	>50
民用建筑	耐火等级	一、二级	15	20	25
		三级	20	25	30
		四级	25	30	35
丙、丁戊类厂房及库房		一、二级	12	15	20
		三级	15	20	25
		四级	20	25	30
甲、乙类厂房			25		
甲、乙类库房	储量不超过 10 t 的甲类 1、2、5、6 项物品和乙类物品		25		
	储量不超过 5 t 的甲类 3、4 项物品和储量超过 10 t 的甲类 1、2、5、6 项物品		30		
	储量超过 5 t 的甲类 3、4 项物品		40		
稻草、麦秸、芦苇等易燃材料堆场			50		
甲、乙类液体储罐			1～50	25	
			51～200	30	
			201～1 000	40	
			1 001～5 000	50	
丙类液体储罐			5～250	25	
			251～1 000	30	
			1 001～5 000	40	
			5 001～25 000	50	
液化石油气储罐	总储量（立方米）		<10	35	
			11～30	40	
			31～200	50	
			201～1 000	60	
			1 001～2 500	70	
			2 501～5 000	80	
				90	
湿式可燃气体储罐			≤1 000	25	
			1 001～10 000	30	
			10 001～50 000	35	
			>50 000	40	

续表

建筑物、堆场、储罐名称		变压器总油量（t）		
		5～10	10～50	>50
湿式氧化储罐	总储量（立方米）	≤1 000 1 001～50 000 >50 000		25 30 35

注：①防火间距应从距建筑物、堆场、储罐最近的变压器外壁算起，但室外变、配电构架距堆场、储罐和甲、乙类的厂房不宜小于 25 m，距其他建筑物不宜小于 10 m。
②本条的室外变、配电站，是指电力系统电压为 35～500 kV，且每台变压器容量在 10 000 kVA 以上的室外变、配电站，以及工业企业的变压器总油量超过 5 t 的室外总降压变电站。
③发电厂内的主要变压器，其油量可按单台确定。
④干式可燃气体储罐的防火间距应按本表湿式可燃气体储罐增加 25%。

(6) 储罐、堆场与建筑物的防火间距不应小于表 6—9 的规定。

表 6—9　　　　　　　　储罐、堆场与建筑物的防火间距

名　称	一个罐区、堆场总储量（m³）	耐火等级（m）		
		一、二级	三级	四级
易燃液体	1～50	12	15	20
	51～200	15	20	25
	201～1 000	20	25	30
	1 001～5 000	25	30	40
可燃液体	5～250	12	15	20
	251～1 000	15	20	25
	1 001～5 000	20	25	30
	5 001～25 000	25	30	40

注：①防火间距应从距建筑物最近的储罐外壁、堆垛外缘算起，但储罐防火堤外侧基脚线至建筑物的距离不应小于 10 m。
②甲、乙、丙类液体的固定顶储罐区、半露天堆场和乙、丙类液体堆场与甲类厂（库）房以及民用建筑的防火间距，应按本表的规定增加 25%。但甲、乙类液体储罐区、半露天堆场和乙、丙类液体的堆场与上述建筑物的防火间距不应小于 25 m，与明火或散发火花地点的防火间距，应按本表四级建筑的规定增加 25%。
③浮顶储罐或闪点大于 120℃ 的液体储罐与建筑物的防火间距，可按本表的规定减小 25%。
④一个单位如有几个储罐区时，储罐区之间的防火间距不应小于本表相应储量储罐与四级建筑的较大值。
⑤石油库的储罐与建筑物、构筑物的防火间距可按《石油库设计规范》的有关规定执行。

第六节　厂房防爆泄压

一、厂房防爆泄压原理

防爆厂房的泄压主要靠轻质屋盖、轻质外墙和泄压门窗的泄压面积来实现。这些泄压构件就建筑整体而言是人为设置的薄弱部位。当发生爆炸时，它们最先遭到破坏或开启，向外释放大量的气体和热量，使室内爆炸产生的压力迅速下降，从而达到主要承重结构不被破坏，整座厂房不倒塌的目的。

二、对泄压构件和泄压面积及其设置的要求

对泄压构件和泄压面积及其设置的要求如下：

(1) 泄压轻质屋盖。根据需要可分别由石棉水泥波形瓦和加气混凝土等材料制成，并有保温层或防水层、无保温层或无防水层之分。

(2) 泄压轻质外墙分为有保温层、无保温层两种型式。常采用石棉水泥瓦作为无保温层的泄压轻质外墙，而有保温层的轻质外墙则是在石棉水泥瓦外墙的内壁加装难燃木丝板作保温层，用于要求采暖保温或隔热降温的防爆厂房。

(3) 泄压窗有多种型式，如轴心偏上中悬泄压窗，抛物线型塑料板泄压窗等。窗户上通常安装厚度不超过 3 mm 的普通玻璃。要求泄压窗能在爆炸力递增稍大于室外风压时，能自动向外开启泄压。

(4) 泄压设施的泄压面积与厂房体积的比值（m^2/m^3）宜为 0.05～0.22。爆炸介质威力较强或爆炸压力上升速度较快的厂房，应尽量加大比值。体积超过 1 000 m^3 的建筑，如采用上述比值有困难时，可适当降低，但不宜小于 0.03。

(5) 作为泄压面积的轻质屋盖和轻质墙体重量每平方米不宜超过 120 kg。

(6) 散发较空气轻的可燃气体、可燃蒸气的甲类厂房宜采用全部或局部轻质屋盖作为泄压设施。

(7) 泄压面积的设置应避开人员集中的场所和主要交通道路，并宜靠近容易发生爆炸的部位。

(8) 当采用活动板、窗户、门或其他铰链装置作为泄压设施时，必须注意防止打开的泄压孔由于在爆炸正压冲击波之后出现负压而关闭。

(9) 爆炸泄压孔不能受到其他物体的阻碍，也不允许冰、雪妨碍泄压孔和泄压窗的开启，需要经常检查和维护。

（10）当起爆点能确定时，泄压孔应设在距起爆点尽可能近的地方。当采用管道把爆炸产物引导到安全地点时，管道必须尽可能短而直，且应朝向陈放物少的方向设置，因为任何管道泄压的有效性都随着管道长度的增加而按比例减小。

第七节　防烟技术

烟气是物质燃烧和热解的产物。火灾过程所产生的气体、剩余空气和悬浮在气体中的微粒的总和称为烟气。烟气的成分性质和危害性已在前面讨论，下面只研究防烟的技术措施。

一、防烟分区

1. 防烟分区的概念

防烟分区是为有利于建筑物内人员安全疏散与有组织排烟而采取的技术措施。防烟分区使烟气集于设定空间，通过排烟设施将烟气排至室外。其目的在于：为安全疏散创造有利条件；为消防扑救火灾创造有利条件；控制火势蔓延扩大，减小火灾造成的损失。

防烟分区范围是指以屋顶挡烟隔板、挡烟垂壁或从顶棚向下突出不小于 500 mm 的梁为界，从地板到屋顶或吊顶之间的规定空间。

屋顶挡烟隔板是指设在屋顶内，能对烟和热气的横向流动造成障碍的垂直分隔体。挡烟垂壁是指用不燃烧材料制成，从顶棚下垂不小于 500 mm 的固定或活动的挡烟设施。活动挡烟垂壁系指火灾时因感温、感烟或其他控制设备的作用，自动下垂的挡烟垂壁。固定式挡烟板与活动式挡烟板如图 6—2 和图 6—3 所示。

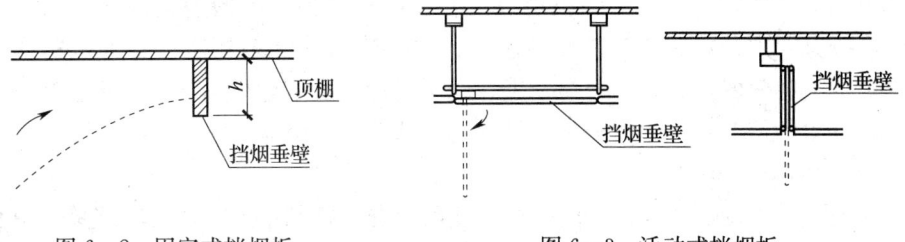

图 6—2　固定式挡烟板　　　　　图 6—3　活动式挡烟板

2. 防烟分区的作用

大量资料表明，火灾现场人员伤亡的主要原因是烟害所致。发生火灾时首要任务是把火场上产生的高温烟气控制在一定的区域之内,并迅速排出室外。为此,在设定条件下必须划分防烟分区。设置防烟分区主要是保证在一定时间内,使火场上产生的高温烟气不致随意扩散,并进而加以排除,从而达到有利于人员安全疏散,控制火势蔓延和减小火灾损失的目的。

3. 防烟分区的设置原则和方法

设置防烟分区时,如果面积过大,会使烟气波及面积扩大,增加受灾面,不利于安全疏散和扑救;如面积过小,不仅影响使用,还会提高工程造价。一般遵循如下原则:不设排烟设施的房间(包括地下室)和走道,不划分防烟分区;防烟分区不应跨越防火分区;对有特殊用途的场所,如地下室、防烟楼梯间、消防电梯、避难层间等,应单独划分防烟分区;防烟分区一般不跨越楼层,某些情况下,如1层面积过小,允许包括1个以上的楼层,但以不超过3层为宜;每个防烟分区的面积,对于高层民用建筑和其他建筑(含地下建筑和人防工程),其建筑面积不宜大于 500 m^2;当顶棚(或顶板)高度在 6 m 以上时,可不受此限。此外,需设排烟设施的走道、净高不超过 6 m 的房间应采用挡烟垂壁、隔墙或从顶棚突出不小于 0.5 m 的梁划分防烟分区,梁或垂壁至室内地面的高度不应小于 1.8 m。

防烟分区一般根据建筑物的种类和要求不同,可按其用途、面积、楼层划分。

二、防烟方式

防烟方式归纳起来有非燃化防烟、密闭防烟、阻碍防烟和加压送风防烟几种方式。

1. 非燃化防烟

防烟的基本做法首先是非燃化。非燃化防烟是从根本上杜绝烟源的一种防烟方式。关于非燃化的问题,各国都制定了专门的法规或规范,对包括建筑材料、室内家具材料以及各种管道及其保温绝热材料在内的各种材料的燃化都作了明确的规定,特别是对那些特殊建筑、大型建筑、地下建筑等许多场所,要求是非常严格的。非燃烧材料的特点是不容易发烟,既不燃烧且发烟量很少,所以非燃材料可使火灾时产生的烟气量化大大减少,烟气光学浓度大大降低。

2. 密闭防烟方式

对发生火灾的房间实行密闭防烟也是防烟的一种基本方式,其原理是采用密封性能很好的墙壁等将房间封闭起来,并对进出房间的气流加以控制。当房间一旦起火时,一般可杜绝新鲜的空气流入,使着火房间内的燃烧因缺氧而自行熄灭,从而达到防烟灭火的目的。

这种方式一般适用于防火分区容易分得很细的住宅、公寓、旅馆等，并优先用于容易发生火灾的房间，如灶房等。这种方式的优点是不需要动力，而且效果很好。缺点是门窗等经常处于关闭状态时使用不方便，而且发生火灾时，如果房间内有人需要疏散，仍将引起漏烟。

3. 阻碍防烟方式

在烟气扩散流动的路线上设置各种阻碍，以防止烟气继续扩散的方式称为阻碍防烟方式。这种方式常常用在烟气控制区域的交界处，有时在同一区域内也采用。防烟卷帘、防火门、防火阀、防烟垂壁等都是这种阻碍结构。

4. 机械加压防烟方式

在建筑物发生火灾时，对着火区以外的区域进行加压送风，使其保持一定的正压，以防止烟气侵入的防烟方式称为加压防烟。因为加压区域和非加压区域之间有若干常规的挡烟物，如墙壁、楼板及门窗等，挡烟物两侧的压力差可有效地防止烟气通过门窗周围的缝隙和围护结构缝隙渗漏过来。发生火灾时，由于疏散和扑救的需要，加压区域之间的门总是要打开的，或者是在疏散期间打开，或者是在整个火灾期间打开。如果敞开门洞处的气流速度方向与烟气流向相反，当气流速度达到一定值时，仍能有效阻止烟气，即阻止烟气向非加压的着火区流动。如图6—4和图6—5所示。

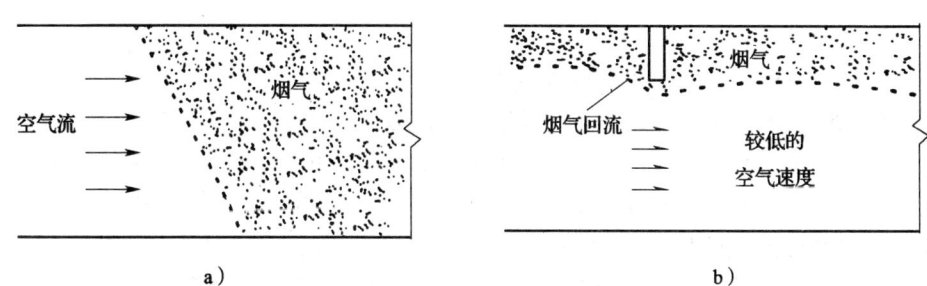

图6—4 挡烟板两侧的压差及气体流动

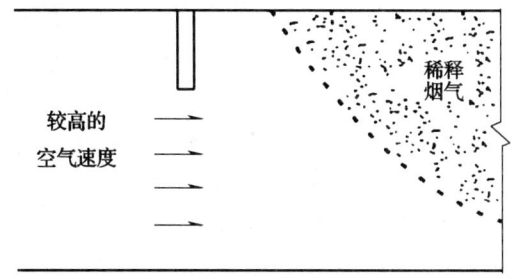

图6—5 在走廊内用空气流防止烟气逆流

加压防烟方式的优点是能有效地防止烟气侵入所控制的区域，而且由于送入大量的新鲜空气，特别适合于作为疏散通道的楼梯间、电梯间及前室的防烟。

三、排烟方式

1. 自然排烟方式

自然排烟是利用火灾产生的烟气流的浮力和外部风力作用，通过建筑物的对外开口把烟气排至室外的排烟方式，实质是热烟气和冷空气的对流运动。在自然排烟中，必须有冷空气的进口和热烟气的排出口。烟气排出口可以是建筑物的外窗，也可以是专门设置在侧墙上部的排烟口。对高层的建筑来说，曾一度采用专用的通风排烟竖井，在平常，由于建筑物内空气温度一般比室外高，产生浮力，使气流上升，便于房间排气。发生火灾时，由于室内温度较大幅度上升，室内外温差较大，形成烟囱效应，成为排烟的一种动力，常称为烟塔排烟方式。

这种方式由于利用了竖井的"烟囱效应"，产生抽风力，所以排烟效果好，它不受室外条件的影响，而且设备简单，不需要动力。如果考虑了竖井的耐热问题，可排除较高温度的烟气，因此得到了一定的应用。这种方式的主要缺点是占地面积大。

2. 机械排烟方式

（1）全面通风排烟方式。在对房间利用排烟机进行机械排烟的同时，利用送风机进行机械送风，这种方式称为全面通风排烟方式。由于这种机械排烟方式给控制区送入了大量的新鲜空气，为避免产生助燃的影响，它不适用于着火区，可用于非着火的有烟区。系统运行时可使系统的送风量稍大于排烟量，使控制区稍微正压。这种方式的优点是防烟排烟效果好，而且稳定，不受任何气象条件的影响从而确保控制区域的安全。缺点是需要送、排风两套机械设备，投资较高，耗电量也较大。

（2）负压机械排烟方式。利用排烟机把着火房间中产生的烟气通过排烟口排到室外的排烟方式称为负压排烟方式。在火灾发展初期，这种排烟方式能使着火房间内压力下降，造成负压，烟气不会向其他区域扩散。但火灾猛烈发展阶段，由于烟气大量产生，排烟机如来不及把其完全排除，烟气就可能扩散到其他区域中去。另外排烟机要求能承受高温烟气，而且还需要设防火阀，在超温时自动关闭停止排烟。所以，不仅投资高，而且日常维护管理费用也高。

3. 喷雾水流排烟

喷雾水流排烟是一种既方便又有效的排烟手段和方法。这种方法既有利于灭火,又能净化空气,还能减轻烟气对消防员的危害。使用时,一般要求是:选择在进风口的一面设置喷雾水枪,下风口的一面为排烟口。并注意在排烟口附近设置一定水枪保护,方可实施排烟。喷雾水流排烟的技术要求比较高。在走廊内排烟时,喷雾水流应将走廊的截面积全部遮住,阻止烟气的倒流,排烟时应逐步推进;在房间内排烟时,应以房间的入口处作喷雾前端,要求在能全部覆盖入口的位置上固定水枪。进入室内要注意形成负压,以防烟火倒流;如在面积较大的空间排烟时,应充分利用防火分隔物,依托防火分隔缩小进风口横截面积,然后喷射水流。对于排烟一侧,须将开口部位全部开放。

四、隔烟设施

在防烟分区的区域边界上设置烟气阻隔设施形成围挡,使烟气不能越过阻碍物继续流动。在火灾发展初期,烟气阻隔设施对阻止烟气的水平扩散十分有效。若及时启动排烟装置,烟气可以有效地控制在本区域,若不能及时排烟,烟气越聚越多,烟气层厚度增大,将越过阻隔装置向外扩散。

用于阻隔烟气水平方向扩散的装置有挡烟垂壁和挡烟梁两类。挡烟垂壁通常有防烟卷帘、活动式挡烟板、固定式挡烟板等。

第八节 安全疏散与火场逃生

一、安全疏散

根据《建筑防火设计规范》的要求,厂房安全出口的数目不应少于两个。但符合下列要求的可设一个。甲类厂房,每层面积不超过 100 m² 且同一时间的生产人数不超过 5 人;乙类厂房,每层面积不超过 150 m² 且同一时间的生产人数不超过 10 人;丙类厂房,每层面积不超过 250 m² 且同一时间的生产人数不超过 20 人;丁、戊类厂房,每层面积不超过 400 m² 且同一时间的生产人数不超过 30 人。

厂房的地下室、半地下室的安全出口的数目不应少于两个,但面积不超过 50 m² 且人数不超过 10 人时可设一个。

地下室、半地下室如用防火墙隔成几个防火分区时,每个防火分区可利用防火墙上通向相邻分区的防火门作为第二安全出口,但每个防火分区必须有一个直通室外的安全出口。

厂房内最远工作地点到外部出口或楼梯的距离不应超过表 6—10 的规定。

表 6—10　　　　　　　　　　　厂房安全疏散距离（m）

生产类别	耐火等级	单层厂房	多层厂房	高层厂房	厂房的地下室、半地下室
甲	一、二级	30	25	—	—
乙	一、二级	75	50	30	—
丙	一、二级 三级	80 60	60 40	40 —	30 —
丁	一、二级 三级 四级	不限 60 50	不限 50 —	50 — —	45 — —
戊	一、二级 三级 四级	不限 100 60	不限 75 —	75 — —	60 — —

厂房每层的疏散楼梯、走道、门的各自总宽度应按表 6—11 的规定计算。当各层人数不相等时，其楼梯总宽度应分层计算，下层楼梯总宽度按其上层人数最多的一层人数计算，但楼梯最小宽度不宜小于 1.1 m。

底层外门的总宽度应按该层或该层以上人数最多的一层人数计算；但疏散门的最小宽度不宜小于 0.9 m；疏散走道宽度不宜小于 1.4 m。

表 6—11　　　　　　厂房疏散楼梯、走道和门的宽度指标

厂房层数	一、二层	三层	四层及以上
宽度指标（米/百人）	0.6	0.8	1.0

注：①当使用人数少于 50 人时，楼梯，走道和门的最小宽度可适当减小。但门的最小宽度不应小于 0.8m。
②本规定的宽度均指净宽度。

二、火场逃生

一场火灾降临，能否逃生，固然与火势大小、起火时间、楼层高度、建筑物内有无报警、排烟、灭火设施等因素有关，然而主要与受灾者的自救能力以及是否懂得逃生步骤和方法等因素有关。火海余生的条件不外乎两条：科学的逃生自救方法

和良好的心理素质。

1. 火场致死因素

火灾中致人死亡的因素主要有 4 种：即有毒气体（特别是一氧化碳）、缺氧、烧伤和吸入烟气。根据统计资料，火灾中死亡的人员有 80% 以上不是直接被火烧死的，而是由于烟气（有毒气体、热气等）的危害造成的。

2. 火场逃生基本原则

（1）财物诚可贵，生命价更高。火场逃生要迅速，动作越快越好，切不要为穿衣服或寻找贵重物品而延误时间，要树立"时间就是生命""逃生第一"的思想。

（2）就近就便，因地制宜。火场中被困人员应抓紧时间，就近、就便，利用一切可以利用的通道、工具，迅速撤离危险区域。

（3）互相帮助，有序疏散。在火灾现场，每个人不仅应该想到使自己尽快疏散，还要积极帮助老、弱、病、残、妇女、儿童等有秩序地疏散，切忌乱作一团而导致通道堵塞，酿成大祸。

3. 火场逃生方式

（1）居安思危，未雨绸缪。首先要了解和熟悉自己工作、学习或居住的建筑物的结构及逃生路径。当你身处陌生的环境，如进入酒店、商场、娱乐场所时，也要留意疏散通道和安全出口的方位，一旦发生火灾，你就不会"走投无路"了。

（2）清理通道，敞开出口。楼梯、通道、安全出口等是火灾发生时逃生的必经之路，将其堵塞无疑是自断后路。应清理所处建筑的通道和出口，保证这些地方随时畅通无阻。切不可为防盗而在出口处设闸上锁。

（3）速灭小火，免酿大灾。火灾最容易被遏制的时候是它的初起阶段。如果发现火势不大，尚未对人造成很大威胁，周围又有足够的消防器材，如灭火器、消火栓等的时候，应集中力量迅速将火扑灭。千万不能置小火于不顾而酿成大灾。

（4）不贪财物，不履险地。人的生命是最重要的，身处险境，应尽快撤离，不要因害羞或贪恋贵重物品，而把宝贵的逃生时间浪费在穿衣或抢救贵重物品上。

（5）明辨方向，迅速撤离。面对浓烟烈火，一定要让自己保持镇静。这样才能迅速辨明危险地带和安全地带，从而采取正确的逃生路线和方法。千万不要盲目地跟从人流，更不要乱冲乱窜。要尽量往低楼层跑（特殊情况除外），若通道已被烟火封阻，则应背向烟火方向离开，通过阳台、气窗、天台等往室外逃生。

（6）蒙鼻避烟，匍匐前进。从火场逃生时往往会经过充满烟雾的路段，这时防烟就十分重要。毛巾、口罩都是防止烟气的好东西，而贴近地面匍匐撤离也是避免吸入烟气的好方法。如果必须穿越烟火封锁区，则应配戴防毒面具、头盔、阻燃隔热服等护具；没有这些护具时，可向头部、身上浇冷水或用湿毛巾、湿棉被、湿毯子等将头、身裹好，再冲出去。

（7）善用通道，莫入电梯。发生火灾时，要根据情况选择相对较为安全的楼梯通道撤离。紧急情况下，还可以通过阳台、窗台、屋顶等转移到附近的安全地点或是沿着水管、避雷线等建筑结构中的凸出物脱险。由于电梯的供电系统在火灾中会随时断电，且电梯井会形成"烟囱效应"直接威胁被困人员的生命，因此，千万不能乘普通电梯逃生。

（8）滑绳自救，缓降逃生。高层、多层的公共建筑物内一般都配有高空缓降器或救生绳，被火灾围困的人员可以通过这些设施逃离危险楼层。如果没有这些专门设施，而安全通道又被封堵，你可以用绳索或床单、窗帘、衣服等自制简易救生绳，并用水打湿，沿绳缓慢滑到下面楼层或地面安全逃生。

（9）暴露自己，寻求援助。被烟火围困暂时无法逃离的人员，应尽量待在阳台、窗口等易于被人发现和能暂时避免烟火近身的地方。在白天，可以向窗外晃动颜色鲜艳的衣物，或向外抛质量较轻的东西；在晚上可用发光的东西在窗口不停闪动或敲击东西，及时发出有效的求救信号，引起救援者的注意。在被烟气窒息失去自救能力前，应努力滚到墙边或门边，便于消防人员寻找、营救；此外，滚到墙边也可防止房屋结构塌落砸伤自己。

（10）跳楼有术，减损求生。首先应强调的是：只有消防员准备好救生气垫并指挥跳楼或楼层不高（一般3层以下），同时，不跳楼就会马上丧生的情况下，才能采取跳楼逃生；即便已没有任何退路，若生命还未受到严重威胁，也要冷静地等待救援。迫不得已跳楼时，应尽量往救生气垫中部跳或往水池、软雨篷、草地等方向跳；如有可能，要尽量抱些棉被、沙发垫等松软物品或打开大雨伞跳下，以减缓冲击力；如果徒手跳楼，一定要扒住窗台或阳台边缘使身体自然下垂后才跳下，以尽量降低垂直距离；落地前要用双手抱紧头部，身体弯曲蜷成一团，以减少伤害。再次重申，跳楼会对身体造成一定伤害，须慎之又慎。

"只有绝望的人，没有绝望的处境"，面对滚滚的浓烟和熊熊的烈焰，只要冷静机智地运用火场自救与逃生知识，往往就能绝处逢生。

4. 火场逃生中的五大错误行为

在火场由于人的惊慌失措和从众心理，常出现一些错误行为，从而丧失逃生机会。下面是常见的五种错误行为。

（1）原路脱险。这是人们最常见的火灾逃生行为模式。人们总是习惯沿着进来的出入口和楼道进行逃生，当发现此路被封死时，才被迫去寻找其他出入口。殊不知，此时已失去最佳逃生时间。

（2）向光朝亮。这是在紧急危险情况下，由于人的本能、生理、心理所决定。但这时的火场中，90%的可能是电源已被切断或已造成短路、跳闸等，光和亮之地正是火魔逞威之处。

（3）盲目追随。当人的生命突然面临危险状态时，极易因惊慌失措而失去正常的判断思维能力，第一反应就是盲目地追随众人。克服盲目追随的方法是平时要多了解与掌握一定的消防自救及逃生知识。

（4）自高向下。当高楼大厦发生火灾，特别是高层建筑一旦失火，人们总是习惯性地认为：火是从下面往上着的，越高越危险，越下越安全。殊不知，这时的下层可能是一片火海。

随着消防装备现代化的不断提高，在发生火灾时，有条件的可登上房顶或在房间内采取有效的防烟、防火措施后等待救援也不失为明智之举。

（5）冒险跳楼。人们在开始发现火灾时，会立即做出第一反应。这时的反应大多还是比较理智的。但是，当选择的路线逃生失败，逃生之路被大火封死，火势越来越大，烟雾越来越浓时，人们就很容易失去理智。此时的人们也不要跳楼、跳窗等，而应另谋生路，万万不可盲目采取冒险行为，盲目跳楼。

本 章 小 结

本章是全书最基本的内容之一，主要讲述工业建筑火灾安全方面的知识。通过本章的学习，应该掌握和了解工业建筑物的火灾危险性分类、分类的方法，工业建筑物构件的燃烧性能、耐火极限以及工业建筑物耐火极限等级的划分。应该熟悉建筑物防火分隔、防火间距、厂房泄压的基本概念、基本原则和相关规定。应该掌握火灾过程中的安全疏散、安全逃生的基本知识和技术。

复习思考题

1. 对工业建筑进行火灾危险性分类的意义是什么？
2. 什么是建筑物构件的燃烧性能和耐火极限？

3. 划分建筑物耐火等级的目的是什么？
4. 防火分区、防火间距在实际防火中的作用和意义是什么？
5. 通过对自己周围建筑物防火设施的观察，查找哪些设施、设备属于建筑物火灾预防中的防、排烟设施、设备？
6. 在火灾中如何对人员进行疏散？
7. 如何在火灾中成功逃生？

附录1 危险化学品安全管理的法律法规及标准

我国政府历来重视危险化学品的安全管理工作,先后制订、颁布了一系列的法律法规、技术标准及规范,这是危险化学品生产、经营、运输、储存和使用的准则。以下为我国危险化学品安全管理的主要法律法规、标准及规范。

(1)《中华人民共和国安全生产法》(2002年11月1日实施)

(2)《危险化学品安全管理条例》(国务院令第344号,2002年3月15日实施)

(3)《中华人民共和国监控化学品管理条例》(国务院令第190号,1995年12月27日施行)

(4)《安全生产许可证条例》(国务院令第397号,2001年1月13日实施)

(5)《农药管理条例》(国务院令第326号,2001年11月29日实施)

(6)《中华人民共和国内河交通安全管理条例》(国务院令第355号,2002年8月1日实施)

(7)《使用有毒物品作业场所劳动保护条例》(国务院令第352号,2002年5月12日实施)

(8)《作业场所安全使用化学品公约》(1990年6月25日国际劳工组织通过,1994年10月27日全国人大常委会决定批准该公约)

(9)《工作场所安全使用化学品规定》(原劳动部、化工部颁布,1997年1月1日实施)

(10)《中华人民共和国固体废物环境污染防治法》(1996年4月1日实施)

(11)《烟花爆竹安全管理条例》(国务院令第455号,2006年1月11日实施)

(12)《民用爆炸物品安全管理条例》(国务院令第466号,2006年9月1日实施)

(13)《重大危险源辨识》(GB 18218—2000)

(14)《危险货物品名表》(GB 12268—2005)

(15)《危险货物分类和品名编号》(GB 6944—2005)
(16)《常用危险化学品的分类及标志》(GB 13690—1992)
(17)《危险化学品经营企业开业条件和技术要求》(GB 18265—2000)
(18)《常用化学危险品储存通则》(GB 15603—1995)
(19)《化学品安全技术说明书编写规定》(GB 16483—2000)
(20)《化学品安全标签编写规定》(GB 15258—1999)
(21)《易燃易爆性商品储藏养护技术条件》(GB 17914—1999)
(22)《腐蚀性商品储藏养护技术条件》(GB 17915—1999)
(23)《毒害性商品储藏养护技术条件》(GB 17916—1999)
(24)《危险货物包装标志》(GB 190—1990)
(25)《危险货物运输包装通用技术条件》(GB 12463—1990)
(26)《建筑设计防火规范》(GBJ16—1987,2001版)
(27)《烟花爆竹劳动安全技术规程》(GB 11652—1989)
(28)《民用爆破器材工厂设计安全规范》(GB 50089—1998)
(29)《民用爆破器材企业安全管理规程》(WJ 9049—2005)
(30)《仓库防火安全管理规则》(公安部令1990第6号)
(31)《爆炸危险场所安全规定》(劳动部劳发〔1995〕56号)
(32)《剧毒物品品名表》(GB 58—1993)
(33)《铁路危险货物运输管理规则》(铁运〔1995〕104号)
(34)《汽车危险货物运输规则》(JT 3130—1998)
(35)《水路危险货物运输规则》(1996年12月1日实施)
(36)《铁路危险货物托运人资质审查暂行规定》(铁运〔2002〕20号)
(37)《铁路剧毒品运输跟踪管理暂行规定》(铁运〔2002〕21号)
(38)《汽车加油加气站设计与施工规范》(GB 50156—2002)
(39)《危险化学品登记管理办法》(2002年10月国家经贸委令第35号)
(40)《危险化学品经营许可证管理办法》(2002年10月国家经贸委令第36号)
(41)《危险化学品包装物、容器定点生产管理办法》(2002年10月国家经贸委令第37号)
(42)《关于特大安全事故行政责任追究的规定》(2001年国务院令第302号)
(43)《危险化学品生产企业安全生产许可证实施办法》(2004年国家安全生产监督管理令第10号)
(44)《危险化学品生产企业安全评价导则(试行)》(安监管危化字〔2004〕

127号)

(45)《危险化学品经营单位安全评价导则(试行)》(安监管危化字〔2003〕38号)

(46)《危险化学品包装物、容器定点生产企业生产条件评价导则(试行)》(安监管危化字〔2004〕122号)

(47)《危险化学品应急救援预案编制导则》(安监管危化字〔2004〕43号)

(48)《烟花爆竹生产企业安全生产许可证实施办法》(国家安全生产监督管理局令第11号,2004年5月17日)

(49)《烟花爆竹经营许可实施办法》(国家安全生产监督管理总局令第7号,自2006年10月1日起施行)

(50)《民用爆破器材安全生产许可证实施办法》(科工法〔2004〕1080号,2004年8月25日)

附录2 108种物质的防火防爆安全参数

序号	名称	爆炸危险度	最大爆炸压力 MPa	爆炸下限（%）（体积分数）	爆炸上限（%）（体积分数）	蒸气相对密度（空气为1）	闪点（℃）	自燃点（℃）
1	氢	17.9	0.74	4.0	75.6	0.07	气态	560
2	一氧化碳	4.9	0.73	12.5	74.0	0.97	气态	605
3	二硫化碳	59.0	0.73	1.0	60.0	2.64	<−20	102
4	硫化氢	9.6	0.50	4.3	45.5	1.19	气态	270
5	呋喃	5.2	—	2.3	14.3	2.35	<−20	390
6	噻吩	7.3	—	1.5	12.5	2.90	−9	395
7	吡啶	5.2	—	1.7	10.6	2.73	17	550
8	尼古丁	4.7	—	0.7	4.0	5.60	—	240
9	萘	5.5	—	0.9	5.9	4.42	80	540
10	顺萘	6.0	—	0.7	4.9	4.77	61	230
11	四乙基铅	—	—	1.6		11.10	80	
12	城市煤气	6.5	0.70	4.0	30.0	0.50	气态	560
13	标准汽油	5.4	0.85	1.1	7.0	3.20	<−20	260
14	照明煤油	12.3	0.80	0.6	8.0	—	≥40	220
15	喷气机燃料	10.7	0.80	0.6	7.0	5.00	<0	220
16	柴油	9.8	0.75	0.6	0.5	7.00	—	—
17	甲烷	2.0	0.72	5.0	15.0	0.55	气态	595
18	乙烷	3.2	—	3.0	12.5	1.04	气态	515
19	丙烷	3.5	0.86	2.1	9.5	1.56	气态	470
20	丁烷	4.7	0.86	1.5	8.5	2.05	气态	365
21	戊烷	4.6	0.87	1.4	7.8	2.49	<−20	285
22	己烷	4.8	0.87	1.2	6.9	2.79	<−20	240
23	庚烷	2.1	0.86	1.1	6.7	3.46	−4	215
24	辛烷	5.0	—	0.8	6.5	3.94	12	210

续表

序号	名称	爆炸危险度	最大爆炸压力 MPa	爆炸下限（%）（体积分数）	爆炸上限（%）（体积分数）	蒸气相对密度（空气为1）	闪点（℃）	自燃点（℃）
25	壬烷	7.0	—	0.7	5.6	4.43	31	205
26	癸烷	6.7	0.75	0.7	5.4	4.90	46	205
27	硝基甲烷	7.9	—	7.1	63.0	2.11	86	415
28	氯甲烷	1.6	—	7.1	18.5	1.78	气态	625
29	二氯甲烷	0.7	0.50	13.0	22.0	2.93	—	605
30	氯乙烷	3.1	—	3.6	14.8	2.22	气态	510
31	二氯乙烷	1.6	—	6.2	16.0	3.42	13	440
32	正氯丁烷	4.5	0.88	1.8	10.1	3.20	－12	245
33	甲基戊烷	4.8	—	1.2	7.0	2.97	＜－20	300
34	二乙基戊烷	7.1	—	0.7	5.7	4.43	—	290
35	环丙烷	3.3	—	2.4	10.4	1.45	气态	495
36	环丁烷	—	—	1.8	—	1.93	气态	
37	环己烷	5.9	0.86	1.2	8.3	2.90	－18	260
38	环氧乙烷	37.5	0.99	2.6	100.0	1.52	气态	440
39	乙烯	9.6	0.89	2.7	28.5	0.97	气态	425
40	丙烯	4.9	0.86	2.0	11.7	1.49	气态	455
41	丁烯	4.8	—	1.6	9.3	1.94	气态	440
42	戊烯	5.2	—	1.4	8.7	2.42	＜－20	290
43	丁二烯	8.1	0.70	1.1	10.0	1.87	气态	415
44	苯乙烯	4.5	0.66	1.1	6.1	3.59	32	490
45	氯丙烯	2.6	—	4.5	16.0	2.63	＜－20	—
46	顺式－2－丁烯	4.7	—	1.7	9.7	1.94	气态	
47	乙炔	53.7	10.3	1.5	82.0	0.90	气态	335
48	丙炔	—	—	1.7	—	1.38	气态	
49	丁炔	—	—	1.4	—	1.86	＜－20	—
50	苯	57	0.90	1.2	8.0	2.70	－11	555
51	甲苯	4.8	0.68	1.2	7.0	3.18	6	535

续表

序号	名称	爆炸危险度	最大爆炸压力 MPa	爆炸下限（%）（体积分数）	爆炸上限（%）（体积分数）	蒸气相对密度（空气为1）	闪点（℃）	自燃点（℃）
52	乙苯	6.8	—	1.0	7.8	3.66	15	430
53	丙苯	6.5	—	0.8	6.0	4.15	39	450
54	丁苯	6.3	—	0.8	5.8	4.62	—	410
55	二甲苯	5.4	0.78	1.1	7.0	3.66	25	525
56	三甲苯	5.4	—	1.1	7.0	4.15	50	485
57	三联苯	3.9	—	0.7	3.4	5.31	113	570
58	甲醇	7.0	0.74	5.5	44.0	1.10	11	455
59	乙醇	3.3	0.75	3.5	15.0	1.59	12	425
60	丙醇	5.4	—	2.1	13.5	2.07	15	405
61	丁醇	6.1	0.75	1.4	10.0	2.55	29	340
62	异戊醇	5.7	—	1.2	8.0	3.04	−30	—
63	乙二醇	15.6	—	3.2	53.0	2.14	111	410
64	氯乙醇	2.2	—	5.0	16.0	2.78	55	425
65	甲基丁醇	4.5	—	1.2	8.0	3.04	34	340
66	甲醛	9.4	—	7.0	73.0	1.03	气态	—
67	乙醛	13.3	0.73	4.0	57.0	1.52	<−20	140
68	丙醛	8.1	—	2.3	21.0	2.00	<−20	—
69	丁醛	7.9	0.66	1.4	12.5	2.48	<−51	236
70	苯甲醛	—	—	1.4	—	3.66	64	190
71	丁烯醛	6.4	—	2.1	15.5	2.41	13	230
72	糠醛	8.2	—	2.1	19.3	3.31	60	315
73	甲酸甲酯	3.0	—	5.0	20.0	2.07	<−20	450
74	甲酸乙酯	4.0	—	2.7	13.5	2.55	20	440
75	甲酸丁酯	3.7	—	1.7	8.0	3.52	18	320
76	甲酸异戊酯	4.9	—	1.7	10.0	4.01	22	320
77	乙酸甲酯	4.2	0.88	3.1	16.0	2.56	−10	475
78	乙酸乙酯	4.5	0.87	2.1	11.5	3.04	4	460
79	乙酸丙脂	3.7	—	1.7	8.0	3.52	−10	

续表

序号	名称	爆炸危险度	最大爆炸压力 MPa	爆炸下限(%)(体积分数)	爆炸上限(%)(体积分数)	蒸气相对密度(空气为1)	闪点(℃)	自燃点(℃)
80	乙酸丁脂	5.3	0.77	1.2	7.5	4.01	25	370
81	乙酸异戊酯	9.0	—	1.0	10.0	4.49	25	380
82	丙酸甲酯	4.4	—	2.4	13.0	3.30	−2	465
83	异丁烯酸甲酯	5.0	0.77	2.1	12.5	3.45	10	430
84	硝酸乙酯	—	>1.05	3.8	—	3.14	10	—
85	二甲醚	5.2	—	3.0	18.6	1.59	气态	240
86	甲乙醚	4.1	0.85	2.0	10.1	2.07	气态	240
87	乙醚	20.0	0.92	1.7	36.0	2.55	<−20	170
88	二乙烯醚	14.9	—	1.7	27.0	2.41	<−20	360
89	二异丙醚	20.0	0.85	1.0	21.0	3.53	<−20	405
90	二正丁基醚	8.4	—	0.9	8.5	4.48	25	175
91	丙酮	4.2	0.55	2.5	13.0	2.00	<−20	540
92	丁酮	4.3	0.85	1.8	9.5	2.48	−1	505
93	环己酮	4.2	—	1.3	9.4	3.38	43	430
94	氯	43	—	6.0	32.0	1.80	气态	—
95	氢氰酸	7.6	0.94	5.4	46.6	0.93	<−20	535
96	乙腈	—	—	3.0	—	1.42	2	525
97	丙腈	—	—	3.1	—	1.90	2	—
98	丙烯腈	9.0	—	2.8	28.0	1.94	<−20	—
99	氨	0.9	0.60	15.0	28.0	0.59	气态	630
100	甲胺	3.1	—	5.0	2.07	1.07	气态	475
101	二甲胺	4.1	—	2.8	14.4	1.55	气态	400
102	三甲胺	4.8	—	2.0	11.6	2.04	气态	190
103	乙胺	3.0	—	3.5	14.0	1.55	气态	—
104	二乙胺	4.9	—	1.7	10.1	2.53	<−20	310
105	丙胺	4.2	—	2.0	10.4	2.04	<−20	320
106	二甲基联胺	7.3	—	2.4	20.0	2.07	−18	240
107	乙酸	3.3	5.4	4.0	17.0	2.07	40	485
108	樟脑	6.5	—	0.6	4.5	5.24	66	250

注：数据取自北京劳动保护科学研究所．北京：安全技术手册．电力工业出版社，1982年版，第174页。

主要参考文献

1. 国家安全生产监督管理局编. 安全评价（第三版）. 北京：煤炭工业出版社，2005
2. 陈宝智编著. 安全原理. 北京：冶金工业出版社，2002
3. 高等院校安全工程专业教学指导委员会编. 安全系统工程. 北京：煤炭工业出版社，2002
4. 田兰等. 化工安全技术. 北京：化学工业出版社，1984
5. 魏伴云主编. 火灾与爆炸灾害安全工程学. 武汉：中国地质大学出版社，2004
6. 崔克清. 危险化学品安全总论. 北京：化学工业出版社，2005
7. 杨有启. 电气安全技术. 上海：上海科技出版社，1982
8. 杨泗霖主编. 安全技术工程. 北京：机械工业出版社，1991
9. 张广华，张海峰，万世波. 危险化学品生产安全技术与管理. 北京：中国石化出版社，2004
10. 吴宗之，高进东编著. 重大危险源辨识与控制. 北京：冶金工业出版社，2003
11. 吴宗之，高进东，魏利军编著. 危险评价方法及其应用. 北京：冶金工业出版社，2004
12. 建筑设计防火规范.（2001年修订）
13. 蒋军成，虞汉华. 危险化学品安全技术与管理. 北京：化学工业出版社，2006
14. 蔡少铿. 烟花爆竹生产安全问题探析. 中国安全科学学报，2005，15（3）：30~34
15. 水利电力部. 电气防火. 北京：水利电力出版社，1978
16. 曾清樵. 建筑防爆设计. 北京：中国建筑工业出版社，1971
17. 陈正衡等译. 爆炸物手册. 北京：煤炭工业出版社，1980
18. 《防火检查手册》编辑委员会. 防火检查手册. 上海：上海科学技术出版社，1982

19. 北京劳动保护科学研究所. 安全技术手册. 北京：电力工业出版社，1982
20. 公安部人民警察干部学校. 石油和化工企业防火. 北京：群众出版社，1980
21. 陈行表. 安全技术与防火技术. 北京：高等教育出版社，1959
22. 商业部储运局. 化学危险物品储运知识. 北京：中国财政经济出版社，1978
23. 南昌铁路分局. 危险物品运输常识问答. 北京：中国铁道出版社，1981
24. 朱吕通，贺占奎. 现代灭火设施. 北京：水利电力出版社，1984
25. 爆炸危险场所电气安全规程. 国家安全规程标准，劳人护〔1978〕36 号
26. 《消防管理与消防法规全书》编委会. 消防管理与消防法规全书. 北京：企业管理出版社，1996
27. 汪元辉主编. 安全系统工程. 天津：天津大学出版社，1999
28. 王学谦主编. 建筑防火设计手册. 北京：中国建筑工业出版社，1998
29. 张树平主编. 建筑防火设计. 北京：中国建筑工业出版社，2001
30. 王学谦主编. 建筑防火安全技术. 北京：化学工业出版社，2006